航天电子技术与应用前沿

星载嵌入式计算机技术与应用

朱新忠　等　编著

上海科学技术出版社

内 容 提 要

航天作为当今世界最具挑战性和广泛带动性的高技术领域之一，是国家综合实力和大国地位的重要体现。"航天电子技术与应用前沿"丛书基于"十二五""十三五"国家重点研发计划项目等，全面、系统反映了航天电子领域的前沿研究和关键核心技术。

本书首先介绍了星载嵌入式计算机的发展历程和基本概念，然后重点介绍了星载嵌入式计算机的体系架构技术、处理器最小系统、总线技术、电路与元器件技术、电源与接地设计技术、高可靠 FPGA 设计、软件技术、抗辐加固技术及其应用，并在最后给出星载嵌入式计算机的发展趋势与展望。本书弥补了市场同类书空白，堪称"业内宇航计算机领域中具有可操作性、强工程性、全方位性的指导性图书"，其出版具有一定的价值和意义。

本书融合了星载嵌入式计算机的理论基础和作者长期工作中总结的经验，在理论性和实践性方面都具有较高的指导价值。本书可以作为嵌入式计算机和电子系统研究设计人员的参考书，也可以作为相关领域的入门培训教程。

图书在版编目（CIP）数据

星载嵌入式计算机技术与应用 / 朱新忠等编著. --
上海：上海科学技术出版社，2023.3
（航天电子技术与应用前沿）
ISBN 978-7-5478-6056-4

Ⅰ．①星… Ⅱ．①朱… Ⅲ．①人造卫星－微型计算机
Ⅳ．①V423.4

中国国家版本馆CIP数据核字(2023)第034463号

星载嵌入式计算机技术与应用
朱新忠 等 编著

上海世纪出版(集团)有限公司
上海 科 学 技 术 出 版 社 出版、发行
（上海市闵行区号景路 159 弄 A 座 9F - 10F）
邮政编码 201101　　www.sstp.cn
上海盛通时代印刷有限公司印刷
开本 787×1092　1/16　印张 21
字数 480 千字
2023 年 3 月第 1 版　2023 年 3 月第 1 次印刷
ISBN 978 - 7 - 5478 - 6056 - 4/V・38
定价：170.00 元

丛书编委会

主　　编　吉　峰

副 主 编　秦　琨　　朱新忠　　陆文斌

编　　委　（按姓氏笔画排序）

本书编委会

主　　编　朱新忠

副 主 编　邱　源　王茂森　程利甫

编　　委　（按姓氏笔画排序）

王敏琪　韦　杰　双小川　石云墀

叶雯燚　田文波　朱剑辉　刘　奎

孙　辰　孙泽渝　苏嘉玮　李　森

肖斯雨　吴振广　何志敏　沈　奇

张风源　易文捷　赵家庆　胡　浩

黄宇轩　缪依展

前　　言

　　星载嵌入式计算机是指装备于卫星平台上的嵌入式计算设备,是各类航天器的核心设备之一,直接影响着航天飞行器的性能。同时,由于其不可维修且长时间处于太空极端温度及辐射环境中,星载嵌入式计算机对于可靠性要求极高。星载嵌入式计算机的主要任务包括卫星和航天飞行器的综合管理和姿态控制,接收遥控命令和数据注入,对各类数据进行及时处理和传送,监视卫星和航天飞行器的运行状态并进行故障诊断,等等。随着空间技术的发展,一方面,航天飞行器的功能日趋多样化,除了传统的通信、导航和遥感等应用外,还包括载人航天、深空探测等;另一方面,航天器也开始由大卫星向组成星座或星网的小卫星、微小卫星及微纳卫星发展。为了适应这些发展,星载嵌入式计算机技术也经历了重大变化。但与此同时,目前我国在这一领域仍然缺少完整、翔实且结合实际工程的相关著作。

　　本书写作团队来自上海航天电子通讯设备研究所(简称"804所")。804所是从事宇航型号用星载计算机、测控通信等分系统及各类电子产品研发、制造和系统集成的专业技术研究所,主要承担我国气象系列、雷达系列、光学和科学实验系列、深空探测系列等卫星星载计算机所涉及的研发工作。本书写作团队在航天领域深耕多年,亲身经历了大量型号任务的星载计算机方案论证、设备研制、测试验证和在轨运维工作,具有扎实的理论功底和丰富的实践经验。在本书编写过程中,团队立足基本理论知识,充分融合长期型号工作实践中使用的方法和案例,力图做到深入浅出、完整呈现星载计算机的所有环节。本书既可作为我国航天事业蓬勃兴旺的记录,也使得这些重要的知识能够更好地传承与发展。

　　航天是一项大系统工程,任何一个成功的型号研制背后都是无数人的努力和奉献。本书作者曾与各单位的许多专家共事过,书中的不少知识都是来自他们,受限于篇幅无法将这些专家全部列出,在此一并致以最诚挚的谢意。

　　本书不仅是作者对于实际工作的总结,也包含了对前沿技术的研究心得,旨在全面反映我国在星载嵌入式计算机领域的先进水平。本书可以作为从事航天计算机和电子系统设计研究人员的参考用书,也可作为相关领域的入门教材。

星载嵌入式计算机涉及领域众多,因作者水平有限,书中可能存在不少疏漏和谬误之处,敬请各位读者批评指正。

作 者

目 录

第 1 章
绪　　论

随着航天事业的蓬勃发展,成千上万颗卫星和探测器从地球被发射到外太空。作为这些飞行器的"大脑",星载计算机是它们内部重要的组成部分。得益于半导体技术的迅猛发展,星载计算机也呈现出日新月异的变化。本章将就星载计算机的发展历程和基本概念进行介绍,使读者对星载计算机具有初步认识,并为后续内容做铺垫。

1.1　星载计算机概述

1.1.1　计算机发展史

18 世纪,工业革命开始,法国纺织工人鲁修为便于转换纺织图样,在织布机上套上穿孔纸带,以此达到仅需手工进料的半自动化生产。1801 年,法国人雅卡尔发明提花织布机,利用打孔卡控制织花图样,与前者不同的是,这部织布机变更连串的卡片,无须更动机械设计,堪称可编程化机器的里程碑。

1936 年 11 月 12 日,阿兰・麦席森・图灵(Alan Mathison Turing;简称"阿兰・图灵")发表了计算机理论的奠基性论文《论可计算数及其在判定问题中的应用》(*On Computable Numbers*, *with Application to the Entscheidungs Problem*)。在论文中,阿兰・图灵阐明了现代计算机理论,从理论上定义了现代通用计算机、可计算性等重要概念,故被认为是"计算机科学之父"(图 1 - 1、图 1 - 2)。

1945 年 6 月,冯・诺依曼提出了在数字计算机内部的存储器中存放程序的概念(stored program concept),这是所有现代电子计算机的模板,被称为"冯・诺依曼结构"(图 1 - 3),按这一结构设计的电脑称为存储程序计算机(stored program computer),又称为通用计算机。

在电子计算机的发展过程中,电子元器件的变更起到了决定性作用,它是计算机换代的主要标志,其发展过程划分为电子管、晶体管、集成电路以及大规模集成电路 4 个阶段,这 4 个阶段对应的计算机分别被称为第一代至第四代计算机。

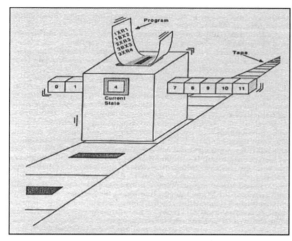

图 1-1 图灵机

图 1-2 阿兰·图灵

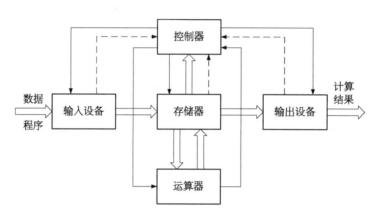

图 1-3 冯·诺依曼结构

1) 第一代电子管计算机(1946—1958 年)

1946 年 2 月,美国宾夕法尼亚大学成功研制了世界上第一台电子管计算机——电子数字积分计算机(electronic numerical integrator and calculator,ENIAC;中文名"埃尼阿克"),这是美国奥伯丁武器试验场为了满足计算火炮弹道、编制设计表的需要于 1943 年 6 月与联邦政府签订 10 万美元的合同后而研制的。ENIAC 完成后未能赶上第二次世界大战,但被洛斯阿拉莫斯(Los Alamos)国家实验室用于计算原子弹爆炸的突变问题,后来又曾被用于阿伯丁的空军试验场,一直运行到 1955 年 10 月才停止工作。ENIAC 的诞生揭开了人类科技的新纪元,也是人们所称的第三次科技革命(信息革命)的开端。ENIAC 和其研制者之一莫奇利如图 1-4 所示。

中国的计算机制造工业起步于 20 世纪 50 年代中期。1957 年下半年,由中国科学院计算技术研究所和北京有线电厂(原 738 厂)在消化吸收的基础上正式开始了计算机的研制工作。1958 年 6 月,该电子计算机安装调试,8 月 1 日该机可以表演短程序运行,标志

图 1-4　世界上第一台电子管计算机 ENIAC 和其研制者之一莫奇利

着中国第一台电子计算机诞生。为纪念这个日子,该机定名为八一型数字电子计算机,后改名为 103 型计算机(即 DJS-1 型)(图 1-5)。

图 1-5　DJS-1 型通用数字电子计算机

　　第一代电子计算机的一个特点是操作指令为特定任务而编制,每种机器有各自不同的机器语言,功能受到限制,速度也慢;另一个明显特征是使用真空电子管和磁鼓存储数据。机器的总体结构以运算器为中心。运算速度为每秒几千次到几万次,内存容量仅为 1 000～4 000 byte(字节),主要用于军事和科学研究。

　　2) 第二代晶体管计算机(1958—1964 年)

　　1948 年 7 月 1 日,美国《纽约时报》用 8 个句子的篇幅,公布了贝尔实验室肖克莱、巴丁、布拉顿发明晶体管的消息。它就像 8 颗重磅炸弹,在电脑领域引发一场"晶体管革命",电子计算机从此大步跨进第二代的门槛。1960 年,出现了一些成功应用于商业领域、大学和政府部门的第二代计算机。代表机型为 IBM 公司的 IBM 7090 晶体管计算机(图 1-6)和 CDC 公司的 CDC 1604 计算机。在这一时期出现了更高级的 COBOL(common business oriented language)和 FORTRAN(formula translator)等语言,它们以单词、语句和数学公式代替了二进制机器码,使计算机编程更容易。

图 1-6　IBM 7090 晶体管计算机

中国在研制第一代电子管计算机的同时,已开始研制晶体管计算机。我国第一台大型晶体管计算机(称为"109 乙机")从 1958 年起在中国科学院计算技术研究所开始酝酿启动。经过两年的努力,109 厂就提供了机器所需的全部晶体管(109 乙机共使用 2 万多只晶体管、3 万多只二极管)。对 109 乙机加以改进后,两年后又推出"109 丙机"。109 丙机为用户运行了 15 年,有效算题时间 10 万 h 以上,在中国两弹试验中发挥了重要作用,被用户誉为"功勋机"。

第二代晶体管计算机的发明大大促进了计算机的发展,晶体管代替电子管,电子设备体积减小,但速度更快、功耗更低、性能更稳定。首先使用晶体管技术的是早期的超级计算机,主要用于原子科学的大量数据处理和企业商务。

3) 第三代集成电路计算机(1964—1971 年)

第二代晶体管计算机中的晶体管比起电子管是一个明显的进步,但晶体管会产生大量热量,这会损害计算机内部的敏感部分。1958 年发明的集成电路(integrated circuit,IC),将三种电子元件结合到一片小小的硅片上,使计算机体积更小、功耗更低、速度更快。十几个乃至数百个电子组件组成的逻辑电路已经可以创建在几平方毫米大的单晶硅片上,它们组成的小规模集成电路(small-scale integration, SSI)代替了分立组件。多道系统和分时系统于此时出现,它们成为操作系统诞生的标志。图 1-7 所示为 IBM 360 集成电路计算机。

图 1 - 7　IBM 360 集成电路计算机

　　1965 年,中国开始了第三代计算机的研制工作。1969 年,为了支持石油勘探事业,北京大学承接了研制百万次集成电路数字电子计算机的任务。1973 年年初,由北京大学、北京有线电厂和燃化部等有关单位共同研制成功中国第一台百万次集成电路电子计算机(称为"150 机"),该机字长数 48 位,每秒运算 100 万次,主内存 130KB(图 1 - 8)。150 机主要用于石油、地质、气象和军事部门。

图 1 - 8　中国第一台百万次集成电路电子计算机

　　第三代计算机的速度提升至每秒百万次量级,体积变小、速度变快、能耗减少、价格降低、可靠性变强,软件逐渐完善。主要元件采用小规模集成电路和中规模集成电路,开始采用性能优良的半导体存储器。运算速度提高到每秒几十万次到几百万次。计算机的发展速度变得极为迅猛,计算机也开始进入日常的办公与学习之中。

4）第四代大规模集成电路计算机(1971年至今)

在第三代计算机应用集成电路后,计算机处理器唯一的发展方向是扩大规模。到了20世纪80年代,超大规模集成电路(very large-scale integration, VLSI)在芯片上容纳了几十万个元件,后来的甚大规模集成电路(ultra large-scale integration, ULSI)将数字扩充到百万级,成为第四代计算机发展的基石。20世纪70年代中期,国外计算机制造商开始将计算机带给普通消费者。1981年,IBM公司推出个人计算机(personal computer, PC),用于家庭、办公室和学校。20世纪80年代个人计算机的竞争使得价格不断下跌,与IBM PC竞争的Apple Macintosh系列于1984年推出,Macintosh提供了友好的图形界面,用户可以用鼠标方便地进行操作。IBM PC、Apple Macintosh分别如图1-9、图1-10所示。

图 1 - 9　IBM PC

图 1 - 10　Apple Macintosh

和国外一样,中国第四代计算机研制是从微机开始的。1980年年初中国不少单位开始采用Z80、X86和M6800芯片研制微机。1997年国防科技大学研制成功银河-Ⅲ百亿次并行巨型计算机系统,其采用可扩展分布共享存储并行处理体系结构,由130多个处理结点组成,峰值性能为每秒130亿次浮点运算,系统综合技术达到20世纪90年代中期国际先进水平。2004年上半年推出每秒浮点运算速度1万亿次的曙光4000L超级服务器(图1-11)。

计算机发明自20世纪40年代,经过几十年的发展,它已经成为一门复杂的工程技术学科。从ENIAC揭开计算机时代的序幕,到IBM PC成为迎来计算机时代的宠儿,不难看出这里发生了两个根本性的变化：一是计算机已从实验室大步走向社会,正式成为商品交付客户使用;二是计算机已从单纯的军事用途进入公众的数据处理领域。计算机的应用从国防、科学计算到家庭办公、教育娱乐,无所不在。

图 1 - 11　曙光 4000L 超级服务器

1.1.2　星载计算机发展历程

1）国外星载计算机

1977 年，随着"旅行者"号（1 号和 2 号）的成功发射，第一代数字星载计算机正式被用于卫星探测器中。由于相机的数据速率很高，因此"旅行者"号携带一台名为"飞行数据子系统"（flight data subsystem，FDS）的星载计算机，专门负责载荷数据处理和相机的控制。

集中式星载计算机最早是美国国家航空航天局（National Aeronautics and Space Administration，NASA）为满足其火星探测器任务需求提出并实现的。NASA 最早在其火星探测器"索杰纳"（Sojouner）和地面原理样机"探路者"（Pathfinder）中使用了集中式星载计算机技术。"索杰纳"中仅用两块板实现了探测器所有的信息处理以及二次电源的能源分配；"探路者"采用集中式星载计算机系统，将姿轨控系统和数管系统合为一个系统，并集成了遥测、遥控和能源分配等功能。"探路者"中星载计算机的应用，为 2003 年发射的"机遇"（opportunity，MER - B）号和"勇气"（spirit，MER - A）号火星车星载计算机的成功应用奠定了良好的基础。集中式星载计算机使用 RAD 6000 作为核心处理器，完成遥控、遥测、路径规划、自主导航、电机控制、图像采集和载荷管理等任务。集中式星载计算机技术在"机遇"号和"勇气"号火星车上的成功应用及其巨大优势使得 NASA 大受鼓舞，NASA 后续准备发射的火星采样返回探测器 MSR、火星生物试验室巡视器 AFL21 都无一例外地采用了集中式星载计算机技术。

除了深空探测器外，NASA 还在其他多颗卫星平台中推广应用了集中式星载计算机技术。新千年计划的首发星 ST53 使用了集中式电子系统，并于 2006 年成功发射。2009 年发射的月球卫星 LRO4 也采用了高性能、模块化的集中式星载计算机系统，该系统主要负责上行指令的接收与处理、导航控制、载荷数据采集和遥测数据下传等任务。

2018 年 11 月 26 日，经过 6 个月的火星之旅，由美国洛克希德·马丁（Lockheed

Martin,简称"洛马")公司与美国宇航局喷气推进实验室合作建造的"洞察"号火星探测器降落在火星上。"洞察"号火星着陆器将开展地震调查、大地测量学和热传输的勘探,其配备了 BAE 系统公司 RAD 750 单板计算机。这是第八次火星任务,由 BAE 系统公司的高可靠性辐射加固电子产品系列实现。

2019 年 3 月,洛马公司公开了其开发多年的软件定义卫星技术架构——SmartSat,并表示正在研制采用该软件定义技术架构的微纳卫星,以改变传统卫星发射后就无法改变其能力的现状。

欧洲航天局(European Space Agency,ESA)近年来发射的多颗卫星中也大量使用了集中式星载计算机技术。2001 年发射的 PROBA 系列小卫星首发星 PROBA-1,实现了姿轨控分系统和数管分系统的综合;2005 年发射的 SpaceBUS40006,采用卫星管理单元,完成了姿轨控、能源、有效载荷、热控、遥控、遥测、展开机构、太阳帆板驱动机构等任务和设备的管理;2005 年发射的 ESA 探月首发星 SMART-1,由中心计算机实现星务管理、姿轨控、载荷管理,设置遥测遥控等远置单元实现遥控接收与指令、遥测下行以及接口数据采集;2006 年发射的大气变化观测卫星 Aeolus,采用由 Saab Ericsson 开发的卫星管理单元,集中实现星务、姿轨控、遥测遥控、二次配电、载荷数据采集与管理;2009 年发射的 PROBA 系列小卫星第二发星 PROBA-2,在 PROBA-1 的基础上通过采用 ESA 下一代空间处理器 AT697,进一步实现了数管、控制、配电、载荷管理等电子线路的综合,电子线路质量由 PROBA-1 的 15.8 kg 降低到 13.3 kg,功耗也从 23.3 W 减小到 19.7 W,载荷比由 30% 提高到 40%。

在嵌入式操作系统领域,国外已经进行了多年的研究与应用,有许多商业产品投入实际应用,如 WindRiver 公司的 VxWorks、QNX 软件系统公司的 QNX、BekTek 公司的 SCOS(Spacecraft Operating System)、MicroSoft 公司的 Windows CE 内核;同时,开源产品中也出现了较多优秀的嵌入式操作系统成果,如 RTEMS、ThreadX 等。国外典型星载计算机发射汇总见表 1-1。

表 1-1　国外典型星载计算机发射汇总

发射时间	研究机构	类　别	型　号
1977 年	NASA	太空探测器	"旅行者"1 号、"旅行者"2 号
1997 年	NASA	火星探测器	索杰纳
2001 年	ESA	地球遥感卫星	PROBA
2003 年	NASA	火星探测器	"机遇"号、"勇气"号
2005 年	ESA	月球探测卫星	SMART-1
2006 年	NASA	地球遥感卫星	ST53

续　表

发射时间	研究机构	类　别	型　号
2009 年	NASA	月球探测卫星	LRO4
2018 年	NASA	火星探测器	"洞察"号
2019 年	洛克希德·马丁公司	地球探测卫星	SmartSat

2）国内星载计算机

国内星载计算机采用独立计算机架构的典型卫星为中国航天科技集团公司上海航天技术研究院风云一号 C 星、D 星,它们也是国内最早应用具备抗辐射抗核性能的 1750 处理器的卫星。其中,风云一号 C 星设计寿命 2 年,由于采取了一系列有效的技术措施,其产品质量、对空间环境影响的适应性和系统可靠性都得到较大提高,稳定工作并超期服役了近 5 年。

国内集中式星载计算机技术起步较晚。2003 年 10 月,由中国科学院小卫星工程部研制的创新一号小卫星作为我国第一颗自主研发的微小卫星顺利升空。星载计算机作为创新一号小卫星的重要组成部分,集数管遥测遥控与姿轨控于一体,是高性能、高功能集成、高可靠、长寿命的星载计算机。

2006 年,为满足我国月球探测工程二期中月面巡视器的需要,中国空间技术研究院开始展开集中式星载计算机技术的预先研究工作。经过几年的攻关,该研究成果已成功应用于月面巡视器中,并随其于 2013 年成功发射入轨,各项指标满足型号任务需求。

为适应中国空间技术发展需求,北京控制工程研究所研制生产了长寿命、高性能、高可靠的 32 位星载控制计算机,其具备强大的容错能力和完善的可靠性设计,在 2006 年 10 月首飞成功。目前,32 位星载控制计算机已成功应用于国产通信、导航、探月、遥感、空间站、载人飞船和各类小卫星等多种空间飞行器,应用该计算机的在轨卫星已达 46 颗。同时,为该计算机配套研制的 SpaceOS,除应用到上述卫星控制计算机外,还应用到中国空间技术研究院西安分院,中国电子科技集团公司 54 所、27 所等单位的有效载荷上。32 位星载控制计算机控制神舟九号完成与天宫一号的交会对接,控制嫦娥一号实现首次绕月飞行,控制嫦娥二号实现对小行星的探测,控制北斗二号星座实现导航和授时服务,控制遥感卫星实现对地观测,控制小卫星星座实现卫星编队飞行。上述卫星中,控制计算机最长已在轨正常工作 7 年,创造了显著的社会效益和经济效益。

32 位星载控制计算机的高可靠长寿命设计、高速控制计算机设计技术的突破、自主知识产权实时多任务操作系统和星载软件的可靠性保证技术是主要的技术进步点。该项研究探索出一条卫星星载计算机长寿命、高可靠设计的思路;研制出基于 TSC695F 的星载计算机系列产品,并在星载计算机设计上不断深入;实现了占用资源少、实时性好、适用于空间环境,并充分利用 SPARC 体系结构 CPU 的 TRAP 机制开发了自主知识产权的实时多任务操作系统;摸索出星载软件可靠性设计的另类途径,并具有很强的推广应用价值。通过 32 位星载控制计算机的研制,我国的星载计算机完成了从 16 位机到 32 位机的跨越,实现了长寿命、高精度和高稳定度控制,取得了长足的进步。

在星载计算机单机软件领域,受限于处理器的性能和早期编译器的限制,早期的星载计算机软件采用汇编语言编程,例如 16 位计算机指令集架构(instruction set architecture, ISA)的 1750 汇编、SPARC 汇编;后期则逐渐采用高级语言编程,例如 Ada 语言、C 语言、图形化自动编程。对部分处理性能要求高的功能代码,通常采用高级语言内嵌汇编语言的方式编程。

在嵌入式操作系统领域,虽然我国基础薄弱、起步较晚,但是在我国对于航天器嵌入式操作系统"自主可控、信息安全"要求逐渐深化的背景下以及"核高基"专项、预研课题及用户应用需求的推动下,国内航天领域涌现出了多个嵌入式操作系统产品。主要嵌入式操作系统厂商及产品包括翼辉信息 SylixOS、科银京成道系统、航空 631 所天脉 1 和天脉 2、神舟软件神舟 OS、航天 706 所天熠 OS、中电 32 所锐华 OS、航天 12 所战星和战旗、航天 502 所 SpaceOS、航天 771 所九天 OS、船舶 716 所 JARIWorks、航空 618 所自研自用系统等。

我国星载计算机传统的设计方法主要是凭经验,先进的设计仿真和电子设计自动化(electronic design automation, EDA)技术刚刚起步不久,应用还不普及。传统的设计和实现方法难于进一步减小体积、重量,难于进一步提高可靠性和环境适应性。因此,我国星载计算机的可靠性设计亟待加强。国内典型星载计算机发射汇总见表 1-2。

表 1-2　国内典型星载计算机发射汇总

发 射 时 间	研 究 机 构	类　别	型　　号
1999 年	中国航天科技集团公司八院	地球气象卫星	风云一号 C 星和 D 星
2006 年	中科院上海微小卫星工程部	地球通信卫星	创新一号
2013 年	中国航天科技集团公司五院	月球探测器	嫦娥三号

1.1.3　体系结构的发展历程

星载计算机系统是计算机技术在空间环境下的应用,负责完成空间飞行器的控制和数据处理任务。空间环境的恶劣条件,对星载计算机系统在性能、可靠性和成本上提出了巨大的挑战。在高昂的研究与制造费用、有限的硬件资源下,要确保海量数据处理的高可靠性,是一项困难又关键的任务。设计一个高速、可靠并且在成本上可接受的星载计算机体系架构,对于宇宙科学探索及完成预定科学任务具有重大意义。随着近年来的蓬勃发展,星载计算机经历了从分布式到集中式的发展。

1) 分布式体系结构

传统卫星电子系统总体设计,还处于分系统(如测控分系统、数管分系统、总体电路分系统、姿轨控分系统等)分解功能指标、各分系统独立设计、通过功能模块的叠加来实现型号任务阶段。此阶段的星载计算机为分布式架构,只负责星上资源、运行状态、数据信息的统一协调管理和调度。典型处理器为具备抗辐射抗核性能的 1750,中国航天科技集团八院的风云一号 C 星、D 星是最早应用此芯片的卫星。分布式计算机功能划分清晰,但系统功能密度低、总体技术水平和平台性能不高。因此,分布式计算机后续被集成度更高、性能更强、通用化程度更高的集中式星载计算机替代。

2) 集中式体系结构

随着星载计算机的发展,以及载荷对卫星平台能力的要求不断提高,中国航天科技集团五院、八院及相关高校、科研院所均提出集中式的集成化、模块化及通用化的集中式星载计算机系统概念,并在一些型号上设计应用。集中式星载计算机系统由一台管理单元和若干扩展单元组成,可实现卫星测控、数管、姿轨控、推进器控制、能源管理、热控和太阳电池阵驱动等功能。其特点有二:一是系统架构基于串行通信协议,可实现卫星测控、数管、姿轨控、热控等功能;二是模块标准和接口统一,功能可配置。系统架构由基础的功能模块构成,功能模块具备特定功能,由软件配置项选配实现,具备一定的自治能力,对内采用统一的供电和数字通信接口,对外提供与功能对应的标准服务接口。另外,为保证集中式星载计算机产品快速研制交付、质量稳定可靠,上海航天某研究所还形成模块货架化、测试通用化的集中式星载计算机型谱单机。

1.2　星载计算机概念

1.2.1　功能定义

星载计算机是卫星平台的核心组成部分,包含数管、姿轨控等计算机,负责星上信息采集、指令分发和通信等任务,实现星务管理、遥测遥控管理、姿轨控管理、热控管理、能源管理和载荷数据管理(接收、压缩、存储)等功能,是星上平台服务系统的综合。

1.2.2　主要特点

1) 长寿命适应性

地球静止轨道卫星的星载计算机设计寿命一般可达 8~10 年,近地轨道卫星的星载计算机设计寿命一般为 2~5 年。由于不可维修性,星载计算机设计寿命时间是卫星的重要指标之一。星载计算机长寿命还包含两个特性:储存时间长和在轨时间长。

（1）储存时间长。在以往的常规研制流程中，一般卫星的生产模式为单星研制、单星发射，卫星在完成总装、试验后随即发射，即使存放，时间也较短，相比同为航天产品的武器装备的储存时间更是短暂。我国成功发射的卫星的地面研制时间一般不超过 3 年，因此很少有人关注地面储存对卫星结构的影响情况。然而，卫星星座和快速响应卫星的研制呈现出"批量化生产、按需发射"的特点，星座等类型的卫星地面储存时间为 3～15 年，因此长期储存已成为卫星研制中一种新的环境条件和影响卫星性能的重要因素。长期储存后的星内单机设备存在老化失效风险，星上结构板存在复合材料性能衰退及外形变化等风险，胶黏剂等辅助材料的各项性能指标亦可能退化。

（2）在轨时间长。在轨运行时间较长的卫星寿命可达十几年，这也就意味着计算机程序要同步运行十几年不能出现问题。高可靠是一项艰巨的系统工程，它与空间环境如辐射带、太阳耀斑质子、银河宇宙射线、地磁亚暴、真空和低温等密切相关。国内外经验证明：卫星寿命越长，其环境故障的概率越高。环境对卫星的损伤分为累积损伤和瞬时损伤。环境损伤会使卫星寿命后期的故障不断升高。美国 1971—1986 年发射的地球同步轨道卫星所产生的 1 589 次异常事件中，有 70% 与空间环境有关。长寿命高可靠卫星的设计必须以寿命末期环境退化数据为依据，没有这些数据或者这些数据不准确，卫星的长寿命高可靠将无法得到保证。因此，准确掌握空间环境对卫星的长期退化影响是卫星长寿命高可靠系统工程的重要技术基础之一，长寿命卫星的空间环境评估、验证和保障技术研究是非常必要和迫切的。

2）高可靠适应性

星载计算机是卫星平台的中枢神经，随着航天工程复杂性的不断提高，设备对计算机的要求越来越高。航天电子产品不仅要耐受火箭起飞时的冲击、振动等苛刻的力学环境，而且要承受宇宙空间的高温、低温、高真空和高辐射等极端条件；另外，由于在空间环境条件下电子产品的可维护性非常差，而且一旦发生故障，其后果往往比较严重，甚至是致命的，因此相比普通计算机，星载计算机的可靠性要求更高。

星载计算机系统是卫星内部最为核心的部件，其可靠性会直接影响整个卫星系统的可靠运行。具体分析如下：

（1）因为卫星所处的空间环境非常恶劣，空间辐射和高能粒子会对星载计算机系统的内部元件造成各式各样的损伤，进而导致星载计算机系统产生故障。

（2）通常而言一颗卫星的成本是非常高的，如果因为系统的可靠性原因对卫星的使用寿命造成一定的影响甚至直接导致卫星系统失效，将会是一个巨大的损失。

（3）系统经常发生故障会更大概率打断卫星任务的连续运行，特别是当卫星在进行一些关键任务或非常致命的操作时，保证星载计算机系统的连续运行非常重要；比如在对卫星进行变轨的时候，如果星载计算机系统发生故障，很可能会导致卫星姿态失稳，陷入高速旋转的状态，这对卫星而言是非常危险的。

基于上述，提高系统可靠性因而也一直是星载计算机系统的一个重要发展方向。

3）环境适应性

与地面设备相比，星载计算机要经历复杂空间环境应力的考验，因此针对特殊的空间环境要求对星载计算机进行空间环境适应性设计，是确保其在轨长寿命、高可靠工作的重要内容。卫星所处环境主要包含力学环境、放气、静电放电、原子氧、热真空、微型天体和太空垃圾、高能粒子辐射等。

（1）力学环境。关于卫星与运载火箭的力学环境，并没有一个严格的分类标准，按照频率范围大致可将其划分为准静态加速度环境、类周期振动环境、瞬态环境（低频瞬态环境和高频瞬态环境）、随机振动环境和声环境等，见表 1-3。

表 1-3 力学环境分类

力学环境种类	对应的相关事件
准静态加速度	总装、火箭飞行、卫星轨控、卫星姿控等
类周期振动	运输过程
瞬态	运输、火箭起飞、助推器分离、整流罩分离、发动机开/关机、级间分离、星箭分离、火工品工作、在轨操作、着陆、微流星体/空间碎片撞击等
随机振动	运输过程、发动机工作、储箱液体晃动、微振动
声	火箭起飞、气动噪声、返回/进入

（2）静电放电。与人体带电放电的原理类似，在轨飞行的航天器也会带电，当电荷积累到一定程度时会产生静电放电现象，严重时就会引发航天器故障。

在轨飞行的航天器会遭遇空间等离子体环境和高能带电粒子辐射环境，这些环境中的带电粒子与航天器相互作用，会在航天器局部产生沉积电荷，电荷的积累就会使航天器带电。轻微的带电不一定会引发异常或故障，但当航天器带电积累到一定程度时，会引发静电放电。静电放电所形成的电磁脉冲，会对航天器内的电子系统造成干扰，从而引发仪器故障，严重时还会造成航天火灾等危险事故。

（3）温度变化。卫星在轨飞行时，存在高温和低温两种环境。在数百千米到数千千米的高空，非常稀薄的气体不能阻挡太阳的照射，没有传导与对流散热，太阳直接照射的卫星表面如果不加防护，卫星的温度很快就会升高；而当卫星飞行到地球的另一面时就进入阴影区，得不到太阳的热量，温度又会很快地降低，致使卫星在 $-100 \sim 100℃$ 这种交变温度下工作。

（4）真空。真空环境的大气密度基本上是随着高度的增加呈指数规律下降。卫星运行轨道高度不同，真空度也不同，轨道越高，真空度越高。真空环境产生的影响包括压力差效应、真空放电效应、辐射传热效应、真空出气效应、材料蒸发、升华和分解的效应、黏着和冷焊的效应、真空泄漏效应。

(5) 辐照环境。卫星或空间飞行器等电子系统中应用的半导体器件,会不可避免地受到空间辐射环境的影响。随着航天器敏感表面增多、微电子线路集成度提高,其对空间粒子辐照环境效应日益敏感,粒子辐照环境已成为现代卫星设计必须考虑的基本因素。

1.2.3 分类与功能

1) 数管计算机

数管计算机是卫星数据管理分系统的核心设备,它的主要功能是接收整星遥控指令、组帧下行整星遥测数据、提供星上基准时间、控制整星系统串行数据总线的运行及下位机的操作、实现数管分系统的自主故障诊断与自主切换等。

数管计算机主要功能包括:接收、译码、分配各种遥控指令;采集、处理、存储、下传整星遥测数据;具有星时校时能力;对热控、电源、帆板展开及相机成像模式进行自主控制;自测试、自诊断和故障容错处理;作为总线控制器对总线上终端设备控制管理。

2) 姿轨控计算机

姿轨控计算机是卫星姿轨控、制导与导航控制分系统的核心设备,它的主要功能是采集卫星的各种姿态与轨道信息,接收数管分系统和测控分系统发来的航天器轨道要素、指令和系统配置、参数修正等信息,进行实时的数据处理和计算,控制执行机构,完成卫星的姿态、轨道、制导和导航控制。

卫星姿态控制系统的任务包括卫星姿态确定和姿态控制两个方面。系统一般由姿态敏感器、姿态控制器和执行机构三部分组成:姿态敏感器用来测量卫星相对于某一基准方位的姿态信息,常用的有红外地平仪、磁强计、星敏感器和光纤陀螺等;姿态控制器由控制计算机及相关电路组成,主要对姿态敏感器的测量信息进行采集、分析和处理,确定出卫星的姿态,按事先设计的控制参数产生控制指令,发给执行机构;执行机构则根据姿态控制器发出的控制指令调整工作的状态,为卫星提供控制力矩,实现卫星的稳定或机动。

1.2.4 基本组成

卫星平台主要由星载计算机、应答机、数传、载荷单机、卫星总线和 SpaceWire 总线等组成(图 1 - 12)。

星载计算机作为整星的大脑,用来处理复杂的计算,其主要由处理器最小系统、总线、存储、电源、可编程逻辑门电路(field programmable gate array,FPGA)和软件等组成(图 1 - 13)。

1) 处理器最小系统

处理器最小系统是星载计算机的核心组成部分,其功能主要是解释计算机指令以及处理计算机软件中的数据。星载计算机的处理器最早只用于载荷控制和数据处理,发展

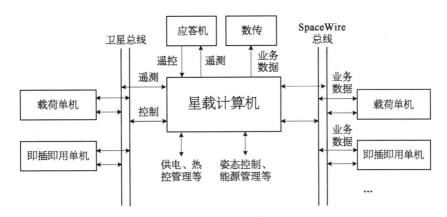

图 1-12 卫星平台组成框图

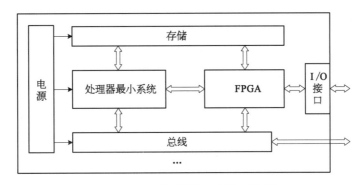

图 1-13 星载计算机主要组成框图

到现在,不仅用于处理载荷数据,还负责星务管理、遥测遥控和信息处理等功能。

2）总线

星载计算机总线可依据不同标准有不同分类:按功能分类,可划分为控制平面、数据平面、工具平面;按传输介质分类,可划分为共享总线、交换总线、片上总线、无线传输;按传输语义分类,可划分为消息传递、内存读写;按容错能力分类,可划分为非隔离总线、隔离总线、纠错检错编码、高级容错。

3）电路与元器件

元器件是组成星载计算机的基本单元。根据现有宇航型号中各类星载计算机的设计状态,选用的元器件具体可分为八大类,即 CPU、DSP、FPGA、存储器、总线控制器、接口电路、AD/DA 转换器、DC/DC 转换器及 EMI 滤波器。

4）电源

电源为星载计算机的各部分元件提供电源供应。供电模块中包含大量的降压稳压电路,从而将输入电压变换成各模块所需要的电压。此外,电源一般受控制单元的控制,电源根据控制信号分别对星载计算机内其他单元进行供电控制,控制其加断电状态或加电时序,从而实现星载计算机的主备机切换和故障模块的故障重构。

5）FPGA

FPGA属于专用集成电路中的一种半定制电路,是可编程的逻辑列阵。FPGA的基本结构包括可编程输入输出单元、可配置逻辑块、数字时钟管理模块、嵌入式块随机存储器(random access memory,RAM)、布线资源、内嵌专用硬核、底层内嵌功能单元。FPGA芯片采用大规模集成电路代替分离元器件,也可以减小器件使用种类和设计复杂度、提高系统的可靠性,因此在国内外星载计算机中得到广泛应用。

6）软件

软件是一系列按照特定顺序组织的计算机数据和指令的集合。一般来讲,软件被划分为系统软件、应用软件和介于这两者之间的中间件。软件并不只是包括可以在计算机(这里的计算机是指广义的计算机)上运行的电脑程序,与这些电脑程序相关的文档一般也被认为是软件的一部分。简单来说,软件就是程序加文档的集合体。星载计算机软件主要包括单机软件和操作系统软件两大类。

1.2.5　性能指标

1）处理性能

（1）主频。指处理器的时钟频率。计算机的操作在时钟信号的控制下分步执行,每个时钟信号周期完成一步操作。时钟频率的高低在很大程度上反映了处理器速度的快慢。

（2）浮点性能。FLOPS(floating-point operations per second)是衡量浮点性能的常用单位,即每秒做的浮点运算次数:

$$FLOPS = CPU\ 核数 \times CPU\ 频率 \times 每周期执行的浮点操作数$$

（3）定点性能。MACS(multiply add caculation per second)是衡量定点性能的常用单位,即每秒做的定点运算次数:

$$MACS = CPU\ 核数 \times CPU\ 频率 \times 每周期执行的定点操作数$$

（4）人工智能(artificial intelligence,AI)算力。OPS(operations per second)是衡量AI芯片算力的常用单位,即每秒做的运算次数。TOPS(tera operations per second)代表每秒钟可进行一万亿次(10^{12})操作:

$$1\ TOPS = 10^3 \times 1\ GOPS = 10^6 \times 1\ MOPS = 10^{12} \times OPS$$

式中,1 GOPS代表每秒钟可进行10^9操作;1 MOPS代表每秒钟可进行10^6操作。

因浮点运算对性能要求较高,在保证AI精度的同时将浮点数转为整数进行计算,可大幅降低计算资源的消耗。因此,也用INT8、INT4、INT16、INT32表示数的类型,"INT"后的数字表示整数的位数。

2）处理字长

计算机采用二进制编码方式表示数、字符、指令和其他控制信息。计算机在存储、传送或操作时,作为一个单元的一组二进制码称作字,一个字中二进制位的位数称作字长。通常把处理字长为 8 位数据的 CPU 称作 8 位 CPU,32 位 CPU 就是指在同一时间内处理字长为 32 位的二进制数据。二进制的每一个 0 或 1 是组成二进制的最小单位,称作位(bit)。

常用的字长为 8 位、16 位、32 位和 64 位。字长为 8 位的编码称作字节(byte),是计算机中的基本编码单位。字长与计算机的功能和用途有关,是计算机的一个重要技术指标。字长直接反映了一台计算机的计算精度,为适应不同的要求及协调运算精度和硬件造价间的关系,大多数计算机均支持变字长运算,即机内可实现半字长、全字长(或单字长)和双倍字长运算。在其他指标相同时,字长越大,计算机处理数据的速度就越快。早期微机的字长一般是 8 位和 16 位,386 以及更高的处理器大多是 32 位。

3) 存储容量

内存储器是指随机存储器(random access memory,RAM),即在正常工作状态下可以往存储器中随时读写数据。根据存储单元工作原理的不同,RAM 又可分为静态存储器(SRAM)和动态存储器(DRAM)。RAM 的特点包括:可读可写;断电后,里面存储的数据会丢失。

外存储器是指只读存储器(read only memory,ROM),即以非破坏性读出方式工作,只能读出无法写入信息。根据存储器功能不同,ROM 可分为可编程只读存储器(PROM)、可擦可编程只读存储器(EPROM)和带电可擦可编程只读存储器(EEPROM)等不同种类。ROM 的特点包括:数据存储稳定,断电后数据不变,结构简单,抗辐射性能好,常用于存储各类固定程序和数据。

Flash 是存储芯片的一种,在电子以及半导体领域被称作闪存(Flash memory)。Flash 结合了 ROM 和 RAM 的长处,不仅具备电子可擦除可编程能力,还可以快速读取数据,使数据不会因为断电而丢失。

存储容量一般都是 2 的整次方倍,比如 64 MB、128 MB、256 MB 等。系统对内存的识别是以 byte(字节)为单位,每个字节由 8 位二进制数组成,即 8 bit。按照计算机的二进制方式,有以下换算关系:1 byte=8 bit;1 KB=1 024 byte;1 MB=1 024 KB;1 GB=1 024 MB;1 TB=1 024 GB。

4) 功耗、重量和体积

由于星上供电功率有限,因此对星载计算机的功耗要求也十分严格;同时由于卫星所能携带的重量有限,故对星载计算机重量要求也非常严苛。

对星载计算机体积要求包含本体尺寸、最大尺寸、安装尺寸。

5) I/O 输入/输出(input/output)

评价 I/O 速度的指标有两个,一个是 IOPS,另一个是吞吐量。

(1) IOPS,每秒处理的 IO 次数。指存储设备单位时间内能处理的 IO 请求数量。对随机读写频繁的应用,如 OLTP 数据库、图片、信息,是最关键的衡量指标。IOPS 数值受读写比例、随机 IO、IO 大小和队列深度等因素影响。数据库通常访问一系列不连续的数据,根据文件物理位置,需要很多次访问才能完成,所以需要随机 IO 高的设备。

(2) 吞吐量(throughput)。指单位时间内可以成功传输的数据数量,传输包括读和写的总和。对于大文件或流媒体的应用,拥有大量顺序读写,则更关注数据吞吐量。数据吞吐量还受到存储设备接口速度限制,但同时期推出的接口都大于存储设备吞吐量上限。

6) 抗辐射性能

(1) 总剂量效应(total ionizing dose)。为辐射效应的一种,指器件受到高能粒子等辐射会造成与时间积累有关的辐射损伤的效应。总剂量以 rad 为单位,定义为每克物质上淀积 100 尔格(erg,$1\ erg=10^{-7}\ J$)的辐射能量。

(2) 抗单粒子翻转。单粒子翻转是指宇宙中单个高能粒子射入半导体器件灵敏区,使器件逻辑状态翻转,出现存储的"0"变为"1"或者"1"变为"0"的现象,从而产生错误,导致系统功能紊乱。器件抗单粒子翻转的能力以现行能量传递表示,单位为 $MeV \cdot mg^{-1} \cdot cm^{-2}$。

(3) 单粒子功能中断率。单粒子功能中断是指由于单机系统在轨发生单粒子翻转效应,造成单机系统无法执行预定功能的情况。单粒子功能中断率表征的是星载计算机在轨稳定和工作连续性的统计学指标,定义为单粒子功能中断发生的频次,常用单位为次/天、次/分钟。

1.3 本书内容安排

星载嵌入式计算机一般由六大部分组成:处理器最小系统、总线、接口电路、电源与地、FPGA、软件。本书第 3 章~第 8 章将详细讨论这六个主题。第 9 章则讨论元器件应用与抗辐射加固技术,主要针对太空特殊工况,介绍所采取的宇航元器件选型、软硬件抗辐射加固等可靠性保证手段。

第 1 章和第 10 章主要对星载计算机的发展历程和基本概念、未来发展趋势与展望进行简要介绍,可以使读者对星载计算机的基本概念、基础理论知识和未来发展方向有所了解和认识。

第 2 章
体系架构技术

　　星载嵌入式计算机的研究思想是面向用户需求,用系统工程的方法对全航天器的信息处理、控制、管理流程以及其硬件、软件进行统一设计,从而实现信息、资源共享和全航天器系统的优化。信息、控制和管理的综合化处理在实现系统优化的同时,也使得作为系统核心的星载计算机相对于以分系统为基础的设计而言,任务更加复杂、功能间的耦合更大、研制的难度更大。本章将从星载计算机系统架构的分类、特征、应用三方面进行介绍。

2.1　系统架构概述

2.1.1　基本概念

　　星载嵌入式计算机是整个航天器的核心,计算机的能力提升主要体现在高性能计算能力、高速数据网络、标准软硬件接口配置、多元信息融合和高可靠性保障等方面。通过对系统功能的整合、资源的合理配置和综合利用,实现提高面向任务和用户的综合服务能力。

　　系统架构定义了系统的结构、语义行为和系统内各部分之间的关系。它包括组成系统的各种元素、元素之间的关系、影响关系的约束以及对系统局部和整体的关注。软件架构设计标准中对架构的定义是:包含在系统基本组织中的部件之间的关系、与环境之间的关系,以及指导开发和进化的原则。

　　1) 本质

　　星载嵌入式计算机从本质上来说,是用系统工程方法设计的,在统一的模块化环境中开发的,协调控制航天器平台和有效载荷的各种传感器、执行部件和其他资源有序工作,为全航天器提供信息处理和服务,统一管理全航天器任务运行和安全事务的一体化系统。

　　2) 核心

　　星载嵌入式计算机的核心是一种电气、信息和控制三位一体的服务支持框架,为卫星平台和有效载荷提供全方位的服务。各分系统的硬件、软件仍然存在,但信息与管理统一。

3)功能

星载嵌入式计算机的业务范围包括任务运行业务(遥测遥控、姿轨控、测控通信等)、载荷管理业务(载荷管理、任务规划等)、星务管理业务(热控管理、信息服务、星载时间服务等)、资源管理业务(能源管理、存储管理、计算资源管理等)和安全管理业务(状态监视、故障诊断、安全模式、故障重组、任务降级等)。

4)特点

星载嵌入式计算机的本质特点在于:

(1)统一。在一个共同的模块化的环境中对整星电子系统进行统一设计。

(2)优化。通过顶层设计实现整星电子系统的最优化。

(3)标准。在系统构架、协议及接口等方面采用统一的标准,实现构件、产品、业务和系统的标准化。

(4)高效。通过对系统功能的定义和分解,实现系统、设备的灵活性和可重用性。

5)开发方法

星载嵌入式计算机与以前系统的最大不同是,强调将所有的组成部分都置于一个完整、合理的体系架构之下,采用自顶向下的系统工程方法完成系统的研发。

2.1.2 系统架构分类

星载嵌入式计算机系统是指星上采用计算机网络技术将星载电子设备互连,实现卫星内部信息共享和综合利用的信息管理和传输系统。其作为一个以多种不同的功能模块组成的完整系统,在统一的任务调度和管理下,完成整星的所有信息管理功能。星载嵌入式计算机的系统架构主要有集中式体系架构和分布式体系架构两种。

1)集中式体系架构

集中式体系架构是指由单台集中式计算机完成控制、处理等所有功能,星载嵌入式计算机可与每个处理单元进行点对点通信。这种体系架构生产成本较低,功能模块较少,体积、功耗和重量较小,对于处理单元较少的系统简单有效。

集中式体系架构主要应用于规模较小的航天器上,如小卫星或微小卫星等。这种航天器系统复杂程度较低,对卫星平台要求不高,飞行任务和运行轨道相对简单,对星载嵌入式计算机的功能、功耗和重量都有限制,因此对于小型航天器采用集中式体系架构,将姿轨控分系统、星载数据系统、有效载荷数据处理系统等集成于一个标准设备中,由一台星载嵌入式计算机和专用芯片完成控制和数据处理功能。

但是,集中式体系架构每增加一个新的处理单元,都会影响星载嵌入式计算机的软件和硬件性能,从而增加星载嵌入式计算机的处理负荷,因此该体系的模块性和可拓展性较差。而且,集中式的处理使得各个功能模块间的耦合度增加,增大了开发过程中的相互影响,模块耦合度的增加也加大了运行中故障扩散的可能性,该体系架构中存在明显的集中管理和并行处理之间的矛盾。

2) 分布式体系架构

目前,分布式体系架构主要是利用总线结构进行信息交互。总线结构的分布式体系是使用一条公共的数据总线连接所有的处理器单元。和集中式体系架构相比,分布式体系架构具有模块性好、易于扩展和容错性好等特点,目前广泛应用于大中型航天器星载嵌入式计算机中。

分布式体系架构主要适用于规模较为庞大的航天器如空间站等。航天器上星载数据系统、姿轨控分系统、有效载荷数据处理系统及卫星平台系统分别配置,各个系统通过高速总线互连实现数据传输。但是,分布式体系架构复杂程度较高,开发成本较大,系统较为庞杂。

分布式系统的数据传输由功能单元间的高速总线互连实现。虽然分布式体系架构的特点是功能、性能强大,但其各功能单元分工明确、层次较清楚、耦合度低,便于独立开发和测试。

2.2　系统架构特征

基于集中式、分布式的体系架构特点,星载嵌入式计算机的系统架构设计可总结出以下三个特征:模块化、开放式、冗余。

2.2.1　模块化

2.2.1.1　模块化定义

模块化设计是指星载嵌入式计算机均由标准化的模块产品组成。标准化模块产品均由模块测试维护及容错支持、信息路由或网络接口、通用物理接口以及电源这几部分通用基础支持单元和专门针对专业需求的专用部件组成。每一种模块要发挥自身特定功能,都需要通过上述公用部件融入整个系统中才能够发挥作用。同时,标准化模块通过内嵌软件实现与整个系统的交互,并通过规定外部机械结构形式,实现不同功能产品物理特性的标准化。

模块化设计思想体现在以下几点:

(1) 统一。对多领域航天器星载嵌入式计算机进行功能模块的统一设计。

(2) 优化。通过顶层规划,实现成本、复杂度、性能、可靠性的结构最优化设计。

(3) 标准。在架构、协议、接口等方面采用统一标准,实现产品、服务的标准化。

(4) 灵活。软件定义功能、模块组合定义设备、交换互连定义拓扑设计,提高系统的灵活性,支持灵活裁剪或功能扩展,支持在轨的软件定义和拓扑重构。

(5) 高速。以高性能的多核处理器、高速网络,提供智能化应用计算平台。

2.2.1.2 模块化设计

卫星工作模式涵盖了从卫星发射入轨、入轨状态建立、正常在轨飞行到卫星故障处置等各个飞行阶段所涉及的所有工作项目和动作,具体包括发射入轨模式、入轨状态建立模式、轨道控制模式、正常运行模式、任务执行模式、在轨定标模式和应急模式等。其中,发射入轨模式和入轨状态建立模式在轨仅执行一次;卫星在轨飞行期间,主要在正常运行模式、轨道控制模式、任务执行模式、在轨定标模式和应急模式之间进行切换,其详细的逻辑关系如图 2-1 所示。

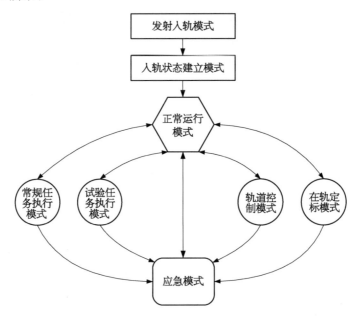

图 2-1 工作模式逻辑关系

上述信息涉及卫星各层次的管理、通信需求,包括指令、模拟量和温度等物理层信号,也有测控、数传等星地链路,星内 SpaceWire 子网的通信路由,应用层任务控制执行等诸多信息耦合。这些复杂、跨多层信息传输和交互需求,导致卫星星内、星地信息交互传输设计异常困难,需要采用分层的网络信息交互架构思想进行设计,解除各功能模块的数据通信、信息处理需求之间的耦合性,才能支持星载嵌入式计算机复杂信息流设计与智能自主应用实现。

星载嵌入式计算机架构设计如图 2-2 所示,该架构分为 5 个层,分别为物理层、链路层、网络层、传输层和应用层。

1) 物理层

物理层主要实现底层硬件接口、硬件存储、处理、通信等相关物理层硬件功能,具体包括:

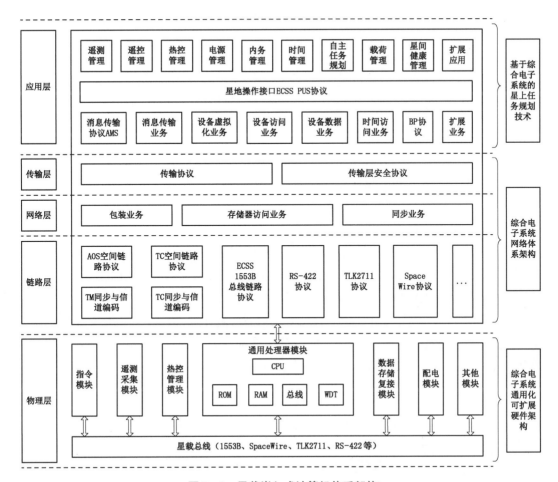

图 2-2　星载嵌入式计算机体系架构

（1）互连硬件资源。实现物理层硬件模块、设备之间数据通信的通道。如 1553B 总线、SpaceWire 总线、RS422 总线、TLK2711 总线等互连资源。

（2）采集与控制接口资源。有三类功能模块分别提供遥测采集接口、指令接口、热控回路接口功能。

（3）计算与存储资源。为上层软件提供运行平台，由处理器模块、数据存储模块提供 CPU、DSP、FPGA、RAM、ROM 等处理存储资源。

2）链路层

链路层实现数据链路通信相关协议，包括 AOS、TC 等空间链路通信协议，也包括各类星载总线链路通信协议。

3）网络层

网络层为设备无关业务提供应用层和传输层实体调用。该层调用底层数据链路层业务完成功能。提供上层的接口服务主要有：

（1）包业务。通过数据链路层进行包传输交互。

（2）存储器访问业务。实现设备到设备存储器的直接读、写、块移动访问。

（3）同步业务。提供卫星时间和事件的同步。

4）传输层

传输层用于有多个网络互连且需要在多网络间传输数据时，包括传输协议和传输层安全协议，保障数据在设备或网络间的安全和可靠传输。

5）应用层

应用层提供卫星星载嵌入式计算机通常所具备的功能，包括遥控、遥测、电源管理、自主热控、健康管理、自主任务规划和有效载荷管理等卫星管理应用。

2.2.1.3 模块化架构组成

模块是星载计算机产品的基本单元，是功能硬件与管理运算逻辑的有机结合，具备一定的自治能力，可独立完成服务的解析、执行和监控功能，模块间关系简单，支持基于模块测试、调试，并便于系统集成。

对现有星载嵌入式计算机进行分析研究，总结星载计算机具有的常规功能为星务管理、遥测遥控管理、姿轨控管理、热控管理、能源管理和载荷数据管理（接收、压缩、存储）等。在对硬件进行功能模块划分时，将这些任务层功能根据硬件资源及接口形式进行归并，形成相对独立的功能模块，见表 2-1。

表 2-1 星载嵌入式计算机的标准化功能模块

分　类	模块名称	功　　能
计算与存储类	通用计算机模块	采用多核处理器，运行操作系统、中间件和各类分区应用等
	数据存储与复接模块	支持文件系统、分布式存储
	高速信息处理模块	实现复杂算法的载荷数据处理
网络类	总线通信与时间同步模块	时间管理，并负责 SRIO、ARINC659 等接口与 TTE 的桥接交换
	航天器内 TTE 高速交换模块	TTE 网络交换节点，实现设备间互连
	航天器内 SRIO 高速交换模块	SRIO 网络交换节点，实现模块间/设备间互连
	航天器间网络路由模块	实现大数据航天器间网络路由处理
I/O 类	信道关口模块	测控上下行接口协议处理、加解密处理等
	指令模块	直接/间接指令译码输出
	遥测采集模块	模拟量/数字量/温度量采集

续　表

分　类	模 块 名 称	功　能
I/O 类	功率驱动模块	热控加热器管理
	火工品管理模块	火工品管理
	大电流指令驱动模块	大型继电器控制
	高速接口模块	1～100 Gbit/s 高速数据输入输出,接入底板 SRIO 网络

2.2.2　开放式

2.2.2.1　开放式定义

开放式系统的概念从航空界发展而来(航空电子开放式系统架构,open systems approach, OSA),主要为了解决系统结构升级和功能扩展的需要。其核心思想是便于软硬件移植, 便于系统功能的快速集成和升级、可持续性发展和缩短研发周期,商用上的成功使这种概 念很快被引入军用领域,军方借此快速便捷地从一系列开源技术中择优整合先进技术,降 低开发、维护和更新成本,加速能力部署。

开放式系统的定义有多种,在不同的领域有不同的定义。开放式系统的一般定 义为:一个系统,它对接口、服务、支持形式实施充分的开放标准,从而能使正确的设 计单元可以以尽可能少的更改就能在较广泛的系统范围内应用,与本地和远程系统 的其他单元实现相互操作,并以易于移植的方式与用户交互作用。由此可以看出,开 放式系统的标准是公开和统一的,这些标准具有明确、广泛使用、非专利的接口/协议; 使用工业界普遍认可的标准机构制定的标准;使用充分定义的系统接口,可在更广泛的 应用中升级新的系统功能;可以通过增加更高性能的组件来实现系统的扩展或升级,尽 可能减小对系统的影响;系统组件的相互操作以接口规范为基础,组件的研制遵循接口 规范。

开放式系统结构具有互操作性、兼容性、可移植性和可重复使用性等优势,可以减少 寿命期费用,增强新技术的可插入性和可变规模。但是,开放式应用仍有一些问题需要去 解决,例如:标准并不一定总是能够满足系统的性能要求;对于一些关键接口,开放式的 系统标准并不总是存在;同一种接口类型,通常有多种开放式系统标准;不管是使用开放 式接口标准还是使用专用接口标准,都不能完全解决互换性问题。

通过系统组件功能分解和模块化规则,寻找灵活的系统架构解决方案。但是,如果方 案具有灵活、广泛、多变的实施性,就会降低目标实现的可能性;如果降低实现的灵活多变 性,就会增加目标实现的可能性,但会导致涉及领域变小。因此,在对架构进行决策时,方 案灵活性的选择和折中是至关重要的。

开放式星载嵌入式计算机是一种面向高性能计算系统、拓扑可变、采用标准化通信方式、可扩展、易裁剪、具备快速开发能力的电子系统。

从性能角度出发,目前的高性能计算系统具有高主频、高速率、可扩展、强拓扑依赖性的特点。开放式星载嵌入式计算机需要具备高速网络化拓扑的构造能力,来容纳大体量、高速率的空间信息流;同时需要具备可靠的底层管理能力和稳定、强大的供电能力,来承载空间环境的恶劣工况以及高性能计算带来的高功耗运行。

从产品角度出发,为提高研发效率、降低开发成本,具有足够的泛化、扩展能力,需要星载嵌入式计算机采用开放式的架构,通过拓扑的可重构性和内部通信的标准化来提升系统对外部模块的兼容性;从而发展出开放式的快速迭代方法,并且允许系统在后期依旧具备硬件层面的升级扩展能力。

常见开放式系统架构对比见表 2-2。

表 2-2　常见开放式系统架构对比

开放式系统架构	拓扑结构	支持速率/(Gbit/s)	冗余结构	可靠性设计	应用场景
SpaceVPX	多种拓扑	6.125	双冗余	抗辐照、故障隔离、底层管理系统	空间电子系统
OpenVPX	多种拓扑	6.125	双冗余	具备底层管理系统(无故障隔离)	航空电子系统、雷达电子系统
CPCI	总线拓扑	4(并行)	双冗余	无底层管理系统	空间电子系统、航空电子系统
ATCA	多种拓扑	6.125	双冗余	具备面向地面服务器的底层管理系统,开销较大	刀片服务器

2.2.2.2　开放式设计

根据信号速率及特征划分,通常高性能星载嵌入式计算机具有以下几种信息流:

(1)高速信息流。包括载荷[合成孔径雷达(synthetic aperture radar,SAR)、光学载荷、微波遥感载荷等]数据、数传数据等信息密集型数据流。

(2)中低速信息流。包括平台管理、遥控遥测指令等实时/非实时控制类信息流。

(3)低速信息流。包括传感器(温度、电压等)传感数据、芯片配置信号、系统复位等系统底层信息流、信号量。

(4)扩展信息流。指用于进行自定义通信扩展的信息流。

根据上述信息流划分,以 SpaceVPX 标准为例,可将星载嵌入式计算机的开放式层次划分为工具平面、控制平面、数据平面、扩展平面四个逻辑平面,分别见图 2-3、表 2-3。

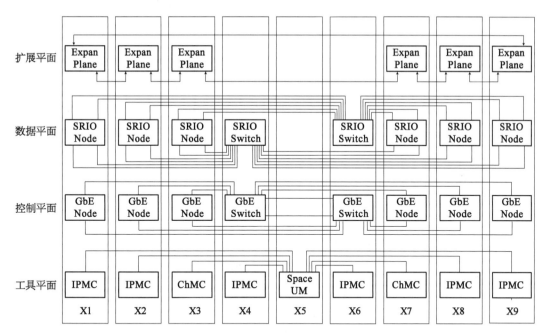

图 2 - 3　典型架构设计

表 2 - 3　开放式架构层次定义

层　次	功　能　定　义	拓　扑　结　构
工具平面	定义星载嵌入式计算机底层管理架构,描述系统配置、传感器管理(信息收集及处理)、故障诊断与恢复的基本方式和内部节点间的通信机制	具有总线型拓扑和星型拓扑两种拓扑结构
控制平面	用于为系统内的控制数据流提供交换平面	具有单星型拓扑和双星型拓扑两种拓扑结构
数据平面	用于为系统内的高速率数据提供交换平面	具有单星型拓扑和双星型拓扑两种拓扑结构
扩展平面	用于为系统内总线提供自定义信号交换平面	具有串联型拓扑和总线型拓扑两种拓扑结构

其中,数据平面用于高速信息流的板间传输,控制平面用于控制信息流的板间传输,扩展平面用于自定义的信息流传输,工具平面承载了系统底层状态信息流传输。

2.2.2.3　开放式架构组成

开放式系统架构具有以下特征:

(1) 基于平台的一体化设计理念,围绕平台的机、电、热、控制等能力,对平台开展接口标准化、功能模块化、产品系列化设计。

（2）同等约束条件下的载荷具有互换、兼容、即插即用能力，支持有弹性、持久性强的多功能载荷。

（3）软件通用化、可重构，操作系统开源设计，功能及测试扩展能力强，实现软硬件兼顾的"柔性"卫星平台。

（4）形式简单：以最简单的原理、构型和结构，保证了任务需求，保证了可靠性。

下面分别从硬件、软件两个方面对开放式体系架构组成展开介绍。

1）硬件架构

一般为了满足系统需求，星载嵌入式计算机的系统架构硬件采用标准化设计。以 SpaceVPX 开放式架构为例，硬件组成可包括主控模块、功能模块、交换模块、底层管理模块（Space UM），所有模块均采用标准 VPX 连接器，各模块根据内总线分布在相应位号连接器的相应节点上引出对应的通信接口。

标准主控模块的架构及内总线接口分配如图 2-4 所示，主控模块由模块功能单元、底层管理单元、前面板接口、底板连接器构成。其中，模块功能单元主要为模块的业务执行体（系统主控、高速处理、存储等）；底层管理单元搭载有系统底层管理控制器（ChMC）、状态传感器、电源芯片，该单元负责整个系统的底层管理、状态收集等业务；前面板接口用于向外界提供通信接口，根据具体的需求可以选择光纤接口或电接口通信。

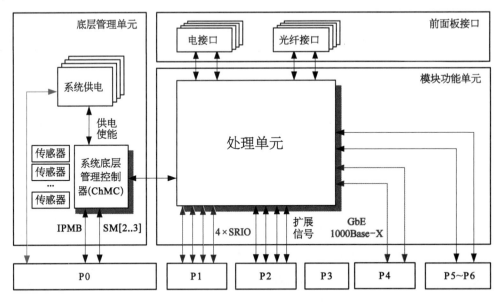

图 2-4　标准主控模块的架构及内总线接口分配

标准功能模块的架构及内总线接口分配如图 2-5 所示。标准功能模块的架构与标准主控模块相似，其主要区别在于，功能模块的底层管理单元搭载的控制器为平台管理控制器（IPMC），IPMC 的功能弱于 ChMC，IPMC 仅需要响应 ChMC 的请求（执行指令或上报模块信息），以及对所在模块的底层传感器及模块底层状态进行管理维护。

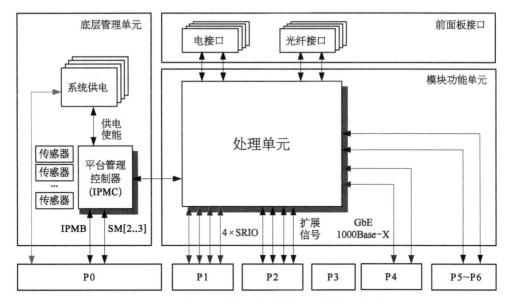

图 2 - 5　标准功能模块的架构及内总线接口分配

　　标准交换模块的架构及内总线接口分配如图 2 - 6 所示,交换模块由交换阵列、处理/配置单元、底层管理单元、前面板接口、底板连接器构成。其中,底层管理单元、前面板接口的构成与标准功能模块相似;交换阵列用于为系统提供数据平面、控制平面交换业务,交换阵列包括以太网交换阵列和 SRIO 交换阵列,SRIO 交换阵列向 P2～P6 连接器提供不少于 12 路的 4×SRIO 交换端口,以太网交换阵列向 P1～P2 提供不少于 16 路的 1000Base－X 交换端口;处理/配置单元主要负责交换阵列的配置以及信号处理业务。

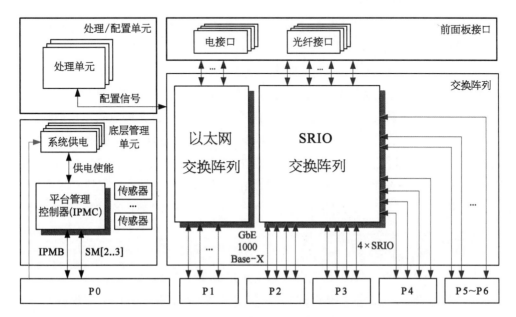

图 2 - 6　标准交换模块的架构及内总线接口分配

2) 软件架构

开放式体系架构的软件设计,从服务、需求、自主和可定制等方面考虑,大致可由基础资源层、中间件层、应用层组成。对软硬件解耦,通过增强系统扩展性来支持软件迭代升级,在硬件上进行加固防护,在软件上增强容错服务。开放式软件架构组成见表2-4。

表2-4 开放式软件架构组成

层 次	功 能 定 义
应用层	处于顶层,为用户实现指定功能,也可根据用户特点组合服务
中间件层	对线程/任务、内存访问、I/O操作、同步资源、以太网、共享内存、光纤通信进行封装,完成操作系统与通信协议级屏蔽,实现对硬件设备层的访问
基础资源层	从商用货架产品(COTS)中为基础硬件资源选用通用信号处理设备、高速数据交换网络和高性能处理器;针对信号处理、信息处理、数据处理和任务处理等场景,对应用软件进行加载和重构,进而实现功能重组和能力升级

2.2.3 冗余

2.2.3.1 冗余定义

星载嵌入式计算机是星上采用计算机网络技术,将星载电子设备互连,实现卫星内部信息共享和综合利用、功能集成、资源重组优化的信息处理和传输系统。因此,有必要在已采取常规可靠性措施的情况下进一步进行冗余设计,采用高可靠多余度容错计算机技术来提高计算机系统的可靠性。

20世纪50年代,冯·诺依曼最早提出了采用冗余的思想来解决容错的问题。经过几十年的发展,目前冗余已经成为容错的基本方法。

从硬件冗余来讲,按照备份方式可将其分为热备份、冷备份;按照冗余的数量,可分为双机备份、多机备份;按照故障恢复方式,可分为静态冗余、动态冗余。选取何种冗余方式,主要是根据系统的实际要求确定。在航天器计算机系统中,决定冗余的方式包括系统的可靠性、自主性、寿命、重量、功耗和体积等因素。对于故障处理实时性、可靠性和安全性要求高的系统,一般采用静态冗余方式,典型的有"三取二"表决方式,如返回式卫星控制计算机;对于寿命要求高的系统,可采用冷备份方式,如高轨通信卫星;对于可靠性要求特别高的系统,可采用混合冗余的方式,即静态和动态相结合的方式,如"神舟"飞船姿轨控计算机。

2.2.3.2 冗余设计

按照所利用资源的不同,可将冗余分为空间冗余、时间冗余、混合冗余。

(1) 空间冗余。指通过占用额外的空间资源如器件、函数或数据来实现容错。根据占用冗余资源的不同,空间冗余包括硬件冗余(如三模冗余)、软件冗余(如多版本)和信息冗余(如纠删码)。

(2)时间冗余。指通过占用更多时间包括重复计算或数据恢复等来实现容错。

(3)混合冗余。指将空间冗余和时间冗余结合起来,利用两者优势来实现的容错技术,如基于故障预测的进程迁移技术等。

容错方法分类如图 2-7 所示。

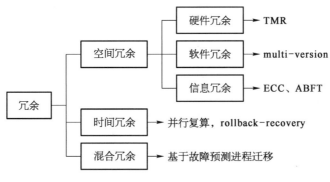

图 2-7　容错方法分类

1)空间冗余容错技术

(1)三模冗余(triple modular redundancy,TMR)。为典型的空间冗余技术,其通过增加硬件的方式,达到容错的目的。TMR 是 N 模冗余的特例($N=3$),由于 TMR 可靠性较高且实现简单,得到了广泛的应用。图 2-8 所示为基本 TMR 系统的运行原理,系统在运行过程中完成实际任务的部分通常由三套独立且相同的模块组成,三个模块接收相同的输入,产生的三个结果送入多数投票器进行表决。当送入投票器的三个结果相同时,投票器认为运行正常并输出该结果;当送入投票器的结果只有两个相同时,投票器认为一个模块出现故障,投票器输出正常的多数模块的结果;只有三个模块得到结果均不相同时,投票器判断系统全部出现故障并重启计算。换句话说,三模冗余结构,只有在大于等于二模正常的情况下能够得到正常结果。因此,三模冗余可在单一时刻实现对单一故障的屏蔽。

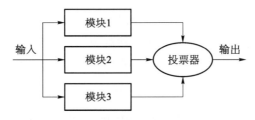

图 2-8　基本 TMR 系统的运行原理

星载嵌入式计算机的表决包括两部分:输入数据的表决和输出数据的表决。输入数据的表决由软件按"三取二"的原则来实现;输出部分的表决由软硬件协同实现。表决器实现原理如图 2-9 所示。

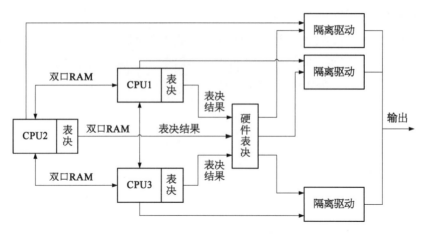

图 2-9 表决器实现原理

① 软件部分。每块 CPU 板的软体通过读取双口 RAM 中相应各个 CPU 模块运算的结果进行全量表决,其表决的原则为"三取二";同时,在 CPU 空闲时进行自检。软件的表决输出是软件表决与自检信息处理后形成 2 位结果(2 位信息 00,01,10,11,表示CPU1,CPU2,CPU3 输出或都不正常),并将此信息传递给硬件表决器 FPGA。

② 硬件部分。表决各块 CPU 板传送过来的表决结果,最终形成 3 个开关信号来控制 CPU 板的输出;硬件表决器的实现由 FPGA 完成,便于系统调试。

由于输出部分的软件表决是在 3 块 CPU 上同时运行的,理论上 3 块 CPU 输出数据都是正确的,因此不管输出哪块 CPU 板的数据,其结果都是正确的。即使硬件表决暂时有错误,最终的输出也是正确的。同时,为了保持数据的连贯性,切换的原则不是简单地按照"三取二",而是根据原则的表决结果累计当前选择的 CPU 板错误的次数,只有当连续错误的次数超过一定量后才切换到另一块 CPU 板。

由于硬件表决器本身就是一个单点,因此系统对此进行了旁路设计。硬件表决器本身可以自检,如果硬件表决器出现暂时的输出错误(如不应同时选择打开 2 个 CPU 板或3 个 CPU 板)或表决器无法正常启动,系统默认选择第 1 块 CPU 板的输出数据。当然,在冗余计算机工作之前,应对硬件表决器进行全面测试,确保表决器工作正常。

(2) 拜占庭冗余。拜占庭将军问题是一种对现实世界的模型化,尤指网络当中由于软硬件错误、网络阻塞及恶意攻击导致的各种未知行为。拜占庭容错系统要解决的是分布式系统中存在恶意节点(即拜占庭节点)时,系统的一致性、正确性等问题。

假设分布式系统拥有 n 台节点,并假设整个系统拜占庭节点不超过 m 台($n \geqslant 3m+1$),拜占庭容错系统需要满足如下两个条件:

① 所有非拜占庭节点使用相同的输入信息,产生同样的结果;

② 如果输入的信息正确,那么所有非拜占庭节点必须接收这个消息,并计算相应的结果。

另外,拜占庭容错系统需要达成如下两个指标:

① 安全性。任何已经完成的请求都不会被更改,它可以在以后请求中看到。

② 活性。可以接受并且执行非拜占庭客户端的请求,不会被任何因素影响而导致非拜占庭客户端的请求不能执行。

在分析拜占庭问题的时候,假设信道是可信的。拓展开来,在拜占庭容错系统普遍采用的假设条件包括:

① 拜占庭节点的行为可以是任意的,拜占庭节点之间可以共谋;

② 节点之间的错误是不相关的;

③ 节点之间通过异步网络连接,网络中的消息可能丢失、乱序并延时到达,但大部分协议假设消息在有限的时间内能传达到目的地;

④ 节点之间传递的信息,第三方可以嗅探到,但是不能篡改、伪造信息的内容和破坏信息的完整性。

注意:并非所有的缺陷或故障节点都称为拜占庭节点,拜占庭节点的行为有不可预测、任意性的特点,例如遭黑客破坏、中木马的服务器就是一个拜占庭服务器。

(3)算法容错。另一种典型的空间冗余容错技术是算法相关的容错方法。该方法通过开发具有容错能力的算法来完成容错,其需要针对并行算法的特点来完成容错设计,使得算法具有天然容错的能力。美国圣地亚国家实验室最先开展了该类算法的研究,提出了包括异步并行直接搜索(asynchronous parallel direct search)等具有容错能力的算法,这些算法可保证计算任务在小部分数据丢失的情况下仍能正确执行,而不需要进行故障处理或恢复。另有部分算法研究成果,虽然必须恢复故障丢失的数据才能正确运行,但其数据恢复方法非常高效。还有一类针对矩阵运算应用的算法,其可以针对计算数据进行编码,在算法执行过程中通过检查保留的编码,来判断是否发生了错误。这些算法相关的容错方法通常具有较低的容错开销,但对程序员提出了较高的要求,需要充分利用应用特点或数据特点精心设计独特而高效的容错方案,因而缺乏通用性,难以推广。

2)时间冗余容错技术

当前已有的典型时间冗余容错技术包括并行复算(parallel recomputing)和回滚恢复(rollback-recovery)。

由中国国防科技大学杨学军等人提出的并行复算,是一种具有快速故障恢复能力的容错技术。其核心思想如图 2 - 10 所示:当某进程发生故障时,将故障结点因故障丢失的负载分配到其余的无故障结点上进行并行的重算,而无须将全部进程回滚,因此能够有效加快故障恢复速度。并行复算采用时间冗余的方法,利用现有硬件资源,在不要求额外增加资源的情况下加速故障恢复。该方法适用于计算密集型应用,对需要较多通信的应用,并行复算的优势并不明显。

回滚恢复的基本思想是:在计算过程中周期性地保存计算状态,当故障发生后,应用程序回滚到之前保存的某个状态处重新开始执行。回滚恢复方法要求重复执行从故障前

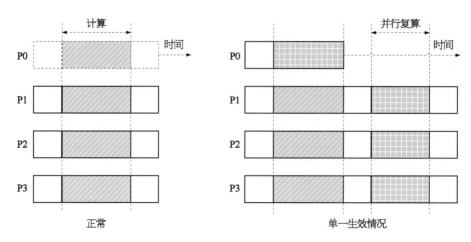

图 2-10 并行复算基本原理

的某个状态到故障发生处之间的计算过程,虽然这种方法通常会要求额外的存储空间保存恢复所需的计算状态数据,但在保存和恢复的过程中关键的开销为时间开销,因此在这里仍将回滚恢复方法作为时间冗余容错技术。在分布式和并行计算领域,回滚恢复方法得到普遍关注、使用最为广泛。

3) 混合冗余容错技术

对于空间冗余,为了完成同样的计算任务,需要占用更多的计算资源,降低了计算资源的利用率;对于时间冗余来说,冗余机制需要引入额外的计算时间来消除错误的影响,机制本身引入了时间开销。随着并行应用规模的不断增大,单纯的空间冗余或时间冗余,其弊端越来越明显。因此,可有效结合两者优点,通过引入故障预测机制,采用较少的空间冗余,配合时间冗余技术,从而有效提高并行计算的容错效率。

基于故障预测机制的容错技术,通常具有主动触发的特点,常被称为主动容错技术。而传统的容错技术如 checkpointing 技术,则通常被称为被动容错技术。由于故障预测目前无法达到对故障完全准确预测的程度,单纯的主动容错技术仅基于故障预测机制进行容错,当遇到未预测到的故障或者是已预测到但未来得及采取容错措施的故障时,系统可能面临较大的损失。因此,现有的主动容错技术常和被动容错技术结合起来,使得不仅能够利用主动容错技术的优势,而且能够避免故障预测不完的缺点。

主动容错技术研究的关键在于故障预测方法准确率的高低。现有故障预测方法主要可分为两大类:基于模型的故障预测和基于数据驱动的故障预测。

基于模型的故障预测,需要事先假设系统故障符合某种模型,对于小规模系统中某些类型的故障,采用基于模型的预测方法能够获得较好的预测效果,但是对于由数十万以上部件构成的超级计算机系统,故障建模十分复杂,难以用模型准确描述系统的故障特征。

基于数据驱动的故障预测,主要利用数据挖掘、机器学习等技术对历史数据进行学习,获取故障发生的规律,然后利用学习的结果对所监测系统的实时状态数据进行分析,预测是否有故障发生。

2.3　典型架构应用

根据应用领域特征、任务特点和卫星工程约束,系统架构的具象化实现将体现出差异化设计,如应用卫星领域,其系统架构体现出模块化、多冗余、高可靠的特征;深空探测领域,其系统架构集中于长寿命高可靠控制;微纳卫星领域,其系统架构以模块化、开放式、高密度为主;飞船领域,其系统架构具有多层次、模块化、开放式、多冗余、高可靠等特征。目前国内星载计算机系统大致可分为以下几类。

2.3.1　应用卫星

根据整星的任务功能,可将应用卫星划分成不同的星载计算机系统,常见的有导航卫星、气象卫星、通信卫星等。其采用的系统架构主要由中心计算机、姿轨控计算机、测控、全球导航卫星系统(global navigation satellite system,GNSS)及外围电路等系统组成,每个系统具有自己的CPU,各部分之间通过通信总线连接。中心计算机通过通信总线接收测控分系统遥控指令,转换为星上各单机的总线指令,发送给星上各单机执行,并从各单机采集遥测数据,组包后通过测控分系统下传至地面;姿轨控计算机接收GNSS获取的定位定轨数据,计算整星姿态轨道信息,将生成的姿态轨道控制数据发送至姿轨控执行部件,同时通过通信总线向中心计算机回报姿态轨道遥测信息。

1) 应用卫星系统功能和设备组成

应用卫星系统功能包括遥测遥控管理、姿态和轨道控制、热控管理、电源管理、时间管理、总线网络管理、信息安全管理以及有效载荷管理等。其设备组成包括:

(1) 卫星管理单元(SMU)。完成遥测遥控管理、热控管理、电源管理、时间管理、总线网络管理、信息安全管理等功能。

(2) 数据处理单元(DPU)。完成数据存储、数据复接及下传功能。

(3) 平台接口单元。完成遥测数据采集、指令输出、火工品控制、平台供配电等功能。

(4) 载荷接口单元。完成遥测数据采集、指令输出、火工品控制、载荷供配电等功能。

(5) 控制接口单元。完成姿态和轨道控制功能。

2) 应用卫星系统设计特点

各设备间采用1553B总线互连。系统设计的主要特点包括:

(1) 系统体系架构。卫星管理单元与控制接口单元分离,由卫星管理单元完成平台的数据管理等功能,控制接口单元完成姿态轨道控制功能。

(2) 数据总线网络体系架构。各设备间采用1553B总线进行互连,在接口服务单元设备内部采用二级内总线,完成各模块之间的互连。

(3)模块化设计。系统采用模块化的设计思想,在接口服务单元中设计标准的模块,如遥测模块、常规指令模块、矩阵指令和矩阵遥测模块、电源与通信模块、火工品管理模块、热控管理模块、配电模块等,各接口服务单元可以根据需要采用这些标准模块进行组装。

(4)系统容错。提供整星系统级的故障检测和修复,在 CMU 故障或 DPRU 故障时,可通过应急模式实现对卫星的控制。

(5)星间网络。系统具备星间网络路由功能,可实现卫星间多种数据的传输,包括指令、遥测数据、导航电文、时间同步信息、测距信息等。

根据上述讨论,星载嵌入式计算机要能够发挥其应有的作用,从概念上看其作用范围涉及卫星平台和有效载荷的各种电子系统,即传统意义上的数据管理(星务)、姿态和轨道控制、电源、热控、总体电路、天线和有效载荷等各分系统。该星载嵌入式计算机产品支持卫星的智能成像模式,主要实现成像指令解析、成像参数获取、轨道确定和星历计算、姿态控制、天线控制、供电控制、主载荷成像指令控制、载荷数据传输控制。

星载嵌入式计算机产品在标准总线接口的基础上,与载荷和平台的各大分系统核心单机都有协同工作的能力,起到任务控制中心的统一调度的作用,按照规定的顺序协调工作,完成这样一个智能化的任务过程。

2.3.2 深空探测

深空探测是人类了解地球、太阳系和宇宙,进而考察、勘探和定居太阳系地球以外其他天体的第一步。深空探测是 21 世纪人类进行空间资源开发与利用、空间科学与技术创新的重要途径。目前深空探测的 6 个重点方向为月球探测、火星探测、小行星与彗星的探测、太阳探测、水星与金星的探测、巨行星及其卫星的探测。我国目前的深空探测项目有探月工程(即嫦娥工程)一、二、三期,火星探测工程。

1)深空探测技术特点

与围绕地球轨道运行的航天器相比,深空探测器具有鲜明的技术特点,主要表现在以下几个方面:

(1)任务形式多。深空探测系统比较典型的任务形式包括"绕、落、回、巡、附、穿"。

(2)目标差异大。行星、行星的卫星、彗星和小行星等目标的光照条件、引力场、大气环境等各不相同。

(3)环境不确定性大。天体表面的环境、土壤松软程度、地形起伏和磁场分布等,还缺乏实测数据的支撑。

(4)任务周期长。目标天体一般都距离地球较远,漫长的星际飞行中要考虑能源供给、温度保证、自主管理和空间辐射环境等因素。

因此,由上述可知,深空探测系统对各分系统的需求更加全面,以某着陆器为例,其数管分系统与姿轨控分系统相独立,数管分系统的功能包括遥测遥控管理、电源管理、热控管理、总线网络管理、FDIR、火工品管理、大容量存储与高速复接和机构驱动控制等。

2)深空探测系统设备组成

(1)系统管理单元。由 16 个模块组成,完成遥测、遥控、供配电、电源变换、热控、火工品管理、大容量存储与高速复接和机构驱动控制等功能。

(2)数据接口单元。实现上行通道数据处理、遥测采集与间接指令发送、加热回路控制、配电管理、机构控制、自锁阀控制功能。

3)深空探测系统设计特点

系统设备间采用 1553B 总线互连。系统设计特点包括:

(1)采用国际空间数据系统咨询委员会(Consultative Committee for Space Data Systems,CCSDS)标准,实现了平台和载荷数据流的统一设计,包括数据采集、存储、处理和回放等。

(2)采用星载嵌入式计算机设计思想,实现了平台和载荷管理电子设备的集成设计,减少了设备外壳和设备间电缆的重量,实现了系统体积、功耗及重量的大幅降低。

(3)实现了高集成后的电磁兼容性和抗干扰设计。

轨道器系统实现信息采集和处理、数据管理、控制、驱动等多种任务综合在一个有机整体中,为平台提供全面、综合的服务与管理。轨道器采用一体化设计思路,走标准化、模块化、通用化模式。将整个系统模块化或组件化,将模块或组件标准化,使模块或组件可以任意组合成所需单机。针对大型探测器体积大、多舱段、区域广和多次分离等特点,构建基于高速串行总线的分布式系统架构,实行分区管理。

2.3.3　微纳卫星

微小卫星高功能密度计算机系统采用分层模块化、开放式体系架构,硬件模块按照航天器设备的接口类型设置,软硬件接口采用标准化设计,功能由软件定义,将卫星平台功能集成于微小计算机系统和软件中,外加载荷系统,可以满足快速组装、测试和发射等要求。遇到紧急事件时可形成数十颗甚至几十颗卫星,在较短时间内形成战斗力,对局部作战、自然灾害等应急事件提供专用支持,弥补大卫星平台的实效性不足,实现对应急突发事件的战术性快速响应。

近年来,随着商业航天的发展,利用 MEMS(micro-electro-mechanical system)、工业级器件生产的微纳卫星在航天系统中所占的比重越来越大。低成本、短研制及生产周期是微纳卫星特别是商业微纳卫星的两项重要要求,也是目前微纳卫星的研制趋势。对于微纳卫星,目前主要的设计模式仍遵循传统大型卫星设计方式,采用现有卫星平台设备及单机,根据功能需要增加载荷,并在现有卫星平台基础上修改。这种模式可利用现有技术和设备产品,缩短卫星研制时间周期,但其功能及性能受限于现有产品,性能通常较低,功耗较大,难以适应微纳卫星越来越高的性能及功耗需求。虽然微纳卫星通常工作在低地球轨道,空间环境相对高轨道卫星较好,但对于星载嵌入式计算机来说,由于其承担了卫星星上平台设备及载荷控制、遥控遥测控制处理、姿态及轨道计算等关键任务,仍需要较高的可靠性。

目前在研的商业航天星载嵌入式计算机主要以高可靠性航天级处理器为主,配合工业级外围器件实现,利用处理器本身的高可靠性及外围电路冗余设计实现星载嵌入式计算机高可靠性要求。由于高可靠性处理器自身及外围电路模块限制,此种方式需要的星载嵌入式计算机的体积及重量大,功耗较高,难以满足微纳卫星小型化、集成化的要求。

系统功能包括遥测遥控管理、姿态和轨道控制、热控管理、电源管理、FDIR、配电和火工品管理、有效载荷数据处理等。

星载嵌入式计算机的核心设备采用双机冷备方式,其组成包含处理器、RS-422 串口、模拟量输出、OC 门指令输出、模拟电压检测接口、温度检测接口、DS 检测接口、PCM接口和数字开关量输入等。

第 3 章
处理器最小系统

自从 1957 年 10 月 4 日第一颗人造卫星上天以后,人类进入太空时代,正有计划、有目的地开发近地轨道空间资源。卫星的应用范围越来越广泛,如用于通信和信号转发、观察气象、观察地形地貌、全球定位与导航等。卫星的需求量日益增长。

在大量应用推动下,加之计算机技术、软件技术和半导体技术的飞速发展,星载计算机的发展也随之加快。卫星技术发展很快,卫星整体性能不断提高,对星载自主处理能力的需求日益增强。各种新技术、新产品和新工艺不断应用到卫星设备中,对卫星的可靠性设计提出了更高的要求。本章将首先对星载处理器做一概述,简介其国内外发展情况、计算机指令集及其系列产品;接下来将主要对宇航星载领域常用 1750 系列、SPARC 系列、PowerPC 系列、ARM 系列、MIPS 系列、X86 系列处理器等的发展、体系架构、应用特点、设计情况进行阐述。

3.1　星载计算机处理器概述

3.1.1　国内外处理器发展情况

1) 国外发展情况

国外航天器使用的处理器,如美国火星探测器上用的是 IBM 公司的 RAD6000,实际就是 PowerPC 系列。航天飞机上的控制系统使用的是 8086、8051 单片机,还有如 MIPS 等适合实时控制的 CPU 产品。在一些大卫星上使用蓝宝石工艺的 1750A,在一些小卫星领域还会使用一些 COTS(commercial off-the-shelf)器件,如工业级的 ARM 处理器。美国 SpaceX 公司自 2019 年 5 月启动组网发射以来,迄今已将数千颗"星链"组网卫星送入轨道,处理器为工业级器件,采用多级冗余提高可靠性。TSC695F 是美国 ATMEL公司为欧洲航天局定制的 CPU,其更高版本为 TSC697 和 LEON2 等嵌入式 CPU。日本则依靠其在半导体技术方面的强大实力,基本使用其国内厂商生产的 CPU,如 HITACHI公司的 HD68000 系列。西方国家虽然科技比较发达,但其使用的 CPU 并不一味地追求高性能,如 RAD6000,其主频只有 25 MHz,如 TSC695F 的主频也只有 25 MHz,HD68000 系列的主频最高只有 12.5 MHz。由此可以看出,在处理能力够用的前提下,可靠性始终放在很重要的位置。

2) 国内发展情况

我国在电子基础领域起步较晚,处理器技术、操作系统技术和半导体制造技术等核心技术全都掌握在国外公司,使得星载计算机的研制受到了诸多方面的限制,经常面对的是国外公司的技术封锁和芯片禁运。尽管面临许多困难,我国的星载计算机仍在不断地向前发展,例如利用 IP 核在 FPGA 中实现 CPU 的功能、引进生产线国产化 8086 处理器。国内星载计算机经过几十年的发展,在低功耗、高性能、抗辐照和高可靠性方面取得了长足发展。

当前随着国内半导体技术发展,已经有众多厂家可以提供工业级、宇航级处理芯片,北京微电子技术研究所研制的 BM3803、BM3823 等器件,均陆续完成地面试验、飞行验证。后续新一代八核处理器 3883 已在应用中。深圳国微 PowerPC 系列 SM750 和银河飞腾的多核 DSP 芯片 FT - 6672、FT - 6678 均完成在轨飞行验证任务,满足了当前卫星发展对处理器应用的高可靠、高性能要求。

国内星载计算机选用的 CPU 大致有以下几种: 最早为 8051 单片机、8086、1750A,最新为 TSC695F、TSC697F 等。1750A 在一段时间内影响较大,最早用于实践五号卫星,后又用于海洋一号卫星,相比单片机和 8086 速度更快、支持实时操作系统如 VxWorks 等。随着国防科技进步与半导体技术发展,器件自主化国产建设提上日程,在"十四五"期间各体系架构处理器应用层出不穷,国产 PowerPC750 芯片因其高性能、低功耗、具备超标量计算能力,已作为当前宇航领域低轨低成本卫星主要处理器,国产处理器 BM3803、BM3823 作为进口 TSC695F、TSC697F 升级换代产品,目前已在众多卫星上广泛应用。此外随着平台载荷一体化技术发展,除了平台的高可靠性外,亦提出载荷高性能处理要求,国防科技大学混合异构处理平台应运而生,FT - 6672、FT - 6678、F8024 等芯片,目前已经全面开展应用验证工作,未来将作为多个星座中载荷处理平台主要处理器。

3.1.2　计算机指令集及其系列产品概述

当前商业航天飞速发展,对卫星发展提出平台体系一体化,具备高性能、低成本特点等要求。与型号任务不同,商业航天计算机设计思路围绕对平台的电子系统进行高集成、一体化的设计,涉及星务管理、姿轨计算机、测控应答以及扩展至导航接收机、机构控制等模块,突破了传统卫星平台的功能划分和产品组成。处理器选型主要考虑高集成度、可获得性,乃至更低成本。因此,商业航天计算机处理器多数选择工业级 ARM 体系架构器件。

总的来说当前星载计算机主要采用 SPARC、PowerPC、MIPS 等系列。下面在对星载处理器最小系统做介绍前,首先对计算机指令集及其系列产品进行概述。

目前流行的指令集主要为复杂指令集 CISC 和精简指令集 RISC。CISC 在 20 世纪 90 年代前被广泛使用,其特点是通过存放在只读存储器中的微码来控制整个处理器的运行。早期的计算机部件比较昂贵,主频低,运算速度慢。为了提高运算速度,人们不得不将越来越多的复杂指令加入指令系统中,以提高计算机的处理效率。随着需求不断增加,设计的指令越来越多,为支持这些新增的指令并保持兼容以前的指令,计算的体系结构越来越复杂。然而,在 CISC 指令集的各种指令中,其使用频率却相差悬殊:大约有 20% 的指令会被反复使用,占整个程序代码的 80%;而余下 80% 的指令却不经常使用,在程序设计中只占 20%。

为改变这种状况,1980 年 Patterson 和 Ditzel 两位学者完成了一篇题为《精简指令集(RISC)计算机概述》的开创性论文,全面提出了精简指令集的设计思想。随后,美国加州柏克莱大学的研究生依照此理论基础,设计出了第一个精简指令集处理器 RISCI,该处理器远比当时已经相当流行的 CISC 处理器简单得多,在设计上所花费的功夫也降低许多,但整体功能上的表现却与 CISC 处理器不相上下。从此处理器设计方向便分别向着这两个大的方向发展。CISC 与 RISC 特点对比见表 3-1。

表 3-1　CISC 与 RISC 特点对比

CISC	RISC
复杂指令的执行需要更多的时钟周期	简单指令只需 1 个时钟周期
所有指令都可以访问内存	只有 loads/stores 指令可以访问内存
寄存器少	寄存器多
微代码翻译模板复杂	软件编译器复杂
指令多,模式多	指令少,模式少
指令格式可变	指令格式固定
指令由微代码翻译执行	指令直接由硬件执行
无流水线或流水线程度较低	流水线结构

CISC 主要处理器系列情况为:Intel 公司和 AMD 公司的 X86 架构都是基于 CISC,包括 X86 和 X86-64。RISC 主要处理器系列包括 ARM 架构、MIPS 架构、PowerPC 架构、SPARC 架构。

1) X86 架构

1978 年 6 月 8 日,Intel 公司发布了新款 16 位微处理器"8086",也同时开创了一个新时代:X86 架构诞生了。X86 又叫 IA32,即 IntelArchitecture32(Intel32 位架构)。2003年,AMD 公司推出了业界首款 64 位处理器 Athlon64,也带来了 X86-64,即 X86 指令集的 64 位扩展超集,具备向下兼容的特点。为了和 AMD 公司展开竞争,Intel 公司也在 2004 年推出了自己的 64 位版 X86,也就是 EM64T。在 X86 架构中,程序的各条指令是按顺序串行执行的,每条指令中的各个操作也是按顺序串行执行的。顺序执行的优点是控制简单,但计算机各部分的利用率不高、执行速度慢。

2) ARM 架构

ARM 架构广泛用于许多嵌入式系统设计中。由于节能的特点,ARM 处理器非常适用于移动通信领域,符合其主要设计目标为低耗电的特性。当前 ARM 家族在所有 32 位嵌入式处理器中占比 75%。ARM 处理器的主要特点是:体积小、低功耗、低成本、高性能;支持 Thumb(16 位)/ARM(32 位)双指令集,能很好地兼容 8 位/16 位器件;大量使用寄存器,指令执行速度更快;寻址方式灵活简单,执行效率高;指令长度固定。

3) MIPS 架构

无内部互锁流水级的微处理器(microprocessor without inter locked piped stage architecture,MIPS),在 1981 年由 MIPS 科技公司开发并授权,广泛被使用于许多电子产品、网络设备、个人娱乐装置与商业装置中。最早的 MIPS 架构是 32 位,最新的版本已经变成 64 位。它的基本特点是:包含大量的寄存器、指令数和字符可视的管道延时时隙。这些特性使得 MIPS 架构能够提供最高的每平方毫米性能和当今片上系统(system on chip,SoC)设计中最低的能耗。MIPS 架构如图 3-1 所示。

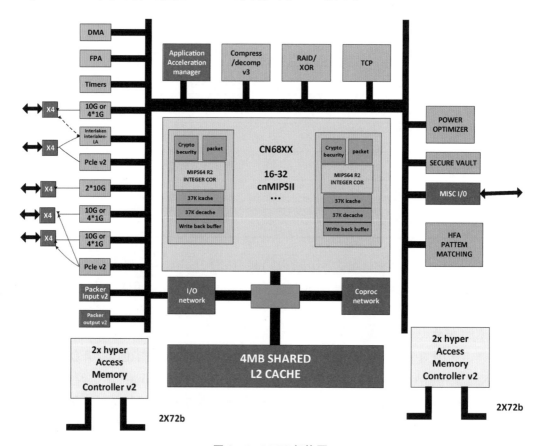

图 3-1　MIPS 架构图

4）PowerPC 架构

POWER 是 1991 年由 Apple（苹果电脑）、IBM、Motorola（摩托罗拉）公司组成的 AIM 联盟所发展出的微处理器架构。PowerPC 是整个 AIM 联盟平台的一部分，并且是到目前为止唯一的一部分。PowerPC 架构如图 3-2 所示。

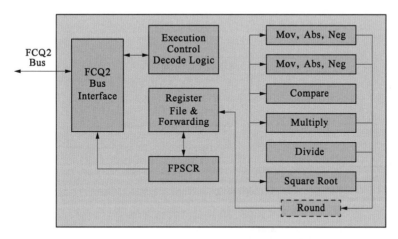

图 3-2　PowerPC 架构图

5）SPARC 架构

SPARC 架构最早于 1985 年由 SUN 公司所设计，也是 SPARC 国际公司的注册商标之一。SPARC 国际公司授权了多家生产商采用，包括德州仪器、Cypress 半导体、富士通等。由于 SPARC 架构对外完全开放，因此也出现了完全开放原始码的 LEON 处理器，这款处理器以 VHDL 语言写成，并采用 LGPL 授权。SPARC 架构主要用于小型机上。

3.2　1750A 系列处理器技术

3.2.1　1750A 体系架构发展历程

MIL-STD-1750A 是美国于 1980 年年初公布的一种军标，它详细定义了机载计算机的指令系统结构。实现这种指令系统结构的计算机一般被称为 1750 计算机。该标准并不规定实现这种指令系统的硬件途径及具体的实现细节，也不规定计算机如外形尺寸、运算速度、容量及温度范围等特性。因此，IBM、通用动力公司等都推出了自己的 1750 计算机。随着硬件技术的发展，1750 计算机的结构和性能也在不断发展。这些计算机虽然速度越来越快、体积越来越小，但它们都是符合同一种军标 MIL-STD-1750A 的计算机。因为 1750 计算机体积缩小、功耗降低，所以它更适合作为嵌入式计算机，用于航空电子分系统。

3.2.2 1750A 体系架构简介

1750A 系统是一个高性能的嵌入式系统。系统基于 MIL - STD - 1750A 指令集。MIL - STD - 1750A、80286/386、68000 和 MicroVax Ⅱ 是四种评价很高的标准。1750A 系统包含先进的 CMOS 微处理器和一些支持芯片,其结构如图 3 - 3 所示。

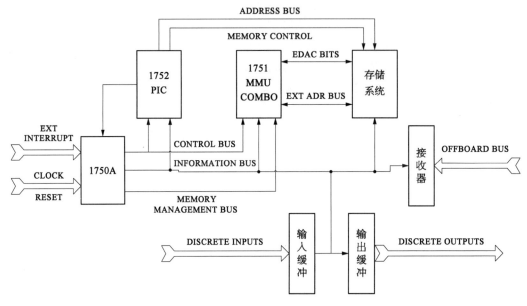

图 3 - 3   1750A 系统结构图

1750A CPU 是一个通用的 16 位微处理器,有较高的定点和浮点性能,而且有很好的实时支持。该 CPU 执行 16 位和 32 位整数运算、32 位和 48 位浮点数运算。1751 MMU/COMBO 的主要功能是存储管理和块保护,提供扩展地址,提供保护机制(存取锁和存取键),提供 EDAC(汉明码)校验。1752 PIC 的主要功能是内建系统测试、CPU 与存储器间的接口,具体包括产生存储器的读写选通信号、奇偶校验、看门狗定时器。

3.2.3 典型的 1750A 系列处理器

1) MA31750

MA31750 是一款单芯片微处理器,可实现完整的 MIL - STD - 1750A 指令集架构。处理器执行所有强制性指令,其中,中断、故障处理、内存扩展、控制台、定时器 A 和 B 及其相关的可选指令也完全符合 MIL - STD - 1750A 的要求。MA31750 通过使用具有 24×24 位乘法器和 32 位 ALU 的 32 位内部总线结构来实现。其他性能增强功能包括 32 位移位网络、多端口寄存器文件和专用地址计算单元。

MA31750 具有片上奇偶校验生成和检查功能,以增强系统完整性。还集成了全面的内置自检,允许随时验证处理器功能。通过使用 I/O 空间中命令/数据寄存器的并行接口支持控制台操作,产生几个离散输出信号以最小化外部逻辑。

MA31750 微处理器是 MIL‑STD‑1750A 指令集架构的高性能实现。图 3‑4 是 1750B 内部功能框图。该架构依靠 32 位移位网络和 24 位并行乘法器,这是提升 MA31750 整体高性能的关键特性。MA31750 擅长的浮点运算,通常应用于许多信号处理算法中,因此对系统性能具有重大影响。

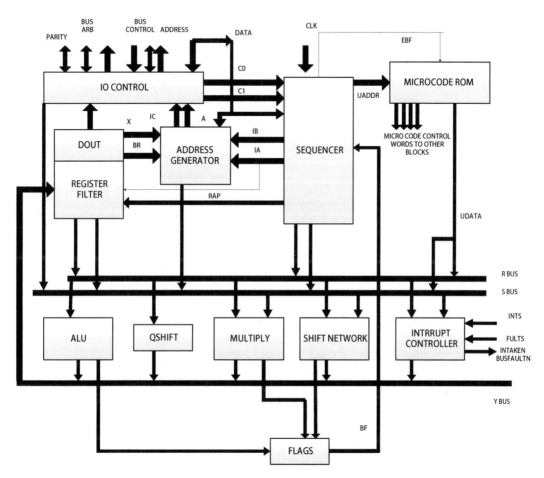

图 3‑4 1750B 内部功能框图

2) P1750A

P1750A 系列 CPU 是一款基于 MIL‑STD‑1750A 的 16 位通用处理器,采用 CMOS/SOS 工艺,在 30 MHz 主频下可达到 30MIPS 运算能力。1750A 系列的 CPU 已在 FY‑1、FY‑3 等卫星中应用,包括姿轨控计算机和数管计算机。基于 1750A 体系结构的星载计算机具有产品稳定性好、可靠性高的特点。目前在轨卫星使用的 1750A 系列 CPU 多为进口芯片,主要包括 P1750 系列、BX1750 系列和 31750 系列。这三类芯片不但器件引脚、封装形式、时序关系不同,其配套的 MMU 芯片也不尽相同。

使用进口 CPU 芯片存在诸多不利因素:首先,由于国外对这些芯片的禁运,目前已经无法采购;其次,进口芯片更换导致各型号产品技术状态变化,产品化设计难度大;最后,芯片更换造成的技术状态变化还需要进行复杂的验证试验。国产 P1750 套片全面兼容进口 P1750、P1753、P1754 芯片。国产套片的考核验证包括地面验证和在轨验证两部分,主要内容包括套片时序设计、抗辐照性能、工程样机考核试验和在轨考核应用等。

3) SM1750

SM1750 为深圳国微电子有限公司研制的对标进口 PACE1750A 的国产处理器,实现 MIL-STD-1750A 指令系统结构,支持 32 位和 48 位浮点算术运算,提供多种故障、中断管理能力,包含 24 个用户可访问寄存器和 2 个可编程时钟,采用 SOICMOS 工艺技术抗总剂量≥150 Krads(Si)、抗单粒子翻转能力≤10^{-8}/天位。

SM1750 是由 6 个主要模块组成,采用可高度并行执行的流水线结构的 16 位微处理器。SM1750BRQC 功能框图如图 3-5 所示。

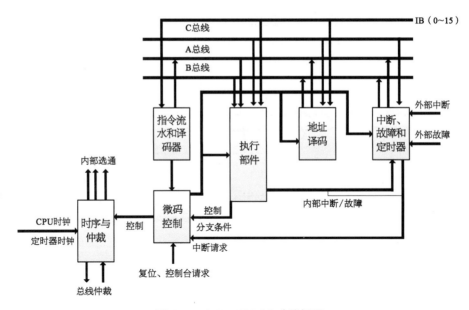

图 3-5 SM1750BRQC 功能框图

在 CPU 内部有三条总线进行连接,分别为 A-bus、B-bus 和 C-bus。数据和地址通过 16 位信息总线与外界进行信息交换,SM1750BRQC 的各个部件在一个典型的机器周期内将完成以下 8 项基本操作:

(1) 在执行部件中执行微指令。

(2) 一条新的指令被预取并放置到流水线中。

(3) 下条指令的地址被准备好。

(4) 第一条指令在流水线中进行译码。

(5) 微码存储器 ROM 输出的微码被锁存到微码寄存器。

（6）通过中断屏蔽寄存器和中断优先级逻辑，处理中断悬挂寄存器的值。

（7）新的中断信号被锁存到中断悬挂寄存器中。

（8）所有当前故障被锁存到故障寄存器中。

3.2.4　技术特征

P1750A 微处理器是 1750 系统的核心。它是一个通用的 16 位微处理器，具有较高的定点和浮点性能，有很好的实时支持。1750A 微处理器完全实现 MIL‑STD‑1750A 指令系统结构的所有要求；它可以实现 20 MHz、30 MHz、40 MHz 三种主频，以满足不同系统的吞吐量要求。1750A 微处理器支持的数据类型包括位、字节、16 位和 32 位整数、32 位和 48 位浮点数。它支持 13 种寻址方式；可直接寻址空间为 65 536 个字，在配置有 MMU 时，可寻址空间 2M 字。该微处理器具有用于多机系统的性能；有两个 16 位的完全可编程的定时器/计数器 TIMERA 和 TIMERB。为了进行实时支持，1750A CPU 可接收并服务 16 个带优先级的中断，其中 9 个来自芯片外部。MIL‑STD‑1750A 将各种异常记录在故障寄存器，然后产生一个"机器故障"中断。1750A 微处理器还为开发、测试和维护提供一个控制台接口。

综上所述，其特点可归纳如下：

（1）有定点乘除运算及浮点运算。

（2）完全支持 MIL‑STD‑1750A 指令系统结构的要求。

（3）具有 16 个优先级的中断处理功能。

（4）具有两个 16 位完全可编程定时器/计数器。

（5）具有控制台接口，以便于调试和维护。

（6）高度并行。

3.2.4.1　寄存器组织形式

1750A 是美军标的 16 位计算机的指令系统，具有多种寻址方式，有 16 个通用寄存器和 5 个专用寄存器。

1）通用寄存器

共有 16 个通用寄存器（R0～R15），其中：

（1）R0 和 R1 为浮点和双精度操作累加器。

（2）R2 为单精度操作累加器。

（3）R2、R10 为函数调用时的参数。

（4）R15 为堆栈指针。

（5）R12、R14 为基址寄存器。

2）专用寄存器

5 个专用寄存器分别为：

（1）指令计数器（IC）。用于程序定序的 16 位寄存器。

（2）状态寄存器（SW）。采用 16 位的状态寄存器,表示指令执行的结果和先前发生的事件。

（3）故障寄存器。用于表示机器错误状态的 16 位寄存器,并用来产生机器中断。

（4）中断屏蔽寄存器。由软件控制,每一屏蔽对应一个系统中断。

（5）中断悬挂寄存器。由软件和硬件控制,用来改变指令计数器的内容指向悬挂的中断请求。一个悬挂中断位对应一个中断,在启动中断处理程序前,由硬件进行清除产生中断的中断悬挂位。

3.2.4.2 中断和异常管理

SM1750BRQC 有 16 层中断,其中 9 个外部的（PIR0,2,8,10～15）和 7 个内部的（PIR：1,3,4,5,6,7,9）。9 个外部中断有 2 个（IOL1INT,IOL2INT）是电平触发,其他的根据系统设置寄存器中的中断模式位来确定电平或是边沿触发。所有的中断都存储在悬挂中断寄存器（PIR）中,同时也能被屏蔽于屏蔽寄存器中,见表 3-2。

表 3-2　中断优先说明

优先级（PIR/MK 位号码）	中　断	连接指针地址	服务指针地址	注　解
0	掉电	20	21	1,2
1	机器错误	22	13	3
2	用户 0	24	25	
3	浮点溢出	26	27	
4	固定点溢出	28	29	
5	执行访问	2A	2B	1,4
6	浮点向下溢出	2C	2D	
7	定时器 A	2E	2F	
8	用户 1	30	31	
9	定时器 B	32	33	
10	用户 2	34	35	
11	用户 3	36	37	
12	1 级 I/O	38	39	

优先级(PIR/MK 位号码)	中　断	连接指针地址	服务指针地址	注　解
13	用户 4	3A	3B	
14	2 级 I/O	3C	3D	
15	用户 5	3E	3F	

3.3　SPARC 系列处理器技术

3.3.1　SPARC 体系发展历程

SPARC(Scalable Processor ARchitecture)可扩展处理器架构是 SUN 公司在 1985 年提出的体系结构标准。SPARC 是开放的,任何机构或个人均可研究或开发基于 SPARC 架构的产品,如东芝、富士通、Aero flex、ESA 等都在此架构上开发出了自己的 SPARC 微处理器。

1987 年,SUN 公司发布了业界第一款有可扩展性功能的 32 位微处理器"SPARC"。因为它采用了 SPARC 的首款架构 SPARC V7,所以获得了更高的流水线硬件执行效率和更为优化的编译器,并缩短了其开发周期,满足了 Sun-4 计算机迅速投放市场的要求。

由 SUN 公司在 1985 年发布的 SPARC V7 是世界上第一个 32 位可扩展处理器架构标准,它基于加州大学伯克利分校关于 RISC 微处理器项目的研究成果,如寄存器窗口结构。V7 定义了 SPARC 体系结构的数据类型、寄存器、指令、存储器模型和异常处理,处理器指令字长是 32 位。它采用独立的指令(SAVE,RESTORE)来进行寄存器管理,用 LOAD 和 STORE 指令访问内存。

1990 年,SPARC International 发布了 32 位 SPARC V8 架构标准。其在 SPARC V7 的基础上增加了乘法和除法指令。加速乘除法的处理,使得用户不必使用子程序完成相同操作。

为了在微处理器发展上仍具有竞争性,SPARC International 在 1994 年发布了 64 位 SPARC V9 架构标准。相比 SPARC V8,这一版本的显著变化在于:数据和地址的位宽由 32 位变到 64 位,支持超标量微处理器的实现,支持容错及多层嵌套陷阱,具有超快速陷阱处理及上下文切换能力。

1995 年以前,基于 SPARC V7 或 V8 架构的微处理器种类不多,而且基本上只有 SUN 一家公司在研制开发。从 1995 年以后,基于 SPARC V9 架构的 64 位 SPARC 微处理器性能逐步增强,其面向高性能计算和服务器的微处理器得到了市场广泛的接受,如 SUN 公司的 SPARC T1/T2 系列及富士通公司的 SPARC64 系列等。

随着基于 SPARC V8 架构的 LEON2 在 2003 年的发布,面向高可靠嵌入式领域(如工业控制、军工电子、空间应用等)的 SPARC 微处理器的研制得到了众多公司的青睐。ESA 公司研制了基于 SPARC V7 架构的 ERC32 微处理器,ATMEL 公司制造了基于 SPARC V8 架构的 AT697 微处理器。全球大约已有 3 万多个成功的应用案例。比较著名的是国际空间站上的控制计算机 DMS-R 及空间自动转移器 ATV 中均使用了 SPARC 微处理器 ERC32,而在太空观测台上则使用了 SPARC V8 架构的微处理器。

中国也有多家公司和大学从事 SPARC 微处理器的研发。值得说明的是,北京时代民芯科技有限公司已成功研制出基于 SPARC V8 架构的高性能、高可靠嵌入式微处理器 MXT0105 及其片上系统芯片产品 MXT0106,微处理器 MXT0105 的性能已达到且部分指标超过 ATMEL 公司的 AT697。MXT0106 是集成多路模拟量与开关量数据采集、多路模拟与数字信号输出、1553B 通信、多种外设接口的高性能、高可靠片上系统,内部通过 AMBA 总线将高性能 CPU、浮点处理器、A/D 转换器、模拟开关、1553B 总线控制器、I2C 总线控制器、计数器、定时器、通用 I/O 和 PWM 输出等功能模块集成在单一芯片上,适合测试、实时计算及控制领域应用,其有效实现了电气系统的集成化、小型化、轻量化、智能化及低功耗。

3.3.2　SPARC 体系架构特点

SPARC 微处理器具备支持 32 位/64 位数据精度、架构运行稳定、可扩展性优良和体系标准开放等特点。此外,寄存器窗口技术既是 SPARC 微处理器的显著特点,也是 SPARC 架构区别于由斯坦福大学提出的 MIPS 微处理器架构的主要不同点之一。采用这项技术可以显著减少过程调用和返回执行时间、执行的指令条数和访问存储器的次数,从而易于实现直接高效的编译。如图 3-6 所示,将工作寄存器组成若干个窗口,建立起环形结构,利用重叠寄存器窗口技术来加快程序的运转。每个过程分配一个寄存器窗口(含有一组寄存器),当发生过程调用时,可以把处理器转换到不同寄存器窗口使用,无须保存和恢复操作。相邻寄存器窗口部分重叠,便于调用参数传送。为每个过程提供有限数量的寄存器窗口,各个过程的部分寄存器窗口重叠。

SPARC 微处理器已经得到了众多半导体厂家和整机厂商的大力支持。世界上越来越多的半导体公司通过 SPARC International Inc. 的许可授权,并结合自身的产品发展,开发出具有自己特色的基于 SPARC 处理器核的嵌入式 SoC 系统芯片。SPARC 处理器在大部分 32 位、64 位高端嵌入式处理器市场中的位置也越来越重要。它广泛应用于移动通信、多媒体数字消费等嵌入式领域。由于 SPARC 处理器核的优良性能和资源开放性,加速了 SPARC 处理器在各个领域的应用和发展。与此同时,SPARC 标准及架构也获得了更加广泛的应用,从而确立了 SPARC 在市场中的地位。

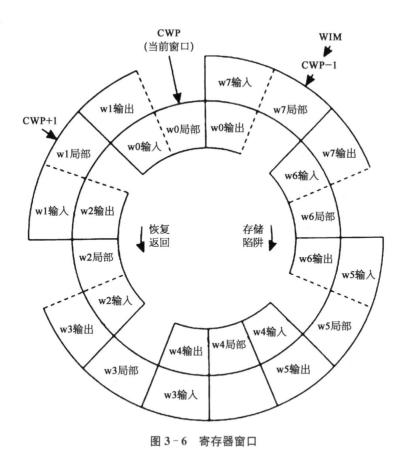

图 3-6 寄存器窗口

3.3.3 典型的 SPARC 系列处理器

1) TSC695F

TSC695F 采用 SPARC 体系结构 V7 规范,是一款高度集成的高性能 32 位 RISC 嵌入式处理器。该芯片支持欧洲航天局相关标准,为嵌入式航天应用领域提供了全面的开发环境。采用抗辐射[大于 300Krad(Si)]CMOS 改进工艺技术制造,能在高辐射、大温差等恶劣环境下稳定运行,带有片内并发瞬时错误和永久错误检测功能,专为航天应用领域设计。

TSC695F 配有片内整数单元(IU)、浮点单元(FPU)、存储控制器和 DMA 仲裁器。在实时应用领域,TSC695F 提供一个高安全级看门狗、两个定时器、一个中断控制器及多个并行和串行接口。容错能力通过内外总线上的奇偶校验机制和外部数据总线上的 EDAC机制实现。片内调试程序(OCD)和 JTAG 接口边界扫描使芯片设计具有高度的可测试性。TSC695F 功能框图如图 3-7 所示。

TSC695F 系列处理器特点如下:

(1) TSC695F 处理器是 SPARC V7 架构的、32 位 RISC 嵌入式微处理器,MQFPF256封装。

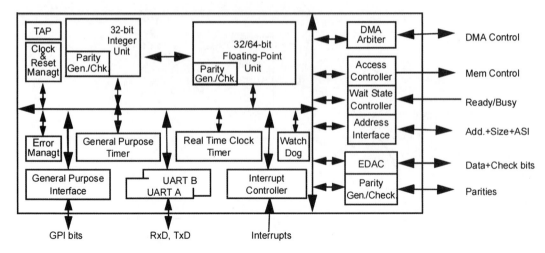

图 3-7　TSC695F 功能框图

（2）优化和集成 32/64 位浮点单元。

（3）片内外设：

① 含有 EDAC 和奇偶校验发生器、校验器。

② 存储器接口：具有片选信号发生器，等待周期可设并有内存保护设置。

③ 含有 DMA 控制器。

④ 定时器包括通用定时器（GPT）、实时时钟定时器（RTCT）和看门狗定时器（WDT）。

⑤ 5 个外部中断输入。

⑥ 多个通用 GPIO。

⑦ 2 路串口。

（4）静态存储器接口。

（5）RAM 接口和 8 位或 40 位可选的 PROM 接口。

（6）IEEE 1149.1 标准 JTAG 接口。

（7）全静态设计。

（8）工作电压范围：4.5～5.5 V。

（9）工作温度范围：−55～125℃。

2）BM3823

BM3823 AMCCRH 是一款 SPARC V8 体系结构的 32 位高性能抗辐射微处理器，集成高性能整数处理单元、浮点处理单元、独立的指令和数据 Cache、256 KB 片上存储器、DDR2 存储器控制器、Ethernet MAC、PCI 总线控制器以及其他丰富的外设接口，与 PROM 等相关外围电路组成完整的单板计算机系统，满足空间恶劣环境应用要求，可广泛应用于高可靠的信息处理系统及测控系统。

BM3823 AMCCRH 产品特点如下：

（1）最大工作频率：300 MHz。

（2）兼容 SPARC V8 体系结构的 32 位微处理器内核：

① 符合 IEEE 754 标准的 32/64 位浮点处理单元(FPU)。

② 32 KB 指令 Cache,16 KB 数据 Cache。

③ 支持系统级容错。

（3）内嵌硬件乘/除法器。

（4）外部存储器控制器：

① 支持 8/16/32 位宽 PROM、SRAM、I/O 空间。

② 支持 32 位宽 SDRAM。

③ 支持 8/32 位宽 EDAC。

（5）256 KB 片上存储器,支持 EDAC 功能。

（6）PCI 总线控制器：

① 符合 PCI2.3 协议规范。

② 支持主/从桥模式。

③ 支持 DMA。

（7）内嵌 4 通道带 FIFO 的 DMA 控制器。

（8）中断控制器：

① 15 路一级中断,其中 7 路外部中断(1 路不可屏蔽,6 路可屏蔽)。

② 20 路二级中断。

（9）DDR2 存储器控制器(含控制器和 PHY)。

（10）Ethernet MAC：

① 符合 IEEE 802.3 协议规范。

② 支持 10/100/1 000 Mbit/s 三种数据传输速率。

③ 支持 MII/GMII、RMII、TBI 接口。

3.3.4　技术特征

3.3.4.1　工作模式

SPARC 微处理器支持用户模式和特权模式两种工作模式。用户可以通过设置程序状态寄存器(PSR)S 位来切换这两种工作模式。在软件控制、外部中断或异常处理下,可引起处理器工作模式的改变。

一般来说,处理器是用某个控制寄存器中的一个方式位来提供某种模式,该寄存器描述了进程当前享有的权利。当设置方式位(PSR[S]=1),使处理器处于特权模式中,这样进程就可以执行指令集中的任何指令,并且可以访问系统中任何存储器位置和改变模式。

大多数用户程序运行在用户模式(PSR[S]=0)下,这时应用程序不能访问一些受操作系统保护的系统资源,也不能改变模式。应用程序既不能直接进行处理器模式的切换,也不允许执行特权指令,比如停止处理器,改变方位。任何这样的尝试都会导致致命的故障,除非异常发生,允许操作系统来控制系统资源的使用。

3.3.4.2 寄存器组织形式

SPARC 架构中有 32 个通用寄存器、32 个窗口寄存器和专用寄存器组。较少数量的寄存器使得访问速度大大提高,这对于提升程序的速度是很重要的。

1) 通用寄存器(visible registers)

SPARC 微处理器中有 32 个通用寄存器,这些寄存器对用户可见。其中,有 8 个寄存器是全局(global)寄存器,另外 24 个寄存器是窗口寄存器。SPARC 微处理器中一个窗口包含 3 个寄存器组,每组里面有 8 个寄存器。3 个寄存器组分别为 out、local、in。大多数的 SPARC 微处理器有 7 或 8 个窗口,SPARC 微处理器执行时将按照 0~7 的顺序依次切换窗口。SPARC 通用寄存器地址分配见表 3 - 3。

表 3 - 3　SPARC 通用寄存器地址分配

类　　别	寄　存　器	寄存器(r)地址
global	%g0 - %g7	r[0]- r[7]
out	%o0 - %o7	r[8]- r[15]
local	%l0 - %l7	r[16]- r[23]
in	%i0 - %i7	r[24]- r[31]

2) 窗口寄存器(windowed registers)

SPARC 结构处理器具有可配置的通用寄存器组。在程序运行时,寄存器窗口中保存着当前进程的状态信息。在任一时刻,程序只使用一组寄存器窗口,当发生函数调用或返回时,处理器会在不同的寄存器窗口间移动,以保存当前环境。

3) 专用寄存器组

SPARC 微处理器有 10 个专用寄存器,其中 PSR 称为程序状态寄存器,其内容反映并控制处理器的运行状态,因为比较重要,因此读/写 PSR 的指令一般是特权指令。

3.3.4.3 中断和异常管理

计算机通常用异常来处理在执行程序时发生的意外事件,如中断、存储器故障等,它需要停止程序的执行流程。在程序执行过程中通过控制跳转类指令,程序可跳转到特定的地址标号处执行,或者跳转到特定的子程序处执行。而当异常中断发生时,系统执行完当前指令,将跳转到相应的异常中断处理程序处执行异常处理,异常中断处理完成后,程序返回。

异常中断事件改变了程序正常执行的顺序,是程序执行的非正常状态。在进入异常中断处理程序时,要保存被中断程序的执行现场。在从异常中断处理程序退出时,要恢复被中断程序的执行现场。每种异常中断都具有各自的备份寄存器组。对异常中断的了解是处理器应用必须掌握的基本知识。下面将详细讨论 SPARC 体系中的异常中断类型和异常处理机制。

1) 异常中断

在 SPARC 体系结构中,异常中断用来处理系统复位功能、指令访问错误和数据存储错误等,这些"不正常"事件都划为"异常"。SPARC 异常中断请求可导致以下 3 种陷阱(traps):

(1) 精确的 trap。一个特殊的指令导致一个精确的 trap,这个 trap 发生在任何程序状态被陷阱引导指令改变之前。当一个精确的 trap 发生的时候,如下条件保持不变:

① 其中 PC 保存在 r[17](本地寄存器 1)并指向引起 trap 的指令,而 nPC 保存在 r[18](本地寄存器 2)并指向下一个将要运行的指令。

② 在引起 trap 之前指令已经完成执行。

③ 在引起 trap 之后指令保持不执行。

(2) 延时的 trap。一个特殊的指令也同样会导致一个延时的 trap,但是不像精确的 trap,一个延时的 trap 可能发生在程序状态被改变之后。这个状态可能被 trap 本身指令改变,或者被一个或多个在它后面的指令改变。

(3) 中断的 trap。中断的 trap 既不是精确的 trap 也不是延时的 trap。中断的 trap 是被 PSR 的处理器中断级别(PIL)和 PSR 的 TrapEnable(ET)共同控制的。中断的 trap 可能是由于以下原因造成的:

① 一个外部的中断请求不直接涉及之前运行的指令。

② 一个异常不直接涉及之前运行的指令。

③ 异常由之前运行的指令引起。

2) 中断优先级

当几个异常中断同时发生时,就必须要按照一定顺序来处理这些异常中断。在 SPARC 中通过给各个异常中断赋予一定的优先级来实现这种处理顺序。复位的优先级为 1,复位是优先级最高的异常中断,这时因为复位从确定的状态启动微处理器,使得与所有其他未解决的异常无关。处理器执行某个特定异常中断的过程中,称处理器处于特定的中断模式。

3.3.4.4 SPARC 并行处理

SPARC 并行处理器支持实时嵌入式操作系统。操作系统将任务队列对称分布于多个 CPU 之上,从而极大地提高了整个系统的数据处理能力。所有处理器都可以平等地访问内存、I/O 和外部中断。系统资源被系统中所有 CPU 共享,工作负载能够均匀分配到所有可用处理器之上,其运算速度快、数据处理量大、能耗低,性能和可靠性等都远高于单核处理器。珠海欧比特公司推出的 SPARC 并行处理器是基于 SPARC V8 架构的高性能的 32 位 RISC 嵌入式 4 核处理器。其采用"对称多核处理"技术,是在一个芯片中集成四个功能一样的处理器核心,各处理器核心之间共享内存子系统及总线结构,总线竞争和仲裁由硬件自动完成,不需要用户设置的处理器系统。它专为嵌入式应用而设计,具有高性能、低复杂度和低功耗的特点。

3.4　PowerPC 系列处理器技术

3.4.1　PowerPC 体系发展历程

PowerPC 是一种 RISC 多发射体系结构。自从 1992 年 10 月其推出第一个 PowerPC 601 产品以来,到 1995 年已形成一个完整的处理器产品系列。应用领域涉及便携机、工控机、PC、工作站、服务器以及多处理器并行系统。

1975 年,IBM 公司 801 小型计算机工程在 RISC 机体系结构方面做了许多开创性试验。801 计算机与贝克莱大学的 RISC 处理器引起了 RISC 机革新运动,然而 801 计算机仅仅是一个用来演示某种概念的原型机。基于 801 工程的成功,IBM 公司开发了一种商业的 RISC 工作站产品——RTPC。1990 年 IBM 公司在总结了 801 和 RTPC 两产品经验教训的基础上生产了第三个产品即 IBM RISC SYSTEM/6000,此产品推介后不久,IBM 公司开始把这种计算机称为 Power 结构。1991 年 IBM 公司与 Motorola 公司、Apple 公司组成联盟生产了一系列 PowerPC 架构计算机。这种结构源于 Power 结构并做了改动,实现了更高的执行效率。到 1995 年年初,PowerPC 系列有 4 个产品先后问世:601 是第一个 PowerPC 产品,它的目标是让 PowerPC 结构尽快地占领市场,601 是 32 位计算机,其时钟速度可达 80 MHz,每个时钟周期可执行三条指令。603 设计目标是低端台式机和便携机,它也是 32 位计算机,性能与 601 相当,但价格低并且执行效率更高。603 的时钟速度为 80 MHz,每个时钟周期执行两条指令,适用于低能耗要求的计算机。604 设计目标是台式计算机和低端服务器,也是 32 位计算机,但是 604 使用了更先进的超标量设计技术以获取更高的性能。604 的时钟速度为 100 MHz,每个时钟周期可执行四条指令。620 设计目标是高端服务器,它是 PowerPC 系列机中第 1 个使用全 64 位结构的产品,包含 64 位寄存器和 64 位数据通路。PowerPC 是三家公司联盟推出的系列微处理器产品,尽管 PowerPC 产品都具有基本一致的体系结构,但是具体规格型号却与制造公司有关,由制造公司决定。一般而言,IMB 公司生产的 PowerPC 芯片有 PPC 的简称,Motorola 公司生产的 PowerPC 芯片有 MPC 的简称。

3.4.2　PowerPC 体系架构特点

PowerPC 是一种基于 RISC 体系结构的 CPU 架构，最早是由 IBM 公司基于 Power 架构开发的。PowerPC 架构芯片遵循统一的硬件标准，具有高性能和高可靠性的特点，在通信基站、工业控制和航空航天等对性能和可靠性要求较高的领域有着广泛的应用。PowerPC 架构采用流水线来增加 CPU 指令流的处理速度。不同于 ARM 架构的三级流水线，PowerPC 的流水线分为五个阶段：取指、译码、执行、回写和加载回写；使用取指队列存放指令，包括一个译码缓冲区和两个预取缓冲区。PowerPC 处理器内集成了单线程执行单元，包含通用寄存器、算术逻辑单元（ALU）和乘-加单元（MAC）。执行单元支持在硬件内所有的 32 位 PowerPC UISA 指令，不支持浮点操作。

3.4.3　典型的 PowerPC 处理器

SM750 是一款高性能低功耗微处理器，它由一个处理器核、一个 L2Cache 接口和 60X 总线组成。SM750 是一款 32 位 PowerPC 体系结构精简指令集（RISC）的 CPU，它定义了 32 位的有效地址，8 位、16 位、32 位的整数数据类型，32 位和 64 位的浮点数据类型。SM750 是超标量微处理器，可同时执行两条指令。其包括以下六个执行单元：

(1) 浮点单元（FPU）。

(2) 分支处理单元（BPU）。

(3) 系统寄存器单元（SRU）。

(4) 读/写单元（LSU）。

(5) 两个整数单元（IU）：IU1 执行所有的整数指令，IU2 执行除了乘和除指令以外的所有整数指令。

SM750 具有并行执行几条指令及快速执行简单指令能力，从而提高执行单元效率和系统的吞吐量。大多数整数指令的执行只需要一个时钟周期。FPU 是流水线执行的，它执行的任务被分成子任务，为三个连续进程。通常情况下，一个浮点指令一次只可占用三个进程中的一个，通过释放前进程以执行下一条浮点指令。因此，FPU 一次能执行三个单精度浮点指令。双精度加法指令有三个周期的等待时间；双精度乘法和乘加指令分别有四个周期的等待时间。

SM750 为指令、数据、独立指令及数据存储管理单元（MMU）提供了片内 32Kbyte，8 路组相连物理寻址的 Cache。每个 MMU 有 128 个入口，两路组相连的高速转换缓冲区（DTLB 和 ITLB），保存最近使用的页地址转换信息。块地址转换是通过由 PowerPC 体系结构定义的四个入口指令和数据块地址转换阵列（IBAT 和 DBAT）来完成的。在块地址转换时，有效地址同时与所有的四个 BAT 寄存器入口做比较。L2 Cache 通过片内两路组标记存储器和外部同步 SRAMs 执行数据存储，外部的 SRAMs 通过一个可以支持 1Mbyte 同步 SRAMs 的专用 L2 Cache 端口进行存取。

SM750 提供了 32 位地址总线及 64 位数据总线。SM750 的 Cache 支持三种状态的一致性协议(MEI)，即独占、修改和无效状态，是兼容 MESI(修改/独占/共享/无效)协议四种状态的子集。它在四种状态 Caches 系统中操作连贯。SM750 支持以单拍和成组数据传输的形式进行存储器访问，以及存储器映射 I/O 操作。

3.4.4 技术特征

1) 超标量技术

并行计算机体系结构可以显著提高微处理器的性能，这包括指令级并行性(ILP17)、数据级并行性(DLP18)及线程/进程级并行性(TLP19)。指令级并行最简易的实现方法是使用流水线，指令流水线技术可以使两个以上的指令同时被执行。相比已被淘汰的单指令单周期(single instruction single period)技术和单指令多周期(single instruction multiple period)技术，指令流水线技术使 CPU 不必等候上一条指令执行完成，即可执行下一条指令。基本流水线有时间重叠性能，见图 3-8。

IF	ID	EX	MEM	WB				
	IF	ID	EX	MEM	WB			
		IF	ID	EX	MEM	WB		
			IF	ID	EX	MEM	WB	
				IF	ID	EX	MEM	WB

图 3-8 基本流水线(时间重叠)：经典五级流水线

PowerPC 具备超标量计算能力，使用超标量流水线，较经典流水线复杂程度高。超标量流水线(superscalar pipeline)是一种在同一时钟周期发射多条指令的技术，同时具有时间重叠和空间重叠功能。超标量流水线每个时钟并行执行两条以上的指令，发射器用于读取指令并检测各指令之间的相互依赖性，以决定指令是否能够并行执行，然后发指令到执行单元。在超标量 CPU 结构的设计中，难点在于设计一个高效的发射器，这包括指令发射策略和检测指令依赖的逻辑。通常，指令层并行(integral life practice, ILP)同时发射的指令数在 2～10 之间，单纯通过硬件进一步开发 ILP 已经非常困难，因为并发执行的指令越多，硬件复杂度越高。超标量流水线见图 3-9。

2) 工作模式

通常 PowerPC 内核有两种运行模式，即用户模式(user mode)和超级用户模式(supervisor mode)。分别对应两组寄存器：用户模式寄存器(user-level register, ULR)与超级用户模式寄存器(supervisor-level register, SLR)。

PowerPC 处理器在用户模式或超级用户模式下可以访问用户模式寄存器(ULR)。

IF	ID	EX	MEM	WB					
IF	ID	EX	MEM	WB					
	IF	ID	EX	MEM	WB				
	IF	ID	EX	MEM	WB				
		IF	ID	EX	MEM	WB			
		IF	ID	EX	MEM	WB			
			IF	ID	EX	MEM	WB		
			IF	ID	EX	MEM	WB		
				IF	ID	EX	MEM	WB	
				IF	ID	EX	MEM	WB	

图 3-9　超标量流水线(时间重叠和空间重叠)

用户可以通过修改内核的处理器状态寄存器(machine state register, MSR)的 PR 位进行用户模式和超级用户模式的切换。

3) 寄存器组织形式

PowerPC 体系结构为多数计算机指令定义了寄存器到寄存器操作。寄存器指令的源操作数作为嵌入指令操作码的立即数。寄存器指令允许一个目标寄存器区分两个源操作数。加载存储指令在寄存器和存储器之间传输数据。

该单元处理器有两级权限——超级用户模式操作(用于操作系统)以及用户模式操作(用于应用软件)。访问特权指令、寄存器及其他资源,允许操作系统控制应用环境(提供虚拟存储器、保护操作系统和关键机器资源)。控制处理器状态、地址传输机制以及超级用户寄存器的指令,只可以在处理器运行于超级用户模式下执行。

4) 中断和异常管理

PowerPC 支持 16 种中断异常处理,所以对应有 16 个中断源,但是 PowerPC 的内核仅支持 Critical Input 和 Extend 两种外部输入中断。在中断请求的处理响应无法满足实际需求时,引入中断控制器(interrupt controller, INTC)这个概念,通过软件的方法,对有限的硬件中断资源进行扩展。每一个中断控制器有 32 个中断输入接口、1 个中断信号输出接口。当一个或多个输入端有中断输入信号发生时,输出端就输出中断信号。而中断控制器包含一个 32 位的寄存器,其每一位对应一个输入中断。当有输入中断发生时,中断控制器对应的标志位便被置 1。中断响应处理过程是从低到高对寄存器中的标志位进行轮询,来判断外部中断的来源。因此,其寄存器标志位位置顺序决定了中断响应优先级的高低。

3.5 ARM 系列处理器技术

3.5.1 ARM 体系发展历程

ARM 是 Advanced RISC Machines 的缩写。1985 年 4 月 26 日,第一个 ARM 原型在英国剑桥大学的 Acorn 计算机有限公司诞生,由美国瓦卢斯塔尔公司(Valustar Corporation,VLST)制造。20 世纪 80 年代后期,ARM 很快被开发成 Acorn 的台式机产品,形成英国计算机教育的基础。1990 年 Advanced RISC Machines Limited(即 ARM 公司)成立。20 世纪 90 年代,ARM 的 32 位嵌入式 RISC 处理器扩展到世界范围,占据了低功耗、低成本和高性能嵌入式系统应用领域的领先地位。

目前,ARM 公司专门从事基于 RISC 技术芯片的设计开发,作为知识产权供应商,其本身不直接从事芯片生产,靠转让设计许可由合作公司生产各具特色的芯片。ARM 将其技术授权给世界上许多著名的半导体、软件和 OEM 厂商,每个厂商得到的都是一套独一无二的 ARM 相关技术及服务。利用这种合作关系,ARM 很快成为全球性 RISC 标准的缔造者。

世界各大半导体生产商从 ARM 公司购买其设计的 ARM 微处理器核,根据各自不同的应用领域,加入适当的外围电路,从而形成自己的 ARM 微处理器芯片进入市场。采用 ARM 技术 IP 核的微处理器,应用领域涉及无线、网络、消费娱乐、影像、汽车电子、航空、航天安全应用及存储装置。

随着 ARM 处理器在全球范围的流行,32 位的 RISC 嵌入式处理器已经成为嵌入式应用和设计的主流。国内外越来越多的工程师采用 ARM 技术来设计他们的产品。

3.5.2 ARM 体系架构特点

ARM 微处理器现用的体系结构中至少支持两种指令集:32 位 ARM 指令集和 16 位 Thumb 指令集。Thumb 指令集为 ARM 指令集的功能子集,但与等价的 ARM 代码相比,使用 Thumb 指令集可以得到密度更高的代码。ARM 指令集的体系结构与扩展如图 3 - 10 所示。

ARMV4 是目前所支持的最早版本,之前的版本不再使用。某些 ARM7 系列和 Intel 公司的 Strong ARM 处理器采用该版本指令集。ARMV4 指令集可以在 32 位地址空间执行 32 位的 ARM 指令集。并且有了 T 变种,可以在 Thumb 状态下支持 16 位的 Thumb 指令集。这与 32 位指令相比,可以节省 35% 的存储空间,且依旧保留了 32 位系统的优势。

ARMV5 是在 1999 年发布的,与 ARMV4 相比,其提升了 ARM 和 Thumb 两种指令的交互工作能力,并改进了在 T 变种中 ARM/Thumb 状态之间的切换效率。同时有了 E

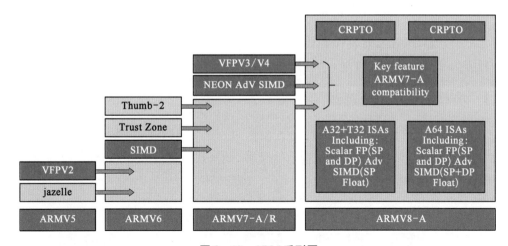

图 3-10 ARM 系列图

变种,可以支持 DSP 指令,在音频数字信号处理中可以提高 70％的性能。2000 年增加了 J 变种,可以运行 Java 指令。

ARMV6 版本于 2001 年发布,其主要特点是增加了 SIMD 功能扩展,同时拓展了 Thumb-2 和 Trust Zone 技术。SIMD 应用于视频编/解码与三维绘图等数字信号的处理中,能为音频视频在内的应用系统提供优化功能,可以使音频视频的处理能力提高 4 倍。Thumb-2 是一种新型混合指令集,融合了 16 位和 32 位指令,用于实现密度和性能的最佳平衡,作为 ARM 体系结构的扩展,Trust Zone 技术是一种新的硬件安全技术。

ARMV7 在相当于 ARM11 下一代的 CPU 内核 Cortex 系列中被采用,针对不同用途,定义了三大分工明确的系列:A 系列面向尖端的基于虚拟内存的操作系统和用户应用,R 系列针对实时系统,M 系列对微控制器和低成本应用提供优化。ARMV7 的 M 系列采用了 Thumb-2 技术,A 系列和 R 系列还采用了 NEON 技术,将 DSP 和媒体处理能力提高了近 4 倍,并支持改良的浮点运算,满足下一代 3D 图形和游戏应用,以及传统的嵌入式控制应用的需求。

2011 年 11 月,ARM 公司发布了其首款支持 64 位指令集的处理器架构 ARMV8。ARMV8 在 32 位 ARM 架构上进行开发,主要应用于对扩展虚拟地址和 64 位数据处理技术有更高要求的产品领域。ARMV8 架构包含两个执行状态:AArch64 和 AArch32。AArch64 执行状态针对 64 位处理技术,引入一个全新指令集 A64;而 AArch32 执行状态将支持现有的 ARM 指令集。

2021 年 3 月,全新的 ARMV9 架构面世,自 ARMV8 推出近十年的时间里,指令集架构在移动空间和服务器空间的采用日益广泛。ARMV9 架构有三个侧重点,分别是 AI、矢量和 DSP 性能改进。在具体细节上,ARMV9 架构沿用 AArch64 基准指令集,并在功能方面添加了一些非常重要的扩展,从而确保 ARM 公司增加架构编号。对于开发者和

用户而言,全新 ARMV9 的最显著特征是将可伸缩矢量扩展 2(SVE2)作为 ARMNEON
技术之后新的基准,在处理 5G、虚拟现实(VR)和增强现实(AR)、图像和语音识别等机器
学习任务负载时具有很大增益。

3.5.3 典型的 ARM 处理器

ARM 微处理器目前有多个系列可供选择,每一个系列的 ARM 微处理器都有各自的
特点和应用领域,可以粗略划分为应用处理器、嵌入式处理器和经典 ARM 处理器三大
类,如图 3-11 所示。

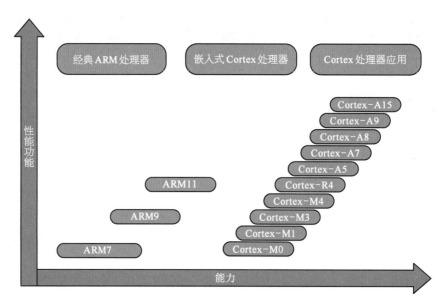

图 3-11 ARM 处理器概况

3.5.3.1 ARM 应用处理器

ARM Cortex 应用程序处理器是开放式操作系统的高性能处理器 Cortex-A 系列,
在高级工艺节点中可实现高达"2 GHz+标准频率"的卓越性能,从而可支持下一代的移
动 Internet 设备。这些处理器具有单核和多核种类,最多提供 4 个具有可选 NEON 多媒
体处理模块和高级浮点执行单元的处理单元,可执行复杂操作系统和支持复杂图形用户界
面,如图 3-12 所示。此类处理器集成了内存管理单元(memory managment unit,MMU)
来管理这些复杂操作系统的内存需求,并允许下载和执行第三方软件。

Cortex-A5、Cortex-A8、Cortex-A9 和 Cortex-A15 处理器都适用于各种不同的
性能应用领域。不过,尽管这些处理器都支持同样卓越的基础功能和完整的软件兼容
性,但提供了显著不同的特性,可确保其完全符合未来高级嵌入式解决方案的要求。高
性能的 Cortex-A15,可伸缩的 Cortex-A9、经过市场验证的 Cortex-A8 处理器和高效

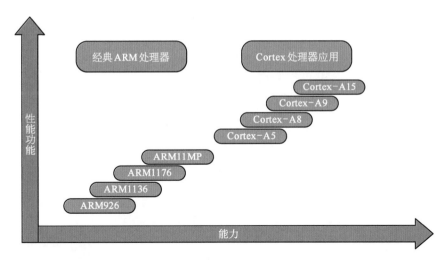

图 3-12　应用处理器

的 Cortex-A5 处理器均共享同一体系结构,因此具有完整的应用兼容性,支持传统的 ARM、Thumb 指令集和新增的高性能紧凑型 Thumb-2 指令集。

Cortex-A8 微处理器是 ARM Cortex 新系列中第一款采用 ARMV7 架构中所有新技术的 ARM 处理器,是 ARM 公司截至目前开发的速度最快、最节能的处理器,是灵活的低功耗、高性能处理领域的巨大跃迁;最高可达 2 000 MIPS,使它成为运行多通道视频、音频和游戏应用的要求越来越高的消费产品的最佳选择。

Cortex-A9 微架构可提供两种选项:可扩展的 Cortex-A9 MPCore 多核处理器或较为传统的 Cortex-A9 单核处理器。可扩展的多核处理器和单核处理器支持 16 KB、32 KB 或 64 KB 四路组相连一级缓存的配置,具有无与伦比的灵活性,皆能达到特定应用和市场的要求。Cortex-A9 和 Cortex-AMC 是 ARM 处理器家族中的两个新成员,旨在满足单核和多核处理器设计需求;采用相同的微架构,整合多种特色功能,使处理器核心和整个集成系统的架构功能、性能和功效得到了大幅提升。Cortex-A9 单核处理器比现有 ARM11 级设备提供了更好的性能和功效,不但增强了移动设计的功能,而且降低了功耗水平。在实现方面,Cortex-A9 处理器还具有出色的架构软件兼容性,能够在达到 Cortex-A8 级性能的前提下降低成本,从而扩大了相关软件投资的市场应用范围。而 MPCore 型处理器则拥有先进的电源管理功能,能够进一步降低功耗,达到并超过了日益增多的市场和应用对功耗的要求。除此之外,Cortex-A9 MPCore 还拥有卓越的性能可扩展性,能够很好地满足特定应用和市场所要求的性能。

3.5.3.2　ARM 嵌入式处理器

ARM 嵌入式处理器主要着重于在各种功耗敏感型应用中提供具有高确定性的实时行为。这些处理器通常执行实时操作系统和用户开发的应用程序代码,因此只需内存保护单元（MPU），而不需要应用程序处理器中提供的内存管理单元（MMU），主要涉及 Cortex－M0 和 Cortex－M3 系列处理器。该类处理器可提供行业领先的具有确定性的行为、最低睡眠功耗和动态功耗以及尽可能小的面积，同时保持较高的处理效率。

1) Cortex－M 系列

Cortex－M 系列产品如图 3－13 所示。Cortex－M0 针对 FPGA 应用，Cortex－M1 用于替代低成本 MCU，而 Cortex－M3 主要为了占领高性能 MCU 市场。

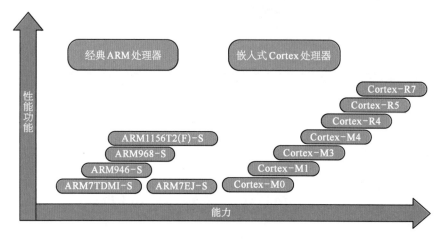

图 3－13　Cortex－M 系列产品

Cortex－M0 处理器是目前市场上尺寸最小、功耗最低的 32 位 ARM 处理器。这款处理器功耗极低、门数少、代码资源占用小，是超低功耗 MCU 和混合信号应用的理想之选，可以以 16 位的资源占用来提供 32 位的性能和效率。ARM Cortex－M1 处理器是第一个专为 FPGA 中的实现设计的 ARM 处理器。面向所有主要 FPGA 设备并包括对领先的 FPGA 综合工具的支持，ASIC 和 ASSP 的多个项目之间合理地利用软件和工具投资来节省大量成本，此外还能够通过使用行业标准处理器实现更大的供应商独立性。

ARM Cortex－M4 处理器将以 32 位控制与领先的数字信号处理技术集成来满足需要很高能效级别的市场，高效的信号处理功能与 Cortex－M 处理器系列的低功耗、低成本和易于使用的优点组合，为面向电动机控制、汽车、电源管理、嵌入式音频和工业自动化市场提供灵活解决方案。Cortex－M4 处理器已设计为具有适用于数字信号控制市场的多种高效信号处理功能，采用扩展的单周期乘法累加（MAC）指令、优化的 SIMD 运算、饱和运算指令和一个可选的单精度浮点单元（FPU）。

2) Cortex－R 系列

Cortex－R4 处理器是第一个基于 ARMV7－R 体系结构的深层嵌入式实时处理器，2006 年 5 月投放市场。Cortex－R4 处理器可通过内存保护单元（MPU）、高速缓存以及紧密耦合内存（TCM）让处理器能针对各种不同的嵌入式应用进行最佳化调整，且不会影响基本的 ARM 指令集兼容性,协助应用软件开发者与 OEM 厂商重复运用现有的软件投资。

Cortex - R7 处理器是性能最高的 Cortex - R 系列处理器,其设计重点在于提升能效、实时响应性、高级功能和简化系统设计,是高性能实时 SoC 的标准。Cortex - R7 处理器可以实现以超过 1 GHz 的频率运行,此时可提供 2700DMIPS 的性能。Cortex - R7 处理器为范围广泛的深层嵌入式应用提供了高性能的双核、实时解决方案,通过引入新技术(包括无序执行和动态寄存器重命名),并与改进的分支预测、超标量执行功能及用于除法和其他功能的更快的硬件支持相结合,提供了比其他 Cortex - R 系列处理器高得多的性能级别。

3.5.3.3 经典 ARM 处理器

经典 ARM 处理器的推出时间已超过 15 年,ARM7 TDMI 仍是市场上销量最高的 32 位处理器。经典 ARM 处理器由 ARM11、ARM9 和 ARM7 这 3 个处理器系列组成,包含 8 个处理器。但是,ARM 微处理器有多达十几种的内核结构、几十个芯片生产厂家以及千变万化的内部功能配置组合,从而给开发人员在选择方案时带来一定的困难。

目前 ARM 公司推荐使用 Cortex 系列代替经典的 ARM7~ARM11 系列,ARM7 的程序可以很容易地升级到 Cortex。如果希望使用 WinCE 或标准 Linux 等操作系统以减少软件开发时间,就需要选择带有 MMU 功能的 ARM 芯片,虽然 ARM9 和 ARM11 都带有 MMU 功能,但 Cortex - A 系列更值得深一步的研究。表 3 - 4 描述了经典 ARM7~ARM11 与新型 Cortex 之间的对应关系。

表 3 - 4　ARM7~ARM11 与新型 Cortex 之间的对应关系

序号	系　列	处　理　器	Cortex 替代产品
1	ARM11	ARM11MPCore	Cortex - A9、Cortex - A5
2		ARM1176JZ(F)- S	Cortex - A9、Cortex - A8、Cortex - A5
3		ARM1156T2(F)- S	Cortex - R4
4		ARM1136J(F)- S	Cortex - A5
5	ARM9	ARM968E - S	Cortex - R4
6		ARM946E - S	Cortex - R4
7		ARM926EJ - S	Cortex - A5
8	ARM7	ARMTDMI - S	Cortex - M3、Cortex - M0

3.5.4 技术特征

1) 指令长度及数据类型

ARM 处理器可支持字节(8 位)、半字(16 位)、字(32 位)3 种数据类型,其中字需要 4 字节对齐、半字需要 2 字节对齐。所有的数据操作都以字为单位进行处理。加载/存储操作可以以字节、半字和字为单位与存储器间传送数据,加载时自动进行字节或半字的零扩展或符号扩展。

ARM 处理器采用 32 位的体系结构,ARM 指令长度为 32 位,与 4 字节边界对准;Thumb 指令长度为 16 位,与 2 字节边界对准。

2) ARM 处理器的工作状态

从编程的角度看,ARM 处理器的工作状态一般有两种:ARM 状态,此时处理器执行 32 位、字对齐的 ARM 指令;Thumb 状态,此时处理器执行 16 位、半字对齐的 Thumb 指令。

ARM 指令集和 Thumb 指令集均有切换处理器状态的指令,在程序执行过程中,处理器可以随时在两种工作状态之间切换,并且处理器工作状态的转变并不影响处理器的工作模式和相应寄存器中的内容。但 ARM 处理器在开始执行代码时,应该处于 ARM 状态。当操作数寄存器的状态位为 1 时,可以采用执行 BX 指令的方法,使处理器从 ARM 状态切换到 Thumb 状态。此外,当处理器处于 Thumb 状态发生异常(如 IRQ、FIQ、Undef、Abort、Sw1 等)时,则异常处理返回,并自动切换到 Thumb 状态。当操作数寄存器的状态位为 0 时,执行 BX 指令可以使处理器从 Thumb 状态切换到 ARM 状态。此外,在处理器进行异常处理时,把 PC 指针放入异常模式链接寄存器中,并从异常向量地址开始执行程序,也可以使处理器切换到 ARM 状态。

3) ARM 体系结构的存储器格式

ARM 体系结构将存储器看作从 0 地址开始的字节的线性组合。从第 0 个字节到第 3 个字节放置第一个存储的字数据,从第 4 个字节到第 7 个字节放置第二个存储的字数据,依次排列。作为 32 位的处理器,ARM 体系结构所支持的最大寻址空间为 4 GB。

ARM 体系结构可以用两种方法存储字数据,称之为大端存储格式和小端存储格式。大端存储格式中字数据的高字节存储在低地址中,而字数据的低字节则存放在高地址中。与大端存储格式相反,在小端存储格式中,低地址中存放的是字数据的低字节,高地址存放的是字数据的高字节。

4) 处理器工作模式

用户模式下保护的系统资源是不能被访问的,此时应用程序也不能直接进行处理器模式的改变。当需要进行处理器模式改变时,应用程序可以产生异常处理,在异常处理过程中进行处理器模式的改变。这种体系结构可以使操作系统控制整个系统的资源。除了用户模式以外,其余的所有 6 种模式称为非用户模式或特权模式。在这些模式下,程序可以访问所有的系统资源，也可以任意地进行处理器模式的改变。其中 FIQ、IRQ、特权模式、中止模式和未定义模式这 5 种模式又称为异常模式，常用于处理中断或异常，以及需要访问受保护的系统资源等情况。当应用程序发生异常中断时，处理器进入相应的异常模式。每一种异常模式下都有一组相应的寄存器，可以访问所用的系统资源，用来保证用户模式下的寄存器不被破坏。

系统模式仅在 ARMV4 及其以上版本中存在，该模式不能通过任何异常进入，且与用户模式有完全相同的寄存器，但不受用户模式的限制。它供需要访问系统资源的操作系统任务使用，但需要避免使用与异常模式有关的附加寄存器，以保证在任何异常出现时，都不会使任务的状态不可靠。

5）寄存器组织

ARM 处理器共有 37 个 32 位寄存器，其中包括 1 个用作 PC、1 个用作 CPSR、5 个用作 SPSR 和 30 个通用寄存器。这些寄存器被布置在不同的组，但是这些寄存器不能被同时访问，具体哪些寄存器是可编程访问的，取决于处理器的工作状态及具体的运行模式。

在 ARM 状态下，任一时刻可以访问 16 个通用寄存器和 1~2 个状态寄存器。在非用户模式（特权模式）下，则可访问到特定模式分组寄存器。在 ARM 状态下有 16 个直接访问寄存器 R0~R15，除 R15 寄存器外均为通用目的，可用来存储数据或地址值。除此之外，还有第 17 个寄存器用来存储状态信息。R14 也称为子程序连接寄存或连接寄存器（LR）。当执行 BL 子程序调用指令时，R14 中得到 R15（程序计数器 PC）的备份。其他情况下，R14 用作通用寄存器。寄存器 R16 用作当前程序状态寄存器（current program status register，CPSR），可在任何运行模式下被访问。它包括条件标志位、中断禁止位、当前处理器模式标志位，以及其他一些相关的控制和状态位。

6）中断和异常管理

ARM 处理器允许多个异常同时发生，它们将会按固定的优先级进行处理。ARM 对异常的处理按以下步骤操作：

（1）将下一条指令的地址存入相应连接寄存器（LR）。若异常是从 ARM 状态进入，则 LR 中保存的是下一条指令的地址；若异常是从 Thumb 状态进入，则在 LR 中保存当前 PC 的偏移量。这样，异常处理程序就不需要确定异常是从何种状态进入，程序在处理异常返回时能从正确的位置重新开始执行。例如在软件中断异常 SW1 中，指令 MOV PC,R14svc 总是返回到下一条指令，不管 SW1 是在 ARM 状态执行，还是在 Thumb 状态执行。

（2）将 CPSR 复制到相应的 SPSR 中。

（3）根据异常类型，强制设置 CPSR 的运行模式位。

（4）强制 PC 从相应的异常向量地址取下一条指令执行，从而跳转到相应的异常处理程序处。进入异常处理前，可以设置中断禁止位，以禁止异常处理对中断的响应。如果异常发生时，处理器处于 Thumb 状态，则当异常向量地址加载入 PC 时，处理器自动切换到

ARM 状态,异常处理完毕之后从异常返回。

3.6 MIPS 系列处理器技术

3.6.1 MIPS 体系架构发展历程

20 世纪 80 年代,美国斯坦福大学 John L. Hennessy 研究团队决定创建一套新的
CPU 指令集,以获取业界最高的效率(比如性能相对于面积和功耗的函数)。不久之后,他
们成立了 MIPS 计算机系统公司,并发布了首批商用微处理器架构: MIPS Ⅰ 和 MIPS Ⅱ。
MIPS 指令集迅速成为 RISC 的标杆。最初许多 MIPS 实现瞄准计算机类应用,比如工作
站和服务器。最近几年来,MIPS CPU 很大程度上销售于嵌入式应用中,包括移动平台、
可穿戴、家庭娱乐、网络和物联网等。1991 年 MIPS Ⅲ 指令集发布,首次加入了 64 位整数
和地址。MIPS Ⅳ 和 MIPS Ⅴ 指令集加入了改进浮点操作和一套用于提升生成代码和数
据移动效率的指令。2002 年,MIPS 32 和 MIPS 64 两套指令集发布,这标志着 32 位和 64
位 MIPS CPU 同时得到了越来越多的使用。

截至目前,MIPS 32 和 MIPS 64 架构相对于竞争处理器架构,拥有显著的性能、功耗
和面积优势。这些优势源于下列原则中的持续进步: 微体系结构改进,系统级更好的集
成,移动领域更低工艺节点的迅速引进,以及操作系统和编译器设计的惊人演化。MIPS
32 架构基于 MIPS Ⅱ 指令集,加入了 MIPS Ⅲ、MIPS Ⅳ 和 MIPS Ⅴ 中少数的精选指令,
以提升生成代码和数据移动的效率。MIPS 架构演变如图 3-14 所示。

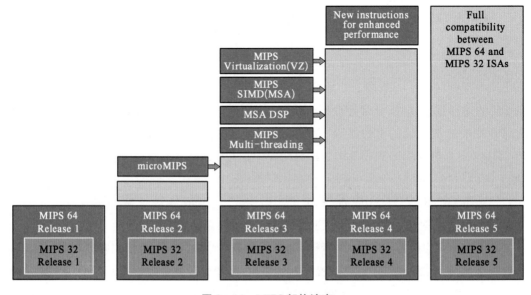

图 3-14　MIPS 架构演变

MIPS 64 架构基于 MIPS V 指令集,并与 MIPS 32 架构向后兼容。此外,同时贯穿于两个架构的演化中,每个新 MIPS 指令集都与前代指令集向后兼容。MIPS 32 和 MIPS 64 架构同时用于解决成本敏感型广泛应用的高性能和低功耗需求。

3.6.2 MIPS 体系架构简介

32 位 MIPS 处理器采用五级流水线结构,支持中断处理,提供可选的配置,观察并控制系统缓存或时钟、虚实地址转换等操作,指令执行速度接近每个时钟周期执行一条指令,是 RISC 架构中的经典之作。

MIPS 处理器中与内存管理单元(MMU)有关的各功能模块的连接如图 3-15 所示,其中包括执行内核、协处理器 CP0、高速缓存 Cache。执行内核的作用是执行指令,采用 load-store 结构,在运算过程中,需要将存储器上的数据提前读取到其内部的寄存器堆中,而其内部的寄存器堆包括 32 个 32 位的通用寄存器。通常执行内核需要 MMU 进行虚实地址转换后,使用转换得来的物理地址访问缓存或内存,然后与外部的功能单元进行交互。协处理器 CP0 用作系统控制,通过配置内部的一系列寄存器来完成配置 CPU 的工作状态、高速缓存控制、异常控制和 MMU 控制等工作。总线接口单元负责将经过 MMU 转换后的地址送到内存中进行指令或数据访问。电源管理单元负责为整个系统供电。MIPS 是业界最典型的 RISC 架构,其指令格式十分简单,按照指令格式可划分为三类,即寄存器类型(R-type)指令、立即数类型(I-type)指令和跳转类型(J-type)指令。

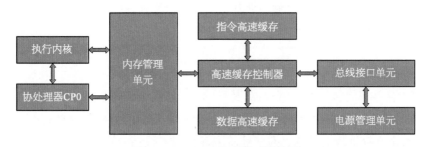

图 3-15 MIPS 处理器系统框图

3.6.3 典型的 MIPS 系列处理器

龙芯 1E300(简称"LS1E300")芯片是以龙芯 GS232E 处理器为运行计算中心的高性能应用处理器 SoC,提供中断控制器、定时器、RS-232 串口控制器、浮点处理器、PCI、I2C、SPI、SpaceWire 和存储器等接口(存储器接口支持 SDRAM、Flash 及 ROM)。可靠性计算以龙芯处理器、外围 IP 为基础,同时对各子模块进行结构级可靠性加固。

GS232E 处理器核提供核心运行计算能力,通过串口、GPIO 等外设提供 IO 处理能力,通过 PCI 接口提供扩展的 IO 处理能力,在处理器和外设之间通过两级互连结构进行高速连接。

LS1E300 芯片互连由高速互连和低速互连两级构成,同时兼顾高速设备和低速设备的性能和功耗需求,两者之间通过桥接实现协同和数据传递。存储控制器提供增强 ECC 校验,支持 SDRAM、ROM、Flash 等航天系统常用的主流存储器。

LS1E300 芯片基于 ASIC 方法和商用工艺,采用定制的单元库、IO 库和片上存储器。具体特点如下:

(1) 64 位 RISC CPU。

(2) MIPS 32R2 标准体系结构兼容。

(3) 一个全流水线的 64 位双精度浮点乘加部件。

(4) 16 KB 两路组相连指令 Cache。

(5) 16 KB 两路组相连数据 Cache。

(6) 支持非阻塞的访存。

(7) 支持定点多媒体指令。

(8) 支持定点 DSP 指令。

(9) 最大支持 256 MBSDRAM。

(10) 支持 SDRAMECC 校验功能。

(11) NORFlash 最大支持 64 MB。

(12) NANDFlash 最大支持 128 GB。

(13) PCI2.2 兼容,32 位总线宽度,支持 33 MHz 总线频率。

(14) SpaceWire 接口数据传输速度在 2～200 Mbit/s 之间。

3.6.4　技术特征

1) 寄存器组织形式

MIPS 寄存器主要包括通用寄存器、特殊寄存器、浮点寄存器。MIPS 32 体系结构实现了 32 个 32 位的通用寄存器,为第 0 号寄存器到第 31 号寄存器,这些寄存器可供指令使用,其中两个寄存器较为特殊:第 0 号通用寄存器不论指令向里面写入什么值,读出的总是 0;而第 31 号通用寄存器通常被子程序调用指令用来存储返回地址。

尽管除了第 0 号寄存器外,硬件并没有对寄存器的使用方法进行规定,但是在实际应用时还是需要约定一些规则。硬件并不关心这些规则,不过,如果需要移植其他子程序、编译器或操作系统,那么最好遵循这些惯例。

MIPS 体系结构定义了以下 3 个特殊寄存器:

(1) PC:程序计数器,保存当前执行程序的地址。

(2) LO:保存乘法指令低位结果或除法指令的商。

(3) HI:保存乘法指令高位结果或除法指令的余数。

MIPS 体系结构还定义了以下 3 种浮点寄存器:

(1) 32 个 32 位浮点寄存器(FPR)。

（2）5 个 FPU 控制寄存器，用于识别和控制 FPU。

（3）8 个浮点条件代码，它们是 FCSR 寄存器中的一部分。

除了 32 个通用寄存器、3 个特殊寄存器、45 个浮点寄存器外，在系统控制协处理器中也有很多特权寄存器，用于高速缓存、例外中断情况处理等方面。

2）存储系统组织形式

MIPS 32TM 支持数据在存储器中可以小端格式或大端格式进行存储，在 MIPS 32TM 体系结构中，用户可访问的存储空间地址范围从 0x00000000～0x7FFFFFFF，共计 2 GB。0x7FFFFFFF 向下增长至 0x10000000，可作为堆栈段。具体见表 3-5。

表 3-5　MIPS 32TM 地址空间划分

地 址 范 围	描 述
0x00000000～0x003FFFFF	保留
0x00400000～0x7FFFFFFF	程序段(.text)
0x10000000～0x7FFFFFFF	数据段(.data)
0x7FFFFFFF～0xFFFFFFFF	内核使用

数据段又分为静态存储区和动态存储区，分别用于存储全局变量和动态分配的变量。一般而言，取 $gp=0x10008000，位于 0x1000000～0x10007FFF 的一段 32 KB 空间用作静态存储区，动态存储区从 0x10008000 向上增长，最高可达 0x7FFFFFFF。当以 $gp 为基地址时，lw 和 sw 指令可向上或向下各寻址 32 KB 的空间，共计 64 KB。堆栈段从 0x7FFFFFFF 开始向下增长，最低可增长至 0x10000000，用于存储。对于 MIPS 而言，使用 Havard 架构，默认程序总是 0x00000000 启动，数据总是从 0x00040000 开始存储，而且所有外设（如串口）均映射在数据存储空间，即使用存储器映射 IO 的形式。配置程序段和数据段的地址是通过设置链接器(linker)的脚本(script)完成的。

3）中断和异常管理

（1）MIPS 的异常机制。MIPS 对异常处理的方法是给异常分配一些类型，由软件给它们定义一些优先级，然后由同一个入口进入异常分配程序，在分配程序中根据类型及优先级确定该执行哪个对应的函数。这种机制对两个或几个异常同时出现的情况也是适合的。

异常处理函数执行完成后，会回到异常分配函数那里。异常分配函数中有一个 eret 指令，用于回归原来被中断的程序继续执行；eret 指令会把中断响应打开，并把状态级由 kernel 转到 user 级，并返回原地址继续执行。

（2）中断。MIPS CPU 有 8 个独立的中断位（在 Cause 寄存器中），其中，6 个为外部中断、2 个为内部中断（可由软件访问）。一般来说，片上的时钟计数/定时器，会连接到一个硬件位上去。在软件中实现中断优先级的方案,给各种中断定优先级;CPU 在运行时总是处于某个优先级(即定义一个全局变量);中断发生时,只有等于高于 CPU 优先级的中断优先级才能执行(如果 CPU 优先级处于最低,那么所有的中断都可以执行);同时有多个中断发生时,优先执行优先级最高的那个中断程序。

3.7 X86 系列处理器技术

3.7.1 X86 体系架构发展历程

1978 年 6 月 8 日,美国 Intel 公司发布了新款 16 位微处理器"8086",也同时开创了一个新时代。X86 是指特定微处理器执行的一些计算机语言指令集,其定义了芯片的基本使用规则。X86 是 Intel 公司一个通用计算机系列的标准编号缩写,也标识一套通用的计算机指令集合,X 与处理器没有任何关系,它是一个对所有 86 系统的简单的通配符定义,例如 i386、586、奔腾(Pentium)。

由于早期 Intel 公司的 CPU 编号都是如 8086、80286 等,这整个系列的 CPU 都是指令兼容的,所以都用 X86 来标识所使用的指令集合。如今的奔腾、P2、P4、赛扬系列都是支持 X86 指令系统的,所以其都属于 X86 家族。X86 指令集是 Intel 公司为其第一块 16 位 CPU(i8086)专门开发的,IBM 公司 1981 年推出的世界第一台 PC 机中的 CPU - i8088 (i8086 简化版)使用的也是 X86 指令。虽然随着 CPU 技术的不断发展,Intel 公司陆续研制出更新型的 i80386、i80486,乃至今天的 Pentium4(简称"P4")系列,但为了保证电脑能继续运行以往开发的各类应用程序以保护和继承丰富的软件资源,Intel 公司所生产的所有 CPU 仍然继续使用 X86 指令集,所以它的 CPU 仍属于 X86 系列。

3.7.2 X86 体系架构简介

X86 - 64(也称 X64、X86_64、AMD64 和 Intel64)是 X86 指令集的 64 位版本。该架构支持 4 级分页模式,并且引入了兼容操作模式和全新的 64 位操作模式。使用 64 位模式和新的分页模式,它支持的虚拟内存和物理内存量远远超过以前的 32 位版本,允许程序在内存中存储大量数据。X86 - 64 还扩展通用寄存器到 64 位,并将它们的数量从 8(其中一些具有有限或固定的功能,例如用于堆栈管理)扩展到 16(完全通用),并提供许多其他增强功能。

若 64 位操作系统支持,则兼容模式允许 16 位和 32 位用户应用程序以 64 位应用程序的形式运行。该架构同时具备长模式和传统模式。长模式是架构的主要操作模式,它是处理器的主机 64 位、32 位和 16 位兼容模式的组合模式。由于基本指令集相同,因此执行保护模式 X86 代码几乎没有性能损失。32 位和 16 位操作系统使用传统模式。在此模式下,处理器的作用类似于 32 位 X86 处理器,只能执行 16 位和 32 位代码。

3.7.3　典型的 X86 系列处理器

Intel 8086 是一个由 Intel 公司于 1978 年所设计的 16 位微处理器芯片,是 X86 架构的"鼻祖"。Intel 8086 面世不久之后,Intel 公司就推出了 Intel 8088(一个拥有 8 位外部数据总线的微处理器)。它是以 8080 和 8085 的设计为基础,但地址总线扩充为 20 位。总线接口单元通过 6 字节预存的队列位指令给执行单元,所以取指令和执行是同步的,8086 CPU 有 20 条地址线,可直接寻址 1 MB 的存储空间,每一个存储单元可以存放一个字节(8 位)二进制信息。

Intel 8086 CPU 特点如下:

(1) 16 位微处理器。

(2) 采用高速运算性能的 HMOS 工艺制造,芯片上集成了 2.9 万只晶体管。

(3) 使用单一的 +5 V 电源,40 条引脚双列直插式封装。

(4) 时钟频率为 5~10 MHz,基本指令执行时间为 0.3~0.6 ms。

(5) 16 根数据线和 20 根地址线,可寻址的地址空间达 1 MB。

(6) 8086 可以和浮点运算器、输入/输出处理器或其他处理器组成多处理器系统,从而极大地提高了系统的数据吞吐能力和数据处理能力。

(7) 8086 微处理器从功能上可以划分为两个逻辑单元:执行部件和总线接口部件。

(8) 8086 微处理器的寄存器结构:按其用途可分为通用寄存器、段寄存器、指针和标志寄存器三类。Intel 8086 拥有四个 16 位的通用寄存器,也能够当作八个 8 位寄存器来存取,以及四个 16 位索引寄存器(包含了堆栈指标)。此外,Intel 8086 有四个内存区段寄存器,可以从索引寄存器来设定。

3.7.4　技术特征

1) 工作模式

X86 处理器有三个主要的操作模式:保护模式、实地址模式和系统管理模式。此外保护模式下存在虚拟 8086 模式。

保护模式是处理器的原生状态,在这种模式下所有的指令和特性都是可用的。分配给程序的独立内存区域被称为段,而处理器会阻止程序使用自身段范围之外的内存。

(1) 虚拟 8086 模式。保护模式下,处理器可以在一个安全环境中,直接执行实地址模式软件。换句话说,如果一个程序崩溃了或是试图向系统内存区域写数据,就不会影响同一时间内执行的其他程序。现代操作系统可以同时执行多个独立的虚拟 8086 模式。

(2) 实地址模式。实地址模式实现的是早期 Intel 处理器的编程环境,但是增加了一些其他特性,如切换到其他模式的功能。当程序需要直接访问系统内存和硬件设备时,这种模式就很有用。

（3）系统管理模式。系统管理模式向操作系统提供了实现诸如电源管理和系统安全等功能的机制。这些功能通常是由计算机制造商实现的。

2）寄存器组织形式

X86 架构具有 16 个宽度为 256 位的浮点寄存器，每个寄存器分为低位和高位，由于 X86 架构的向后兼容性，寄存器中的低位 128 位又可作为 128 位的浮点寄存。此外 X86 - 64 Haswell 架构还提供 17 个 64 位通用寄存器，同时支持 32 位（或 16 位）工作模式，对原来 17 个 64 位通用寄存器的低位进行操作。

3）X86 内存管理

在 32 位保护模式下，一个任务或程序最大可以寻址 4 GB 的线性地址空间。从 P6 处理器开始，一种被称为扩展物理寻址的技术使得可以被寻址的物理内存空间增加到 64 GB。与之相反，实地址模式程序只能寻址 1 MB 空间。如果处理器在保护模式下运行多个虚拟 8086 程序，则每个程序只能拥有自己的 1 MB 内存空间。

X86 处理器在基本操作模式下来管理内存，保护模式是最可靠、最强大的。但它对应用程序直接访问系统硬件有着严格的限制。在实地址模式中只能寻址 1 MB 内存，处理器只能一次运行一个程序，但是可以暂时中断程序来处理来自外围设备的请求（称为"中断"）。应用程序被允许访问内存的任何位置，包括那些直接与系统硬件相关的地址。在变化模式中，处理器可以同时运行多个程序，它为每个进程（运行中的程序）分配总共 4 GB 的内存。每个程序都分配有自己的保留内存区域，程序之间禁止任意访问其他程序的代码和数据。

4）中断和异常管理

8086/8088 把中断分为内部中断和外部中断两大类。为了支持多任务和虚拟存储器等功能，80386 把外部中断称为"中断"，把内部中断称为"异常"。与 8086/8088 一样，80386 通常在两条指令之间响应中断或异常。80386 最多处理 256 种中断或异常。

（1）中断。对 80386 而言，中断是由异常的外部事件引起的。外部事件及中断响应与正执行的指令无关。

外部硬件在通过 INTR 发出中断请求信号的同时，还要向处理器给出一个 8 位的中断向量。处理器在响应可屏蔽中断请求时，读取这个由外部硬件给出的中断信号。处理器对这个中断向量号并没有规定。但在具体的微机系统中，系统必须通过软件和硬件的配合设置，使得给出的这个中断向量号不仅与外部中断源对应，而且要避免中断向量号使用冲突情况的出现。可编程中断控制器芯片 8259A 可配合 80386 工作，能够根据设置向处理器提供上述中断向量号，还能处理中断请求的优先级。每个 8259A 芯片可以支持 8 路中断请求信号，如果使用 9 个 8259A 芯片（1 个主片、8 个从片），就可使 80386 在单个引脚 INTR 上接收多达 64 个中断源的中断请求信号。

（2）异常。异常是 80386 在执行指令期间检测到不正常的或非法的条件所引起的。异常与正执行的指令有直接的联系。例如：① 执行除法指令时，除数等于 0；② 执行指令时发现特权级不正确。当发生这些情况时,指令就不能成功完成。软中断指令也归类于异常而不称为中断,这是因为执行这些指令时产生了异常事件。

80386 识别多种不同类别的异常,并赋予每种类别不同的中断向量号。异常发生后,处理器就像响应中断那样处理异常,即根据中断向量号转换相应的中断处理程序。

(3) 优先级。在一条指令执行期间,如检测到不止一个中断或异常,那么按表 3-6 所列优先级通知系统。把优先级最高的中断或异常通知系统,其他优先级较低的异常被废弃,而优先级较高的中断则保持悬挂。

表 3-6　中断优先级

80386 响应中断/异常的优先级	中断/异常类型	优先级
	调试故障	最高
	其他故障	↓
	陷阱指令 INTn 和 INTO	↓
	调试陷阱	↓
	NMI 中断	↓
	INTR 中断	最低

3.8　RISC-V 系列处理器技术

3.8.1　RISC-V 体系架构发展历程

RISC-V 是基于精简指令集计算原理建立的开放指令集架构,V 表示为第五代 RISC(精简指令集计算机),表示此前已经出现四代 RISC 处理器原型芯片。每一代 RISC 处理器都是在同一人带领下完成,那就是美国加州大学伯克利分校的 David A. Patterson 教授。它虽然不是第一个开源的指令集(ISA),但它可以免费用于任何制造和销售的 RISC-V 芯片和软件中。RISC-V 第一个被设计成可以根据具体场景,来选择适合指令集的指令集架构。基于 RISC-V 指令集架构,可以设计服务器 CPU、家用电器 CPU、工控 CPU 和小型传感器中的 CPU。

RISC-V 是一种新兴的开源精简指令集架构,由加州大学伯克利分校在 2010 年首次发布。RISC-V 的出现和迅速发展有其必然的原因,它是建立在现有的体系结构(如 X86、ARM、MIPS 等)经长期发展所暴露出的种种问题之上,顺应现代信息系统设计需求和体系结构发展趋势而"诞生"的。这些问题包括：

（1）现有体系结构往往缺乏开放性，存在许多知识产权等非技术性问题。例如，Intel 公司持有 X86 架构的专利（自 1978 年开始），他人使用 X86 指令集相关技术需要向其支付高昂的授权费用，对 X86 指令集的模拟也将引发法律上的争议。这种封闭的态势与体系结构发展的开放趋势背道而驰，抬高了系统研发与成果转化的成本，阻碍了技术的推广和进步。而 RISC‑V 具有开源、免费、开放、自由的特点，其基金会总部于 2020 年 3 月正式迁往永久中立国瑞士，更是释放了坚持服务全世界的信号，使任何组织和个人都可以不受地缘政治影响、自由平等地使用 RISC‑V。

（2）现有体系结构经过长期发展，多个版本的迭代积累了许多历史遗留问题。基于各历史版本的技术产品在市场生态中共存，使得新版本的研发必须考虑向后兼容性。例如，AMD64 是对 32 位 X86 架构的 64 位扩展，面向 64 位开发与应用环境；但它同时仍要向后兼容 32 位甚至 16 位的 X86 架构，使早期 X86 架构下开发的应用同样可以在 AMD64 系统中正常运行。这种积重难返的状态削弱了现有体系结构的可定制化能力，难以满足现代信息系统对于多样化的工作环境与功能表现的需求。而 RISC‑V 作为一种从零开始设计的新体系结构，在吸收现有各体系结构优点的同时，去除了对历史遗留问题的考量和旧有技术的依赖；RISC‑V 采用模块化设计，并提供大量自定义编码空间以支持对指令集的扩展，从而允许开发者根据资源、能耗、权限和实时性等不同需求，基于部分特定的模块和扩展指令集进行精细化的系统设计研发，体现了强大的系统可定制化能力。

（3）现有主流架构的文档资源种类繁多、内容冗长，学习与维护的成本较高，使开发者难以在短时间内掌握所需的技术，遇到问题时也不易迅速定位到相关的信息区间。例如，ARMV8‑A 架构的官方手册仅一卷就多达 8 538 页；相比之下，RISC‑V 官方手册仅有两卷共 329 页，包括 238 页的指令集手册和 91 页的特权架构手册，文档精简，学习门槛更低，更有助于研发团队的不断壮大和技术实力的不断进步。因此，对于 RISC‑V 的研究已成为近年来学术界和工业界的一大热点，并涌现了许多突破性成果，如美国西部数据公司研发的基于 RISC‑V 的通用架构 SweRV、中国阿里巴巴公司研发的 64 位高性能嵌入式 RISC‑V 处理器 Xuantie‑910、中国科学院计算技术研究所在 RISC‑V 中国峰会发布的开源高性能 RISC‑V 处理器核"香山"、上海交通大学开源的基于 RISC‑V 的可信执行环境安全系统"蓬莱"等。

3.8.2　RISC‑V 体系架构简介

RISC‑V 作为一种指令集架构，一方面它规定了硬件设备在设计电路、组装元件时应当实现的功能目标，根据指令集的内容，决定运算单元、存储单元等元件的种类、数目、位宽及接线方式。另一方面，它是对硬件能力的一种抽象，提供了机器所能完成的操作种类、地址空间大小、数据格式、访问权限信息；上层软件应用可以将指令集视为硬件运行环境，而无须特别关注具体的硬件实体。

RISC‐Ⅴ的指令集包括基础指令集和扩展指令集两类。RISC‐Ⅴ指令集架构被定义为一个基础指令集和若干可选扩展指令集的组合,并在一种权限模式下进行工作。

RISC‐Ⅴ的基础指令集包含了能够为编译器、汇编器、链接器和操作系统(结合额外的特权操作)等提供必要功能实现的最小指令集合。它们是构筑 ISA 和软件工具链的骨架,可以围绕它们来构建更多定制的处理器 ISA。根据最新的 RISC‐Ⅴ规范,RISC‐Ⅴ共有 5 种基础指令集即 RVWMO、RV32I、RV64I、RV32E、RV128I,其分别代表了弱内存次序指令集、32 位整数指令集、64 位整数指令集、32 位嵌入式整数指令集、128 位整数指令集。其中,RV32I 和 RV64I 是最主要的两种,分别针对 32 位和 64 位工作环境而设计;RV32E 是为嵌入式环境设计的一个 RV32I 的简化版本,RV128I 将用于未来的 128 位环境,而 RVWMO 描述了 RISC‐Ⅴ所使用的内存一致性模型。任何一种 RISC‐Ⅴ指令集架构都必须完整地实现一种基础指令集。

RISC‐Ⅴ的扩展指令集用于为 ISA 提供特定方面的功能操作指令。一个 ISA 可以选择加入多个扩展指令集。为了使多个指令集能够共存,各指令集的编码空间均按照 RISC‐Ⅴ国际基金会(RVI)的编码要求进行了划分,以避免冲突。现有 RISC‐Ⅴ扩展指令集主要有 24 种,涉及乘法和除法扩展(M 扩展)、原子指令扩展(A 扩展)、单精度浮点扩展(F 扩展)、双精度浮点扩展(D 扩展)、四精度浮点扩展(Q 扩展)和压缩指令扩展等。此外,RISC‐Ⅴ系统设计者还可以根据实际需要,制定其他自定义扩展指令集,并将其加入指令集架构中。

3.8.3　典型的 RISC‐Ⅴ系列处理器

1) Rocket

很多 RISC‐Ⅴ开发者首次接触的 RISC‐Ⅴ CPU core 就是 Rocket。Rocket Chip Generator 可以生成包括 Rocket core 的一整套 SoC,各种参数统统可配置。Rocket Chip 是用 Chisel 开发的。Rocket Chip 带 MMU 支持操作系统,可以运行 Linux 操作系统。Rocket Chip 使用 Tilelink 总线,支持缓存一致性的一款总线。Rocket 是 64 位 CPU core 采用经典五级流水,顺序执行,单发射,还支持各种分支预测。BOOM(berkeley out-of-order machine)基于 Rocket 乱序执行,BOOM 有比较详细的文档。Rocket 目前较为成熟,基于 Rocket 核的产品市面上较为广泛。

2) Hammingbird E203

Hammingbird E203 是在国内 RISC‐Ⅴ社区芯来科技(武汉)有限公司开发的 RISC‐Ⅴ MCU 系列。E203 是其开源的一款单 privilege mode,两级流水的 MCU,主打小面积、低功耗,使用 Verilog 开发。开源的 E203 在 GitHub 上其实是一个 SoC 平台。E203 使用自定义的类 AXI 接口,支持 debug spec 0.11。唯一的缺憾是没有官方的 verilator 环境。

3) Ibex

提到开源 RISC‐Ⅴ就不能不提 Riscy 系列,尤其是 zero-riscy 使用很广泛。Ibex 是脱胎于 zero-riscy 的 core,支持 RV32IMC 及一些 Z 系列指令,由 Low RISC 维护。Ibex 小巧精悍,文档翔实,学习资料丰富并支持 verilator。Ibex 支持机器模式和用户模式两种特权模式,可以实现比单机器模式更加丰富的功能。Ibex 采用 system verilog 开发,也支持指令 Cache,提高了性能。Ibex 使用类 TLUL 的自定义接口,官方的 SoC 是 PULP。Google 的 OpenTitan 项目也是基于 Ibex。

3.8.4　技术特征

3.8.4.1　权限模式

RISC - V 指令集架构必须工作在一种确定的权限模式下。根据 RISC - V 权限规范,目前共有以下 4 种权限模式:机器模式(machine,M 模式)、用户模式(user,U 模式)、管理模式(supervisor,S 模式)、监视模式(hypervisor,H 模式)。其中,H 模式暂时处于草案状态,因此通常设计时仅考虑前 3 种特权模式。RISC - V 通过 CSR 来控制当前的权限模式。通过设置 CSR 中特定 2 位的值,可以切换到不同的模式。RISC - V 权限模式见表 3 - 7。

表 3 - 7　RISC - V 权限模式

等　级	CSR[9：8]编码	含　义	备　注
0	00	U 模式	
1	01	S 模式	
2	10	H 模式	保留用
3	11	M 模式	

(1) 机器模式(M 模式)。机器模式是 RISC - V 指令集架构中最高级别的权限模式,具有执行任何机器操作的权限,也是在系统设计中必须被实现的一个工作模式。相比之下,U/S/H 等其他权限模式都是可选的,不同的系统可以根据运行环境和实际需要,决定是否支持实现某一级别的权限模式。

(2) 用户模式(U 模式)。用户模式是 RISC - V 特权系统中最低级别的权限模式,又被称为"非特权模式"。它通常用于执行来自用户等外部环境的不可信操作,通过对其操作范围的限制来保护系统内的各种资源不受侵害。

(3) 管理模式(S 模式)。管理模式具有比用户级更高的操作权限,可用于操作一台机器中的敏感资源。RISC - V 管理模式需要与机器模式和用户模式共同实现,因此,不能出现系统中只存在 S 模式而不存在 U 模式的情况。

(4) 监视模式(H 模式)。监视模式可用于管理跨机器的资源,或者将机器整体作为组件承担更高级别的任务。如 H 模式可以协助实现一台机器系统的虚拟化操作。

3.8.4.2　寄存器组织形式

RISC-V 指令集架构具有 32 位和 64 位,其寄存器宽度也分别是 32 位和 64 位。RISC-V 的基本整数指令集中包含 32 个整数寄存器 x0～x31 以及一个程序计数器保存当前指令的地址。基本 RISC-VISA 具有 32 位固定长度指令,并且必须在 32 位边界对齐。然而,标准 RISC-V 编码模式被设计成支持变长指令的扩展,在这个扩展中,每条指令长度可以是 16 位指令包裹(parcel)长度的整数倍,并且这些指令包裹必须在 16 位边界对齐。

基本 RISC-VISA 具有一个小端存储器系统,但是非标准变种可以提供大端或双端存储器系统。指令被保存在存储器中,每个 16 位包裹以实现的端字节顺序,被保存到一个存储器半字中。包含一条指令的包裹,被保存到递增的半字地址,其中最低寻址的包裹保存着指令规范中最低位的二进制值,也就是说,指令总是按照一系列包裹的小端顺序保存,而不管存储器的端字节顺序。

3.8.4.3　中断和异常管理

1) RISC-V 异常处理

RISC-V 定义的三种模式(U/S/M),均可发生异常。但是只有特权模式(S/M)才能处理异常。当处理器的程序在正常执行当中发生了异常,处理器就会强行跳转到一个指定的 PC 地址。这个过程定义为"陷阱(trap)"。

2) RISC-V 中断类型

RISC-V 架构一共定义了 4 种中断类型:

(1) 外部中断。指处理器核的一个单比特输入信号,如果要支持更多的外部中断,就需要在这个单比特信号的基础之上引入中断控制器。

(2) 计时器中断。RISC-V 架构定义了两个 64 位的寄存器 mtime 与 mtimecmp。mtime 寄存器里的值以恒定频率递增,当 mtime 的值大于等于 mtimecmp 的值时,就会产生计时器中断。

(3) 软件中断。指软件自己触发的中断。

(4) 调试中断。用于调试器实现调试功能。

3) RISC-V 中断屏蔽与等待

RISC-V 架构中 MIE 寄存器可以使能或屏蔽外部中断、计时器中断、软件中断,但是调试中断无法屏蔽。RISC-V 架构中 MIP 寄存器可以用来查询: 外部中断、计时器中断、软件中断,是否处于等待状态。

RISC-V 架构在硬件上没有中断嵌套机制,需要在软件上来实现。因为在进入异常之后,mstatus 寄存器的 MIE 全局中断使能位会被置 0(也即中断被全局关闭,再也无法响应新的中断)。如果硬要有中断嵌套的机制,就需要从软件角度在异常服务程序中将 MIE 全局中断使能位打开,以及嵌套保存上下文。这一设计让处理器硬件设计变得简单,但是软件的设计就变得复杂。

3.9 处理系统存储技术

处理器协调对存储器的要求是容量大、速度快、成本低,但是在一个存储器中要求同时兼顾这三方面是困难的。为了解决这方面的矛盾,目前在计算机系统中通常采用多级存储器体系结构,即使用高速缓冲存储器、主存储器和外存储器。CPU 能直接访问的存储器称为内存储器,它包括高速缓冲存储器和主存储器。CPU 不能直接访问外存储器,外存储器的信息必须调入内存储器后才能被 CPU 进行处理。高速缓冲存储器简称 Cache,它是计算机系统中的一个高速小容量半导体存储器。在计算机中,为了提高计算机的处理速度,利用 Cache 来高速存取指令和数据。和主存储器相比,Cache 的存取速度快,但存储容量小。主存储器简称主存,是计算机系统的主要存储器,用来存放计算机运行期间的大型程序和数据,它能和 Cache 交换数据与指令。主存储器由 MOS 半导体存储器组成。外存储器简称外存,它是大容量辅助存储器。目前主要使用磁盘存储器、光盘存储器等。外存的特点是存储容量大,成本低,通常用来存放系统程序和大型数据文件及数据库。上述三种类型的存储器形成计算机的多级存储管理,各级存储器承担的职能各不相同。其中,Cache 主要强调快速存取,以便使存取速度和 CPU 的运算速度相匹配;外存储器主要强调大的存储容量,以满足计算机的大容量存储要求;主存储器介于 Cache 与外存储器之间,要求选取适当的存储容量和存取周期,使它能容纳系统的核心软件和较多的用户程序。

宇航领域目前处理器系统上主要用非易失性程序存储器、Flash 型数据存储器、SRAM 型数据存储器、SDRAM 型数据存储器四类。

3.9.1 非易失性程序存储器设计与应用

目前处理器系统上用非易失性程序存储器主要有 PROM、EEPROM 及 NOR 型Flash。宇航领域应用主要以小容量 PROM 存储 BOOTLOAD 程序,应用程序主要存储在 EEPROM 或 NOR Flash 中。

(1) PROM。可编程只读存储器(programmable read-only memory,PROM),也称为一次可编程只读存储器(one-time programmable ROM,OTP ROM),是一种可以用程序操作的只读内存。其最主要特征是只允许数据写入一次,如果数据输入错误则只能报废。常用于电子游戏机、电子词典等预存固定数据或程序的各式电子产品之上。PROM与狭义的 ROM 的差别在于前者可在 IC 制造完成后才依需要写入数据,后者的数据须在制造 IC 时一并制作在里面。

(2) EEPROM。带电可擦可编程只读存储器(electrically erasable programmable read-only memory,EEPROM)是用户可更改的只读存储器(ROM),其可通过高于普通电压

的作用来擦除和重编程（重写）。不像可擦可编程只读存储器（erasable programmable read-only-memory，EPROM）芯片，EEPROM 无须从计算机中取出即可修改。在一个 EEPROM 中，当计算机在使用时可频繁地反复编程，因此 EEPROM 的寿命是一个很重要的设计考虑参数。EEPROM 是一种特殊形式的闪存，其应用通常是个人电脑中的电压来擦写和重编程。

由于 EPROM 操作的不便，后来出的主板上 BIOSROM 芯片大部分都采用 EEPROM。EEPROM 的擦除不需要借助于其他设备，它是以电子信号来修改其内容的，而且是以 Byte 为最小修改单位，不必将资料全部洗掉才能写入，彻底摆脱了 EPROM Eraser 和编程器的束缚。EEPROM 在写入数据时，仍要利用一定的编程电压，此时，只需用厂商提供的专用刷新程序就可以轻而易举地改写内容，所以，它属于双电压芯片。借助于 EEPROM 芯片的双电压特性，可以使 BIOS 具有良好的防毒功能，在升级时，把跳线开关打至"on"的位置，即给芯片加上相应的编程电压，就可以方便地升级；平时使用时，则把跳线开关打至"off"的位置，防止 CIH 类病毒对 BIOS 芯片的非法修改。所以，仍有不少主板采用 EEPROM 作为 BIOS 芯片，并作为自己主板的一大特色。

（3）NOR Flash。NOR Flash 是一种非易失闪存技术，是市场上两种主要的非易失闪存技术之一。Intel 公司于 1988 年首先开发出 NOR Flash 技术，彻底改变了原先由 EPROM 和 EEPROM 一统天下的局面。紧接着，1989 年，东芝公司发表了 NAND Flash 结构，强调降低每比特的成本，有更高的性能，并且像磁盘一样可以通过接口轻松升级。NOR Flash 的特点是芯片内执行（XIP，eXecuteInPlace），这样应用程序可以直接在 Flash 闪存内运行，不必再把代码读到系统 RAM 中。NOR 的传输效率很高，在 1～4 MB 的小容量时具有很高的成本效益，但是很低的写入和擦除速度极大地影响了它的性能。NAND 的结构能提供极高的单元密度，可以达到高存储密度，并且写入和擦除的速度也很快。应用 NAND 的困难在于 Flash 的管理需要特殊的系统接口。通常读取 NOR 的速度比 NAND 稍快一些，而 NAND 的写入速度比 NOR 快很多，在设计中应该考虑这些情况。

自主可控方面，PROM 是目前航天型号产品主要使用器件；2025 年随着存储器的发展和国家项目的支持，国产大容量存储器件 MRAM 将全面取代 EEPROM 和 NOR Flash，从而满足航天型号需求，实现国产非易失性程序存储器的全面自主可控。

3.9.2　Flash 型数据存储器设计与应用

NOR 和 NAND 是市场上两种主要的非易失闪存技术。NOR Flash 存储器是 Flash 存储器的一种，其内部采用非线性宏单元模式，为固态大容量内存的实现提供了廉价有效的解决方案。NOR Flash 存储器具有容量较大、改写速度快等优点，适用于大量数据的存储，因而在业界得到了越来越广泛的应用，如嵌入式产品中包括数码相机、MP3 随身听记忆卡和体积小巧的 U 盘等。

NOR 与 NAND 的区别如下：

Flash 闪存是非易失存储器,可以对存储器单元块进行擦写和再编程。任何 Flash 器件的写入操作只能在空或已擦除的单元内进行,所以大多数情况下,在进行写入操作之前必须先执行擦除。NAND 器件执行擦除操作是十分简单的,而 NOR 则要求在进行擦除前先要将目标块内所有的位都写为 0。

由于擦除 NOR 器件时是以 64~128 KB 的块进行的,执行一个写入/擦除操作的时间为 5 ms,与此相反,擦除 NAND 器件是以 8~32 KB 的块进行的,执行相同的操作最多只需要 4 ms。

执行擦除时块尺寸的不同进一步拉大了 NOR 和 NAND 之间的性能差距,统计表明,对于给定的一套写入操作(尤其是更新小文件时),更多的擦除操作必须在基于 NOR 的单元中进行。这样,当选择存储解决方案时,设计师必须考虑各项因素。

由于飞行器载荷复杂性和数据存储的需求,要求 Flash 的容量和读写速度不断提高;同时作为存储类器件,工作电压适应处理器的需求不断降低,从而达到低功耗要求。

3.9.3 SRAM 型数据存储器设计与应用

静态随机存取存储器(SRAM)是随机存取存储器的一种。所谓"静态",是指这种存储器只要保持通电,里面存储的数据就可以恒常保持。相对来说,动态随机存取存储器(DRAM)里面所存储的数据就需要周期性地更新。然而,当电力供应停止时,SRAM 存储的数据还是会消失,这与在断电后还能存储资料的 ROM 或闪存是不同的。SRAM 不需要刷新电路即能保存它内部存储的数据。SRAM 主要用于二级高速缓存(Level2Cache),它利用晶体管来存储数据。与 DRAM 相比,SRAM 的速度快,但在相同面积中 SRAM 的容量要比其他类型的内存小。

SRAM 的速度快但昂贵,一般用小容量的 SRAM 作为更高速 CPU 和较低速 DRAM 之间的缓存。SRAM 也有许多种,如 AsyncSRAM(asynchronous SRAM,异步 SRAM)、Sync SRAM(synchronous SRAM,同步 SRAM)、PBSRAM(pipelined burst SRAM,流水式突发 SRAM),还有 Intel 公司没有公布细节的 CSRAM 等。

我国目前主要的航天用集成电路研究单位已研制出相应兼容的 SRAM 和产品,国产化航天用 SRAM 产品的设计研发水平能满足目前型号应用需求。

2019 年以前,根据型号研制需求,结合国外对我国 SRAM 的禁运政策以及国内研制水平,发展高性能、大容量 SRAM 产品尤为重要;国产元器件欧比特等厂商已有产品应用于部分型号,初步满足自主可控需求。目前发展下一代以高性能、大容量为主导的新一代存储器,在功能、性能、体积、重量和功耗等多个方面全面提升,向更高性能、具有自主可控的国产化存储器转型做好了充分准备。

3.9.4 SDRAM 型数据存储器设计与应用

同步动态随机存取内存(synchronous dynamic random access memory,SDRAM)是

有一个同步接口的动态随机存取内存(DRAM)。通常 DRAM 是有一个异步接口的,这样它可以随时响应控制输入的变化。而 SDRAM 有一个同步接口,在响应控制输入前会等待一个时钟信号,这样就能和计算机的系统总线同步。时钟被用来驱动一个有限状态机,对进入的指令进行管线(pipeline)操作。这使得 SDRAM 与没有同步接口的异步 DRAM 相比,可以有一个更复杂的操作模式。

SDRAM 发展到现在已经经历了五代,分别是第一代 SDRSDRAM、第二代 DDRSDRAM、第三代 DDR2SDRAM、第四代 DDR3SDRAM、第五代 DDR4SDRAM。

第一代 SDRAM 采用单端(single-ended)时钟信号,第二代、第三代与第四代由于工作频率比较快,所以采用可降低干扰的差分时钟信号作为同步时钟。

SDRAM 的时钟频率就是数据存储的频率,第一代内存用时钟频率命名,如 pc100 或 pc133 表明时钟信号为 100 MHz 或 133 MHz,数据读写速率也为 100 MHz 或 133 MHz。

之后的第二~四代 DDR(double data rate)内存则采用数据读写速率作为命名标准,并且在前面加上表示其 DDR 代数的符号,PC 即 DDR,PC2 = DDR2,PC3 = DDR3。如 PC2700 是 DDR333,其工作频率是 $333/2 = 166.5$ MHz,2700 表示带宽为 2.7 GHz。

DDR 的读写频率从 DDR-200 到 DDR-400,DDR2 从 DDR2-400 到 DDR2-800,DDR3 从 DDR3-800 到 DDR3-1600。目前随着型号载荷平台复杂性的提高,数据处理能力和速度的需求将出现大幅提升,作为主要元件的存储器必然在性能方面出现快速提升,DDR4 将成为发展趋势,并大量应用于现有型号。

第 4 章
总 线 技 术

　　星载计算机作为卫星平台的核心部件,采用总线网络与星载其他电子设备进行互联通信,实现对卫星的多模块控制、对卫星上资源的优化与重组和整星综合管理等工作。在复杂的空间环境中,总线作为各单机之间、各模块之间的数据传输枢纽,不仅要实现数据传输功能,还需要适应复杂的空间环境。星载计算机在设计时应当考虑应用场景、使用要求和容错指标等,选择合适的总线应用。本章将介绍总线的基本概念,从不同层面对星载计算机总线进行分类,将着重讨论不同总线的特点及设计要点,为实际应用场景给出指导建议。

4.1　总 线 概 述

　　总线是连接计算机设备(或电子部件)的一组信号线,是传送信息数据的公共通道。在航天器系统中采用总线具有如下优点:

　　(1) 简化了系统结构,降低了系统的复杂度,提高了系统的可靠性。

　　(2) 减少了连线数目,便于电缆布线,减小了体积和重量。

　　(3) 便于系统的扩充、更新和灵活配置,易于实现系统的模块化。

　　(4) 便于接口设计,所有与总线连接的设备均采用类似的接口。

　　(5) 便于设备的软件设计,所有接口的软件就是对不同的接口地址进行操作。

　　(6) 便于故障诊断和维修,同时也降低了成本。

　　总线技术在航天器中得到了广泛的应用,根据宇航应用的不同场景需求,可以从功能、传输介质和容错能力等方面对总线进行分类,以满足星载计算机对于不同距离、不同速率、不同终端的通信要求。

　　从功能层面对总线进行划分,可将总线分为扩展平面总线、数据平面总线、控制平面总线、工作平面总线。

　　按照传输介质划分,可将总线分为共享总线、交换总线、无线传输总线。

　　由于恶劣的工作环境,航天计算机对可靠性提出了很高的要求。通常,航天计算机系统是由多个设备通过总线互连组成的。实际工作过程中,总线易受环境因素的干扰,所产生的故障在所有故障中占有较高比例,总线故障对计算机系统的可靠性有很大影响。

星载计算机针对常用的基于变压器、光耦的总线,一般会采用相应的容错机制来避免长距离、大噪声传输中的多位连续错、突发错。典型纠错检错编码包括前向纠错中的突发纠错编码、随机纠错编码、和校验、EDAC 校验、CRC 校验等,高级容错机制包括拜占庭容错(Byzantine fault tolerance,BFT)等。

4.2　总　线　分　类

4.2.1　按功能划分

空间电子系统的信息流层次划分为扩展平面、数据平面、控制平面、工具平面四个逻辑平面。扩展平面用于自定义的信息流传输,数据平面用于高速信息流的板间传输,控制平面用于控制信息流的板间传输,工具平面承载了系统底层状态信息流传输。

1) 扩展平面总线

系统内的扩展平面用于为系统内总线提供自定义信号交换平面,系统为扩展平面内的每个模块提供内总线资源用于扩展通信,具有串联型拓扑和总线型拓扑两种结构,星载计算机可根据系统架构选择相应的总线进行自定义信号的交换,如各种自定义的并行总线,可基于低电压差分信号(low voltage differential signaling,LVDS)、异步串口等通信方式实现。

2) 数据平面总线

系统内的数据平面用于为系统内的高速数据提供交换平面,系统为数据平面内的每个非交换模块提供内总线资源用于高速通信。高速数据交换一般采用单星型拓扑和双星型拓扑两种结构,两种拓扑结构的区别在于中心节点的数量,双星型拓扑系统中具有两个交换模块(中心节点)互为冗余,交换模块向系统内总线提供足够的交换端口,以满足系统内部各模块的网络化互连需求和扩展需求。常用的数据平面总线包括 PCIE、RapidIO 总线等。

3) 控制平面总线

系统内的控制平面用于为系统内的控制数据提供交换平面,控制平面总线同样具有单星型和双星型的拓扑结构。一般控制平面的中心节点为交换模块,交换模块向系统内总线提供足够的交换端口,以满足系统内部各模块的网络化互连需求和扩展需求。常用的控制平面总线包括 SpaceWire 总线、PCI 总线等。

4) 工具平面总线

工具平面定义了空间电子系统底层管理架构,描述了系统配置、传感器管理(信息收集及处理)、故障诊断与恢复的基本方式和内部节点间的通信机制,用于获取和维持系统状态,完成系统底层状态信息流传输。常用的工具平面总线包括 1553B 总线、CAN 总线等。

4.2.2 按传输方式划分

空间电子系统按传输方式可划分为共享总线、交换总线和无线传输总线。

1) 共享总线

共享总线将各种数据处理设备(包括计算机或外围设备)通过公共数据通道相连接,构成共享总线系统结构。

共享总线上挂载的多个发送端及接收端共用一套专用连线,包括 CAN 总线、1553B 总线等;总线上挂载一个接收端及发送端的专用连线,包括光纤、SpaceWire 总线等。

2) 交换总线

交换总线技术一般采用星型结构,各收发端点间不直接相连,由专用交换机进行数据转发。典型交换总线包括 Serdes、PCIE、RapidIO 总线等。交换总线一般使用高速数据传输,但依赖于交换中心节点,开销较大,且通信可能存在冲突。

3) 无线传输总线

无线通信是指多个节点间不经由导体或缆线传播进行的远距离传输通信,目前在星载计算机上应用较少。典型无线传输方式包括 WiFi、Bluetooth、ZigBee 等。

4.3　星载计算机总线设计

星载计算机总线根据传输距离、传输速度、功能、拓扑等维度可以划分如图 4 - 1 所示。从传输距离来划分,1 cm~1 m 的传输距离一般适用于机内总线,包括以 RapidIO 总线、PCI - Express 总线为代表的高速总线,以及 EMIF 总线、PCI 总线等低速总线;1 m~100 m 的传输距离适用于星载计算机与其他单机设备通信,包括以太网、1553B 总线、SpaceWire 等常用总线;其中 1553B 总线、以太网、CAN 总线等也可适用于 100 m 以上传输距离,满足大型航天器间的通信需求。

星载计算机在设计时可考虑应用场景要求,根据传输距离、传输数据量、数据重要性、拓扑关系选择相应的总线应用。比如,针对低速控制流信息,可以选用 CAN 总线、1553B 总线等;针对高速载荷数据传输,可以选用 RapidIO 总线、PCI - Express 总线等。如果对速度和数据容错性均有较高要求,那么可选用 TTE、TSN 等时间触发的总线协议,以完成相应工作。下面对出现的典型总线做简要介绍。

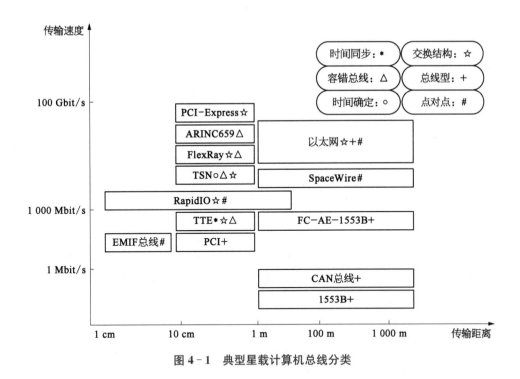

图 4 - 1　典型星载计算机总线分类

4.3.1　1553B 总线

4.3.1.1　1553B 总线简述

MIL - STD - 1553B 总线接口(简称"1553B 总线接口"),是基于 1973 年美军发布的一种多路传输数据总线标准,广泛应用于航空、航天等领域。基于该标准设计的总线是数字式时分制指令/响应型多路传输数据总线。时分制多路传输是指在一个通信系统中,通过对来自若干个信号源的信号在时间上错开采样,形成一个组合的脉冲序列,最终满足在系统中任意两个终端间均能相互交换信息的一种传输方式。作为一种时分制指令响应型串行多路数据传输总线,其数据传输具有可靠性高、安全性高、协议简单和使用方便等特点,在我国航天领域中的应用也十分广泛,现已成功应用于载人航天、深空探测、导航及大型通信卫星等工程中。它具有一般计算机网络没有的优势,具体如下:

(1)支持指令/响应的方式异步操作。它是一种以命令、响应及类似广播的方式分布处理通信方式的通信网络。通信网络上最多能够接入 32 个终端,全部的终端共同分享一条消息的传输信道,BC 端可以通过"广播"的形式对所有 RT 端同时发出消息数据,传送中的消息可以被所有的 RT 端进行接收处理,接收到消息的 RT 端通过地址来对不同消息进行识别。

(2)高可靠性。任何一个 RT 端出现了任何的故障都不会影响整个通信网络包括其余终端的正常运行,而 BC 端则需要通过对其进行备份来提高 1553B 总线的可靠性,也就是说,当 BC 端出现故障后,BC 端能够将总线控制权转移到备份 BC 端,备份 BC 端能够完全代替之前的终端继续工作。整个通信网络对总线本身的故障非常敏感,因此 1553B 总线一般会选用双冗余总线方式,即包含两个数据传输通道,保证了故障隔离及提高了容错能力。

(3) 易于扩展。通信网络的结构简单,易于进行终端扩展。

(4) 实时性好。1553B 总线中的数据在信道上传输码速率为 1 Mbit/s,其中的每条消息最多都能够包含 32 个字。因此,在传输一条固定不变消息的情况下,所使用的时间就会短些。

(5) 合理的差错控制。该方法也称为反馈重传方法,能够保证在数据传输时,使数据尽量保持完整。当 BC 向某一 RT 发出消息或命令的情况下,终端都应该在给定的响应时间段中发回一个状态字,表示发送成功;但是如果 RT 并没有发回状态字,那么证明 BC 没有发送成功,也就是传输了不正确的消息,则由此报告上一次的消息传输无效,发送端就把认为出错的消息再重新给 RT 端进行传输,直到接收端认为正确地接收到了消息为止。

1553B 总线因其在可靠性上有明显的优势,极适用于现场环境恶劣且可靠性要求高的领域,有很强的抗辐照特性,因此能够应用于卫星上,但成本较高。

为进一步满足日益增加的实时处理数据需求,同时提升总线传输抗干扰能力,美国军方制定了一个新的标准协议——FC - AE(fiber channel avionics environment),即航空电子光纤通道协议。FC - AE - 1553 协议是 MIL - STD - 1553B 协议在带宽、地址空间和数据传输量上的扩展,其目的是更好地支持航天系统中各元素之间的通信。FC - AE - 1553B 的主要特性在于它的命令/响应式,消息的 ACK 选择,RDMA 传输,文件传输,以及兼容 MIL - STD - 1553B 终端的能力,形成一个维护简单、抗干扰能力强、传输速率高的确定性协议,具备在严苛环境下综合总线网络功能和处理复杂数据信息的能力。

4.3.1.2　1553B 总线特性

1) 总线架构

1553B 总线系统架构是多冗余度总线型拓扑解耦股,如图 4 - 2 所示。可以进行双向传输,传输速度可以达到 1 Mbit/s。

1553B 总线采用屏蔽的双绞线作为传输媒介,且采用半双工传输方式,总线耦合方式有直接耦合和变压器耦合。

该总线的通信协议是指令/响应型通信协议,共支持 3 种终端类型,分别为总线控制器(BC)、远程终端(RT)和总线监视器(MT),信息格式有 BC 到 RT、RT 到 BC、RT 到 RT、广播方式和系统控制方式;传输的信息经曼彻斯特(Manchester)型码编码处理后,在 1553B 总线上以消息形式进行传输,该协议最多支持 31 个远程终端。

2) 总线协议

1553B 数据总线以异步、命令响应方式执行数据信息的传输,其通信方式采用半双工方式,总线控制器初始化所有的传输,并控制数据总线上所有数据信息的传输,数据总线上的信息流由消息组成,而消息由命令字、数据字和状态字三种类型的字组成。有 10

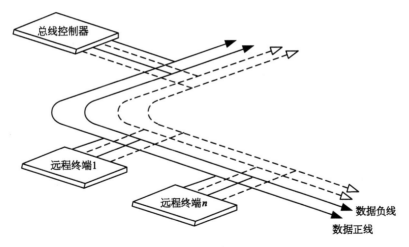

图 4 - 2　1553B 总线接口模块拓扑连接

种消息格式,每个消息至少包含两个字,每个字有 16 个消息位、一个奇偶校验位和 3 个位长的同步头。

所有消息字都采用曼彻斯特型码Ⅱ型。曼彻斯特Ⅱ型编码格式如图 4 - 3 所示。

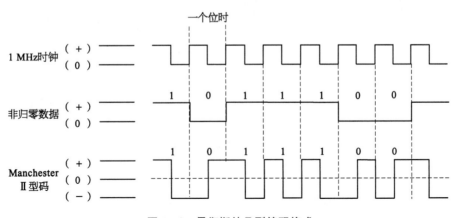

图 4 - 3　曼彻斯特Ⅱ型编码格式

4.3.1.3　1553B 总线设计

1) 总线电路架构

典型的 1553B 总线电路由微处理器、供电模块、1553B 总线接口器件、变压器、晶振及支线插座组成,其电路的拓扑结构如图 4 - 4 所示。在连接中需要注意的是,变压器的正端连接到总线支线插座的内芯,负端连接到外芯。

由于 1553B 总线接口的控制软件所需处理器资源较少,微处理器可以选择不同种类,如嵌入式处理器、单片机、DSP 和 FPGA 等,不同的微处理器对应的存储器及扩展电路可进行适应性的调整。1553B 总线电路系统连接示意图如图 4 - 5 所示。

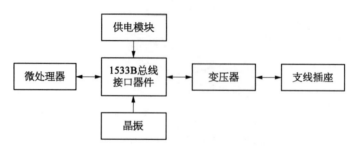

图 4-4　1553B 总线电路拓扑结构示意图

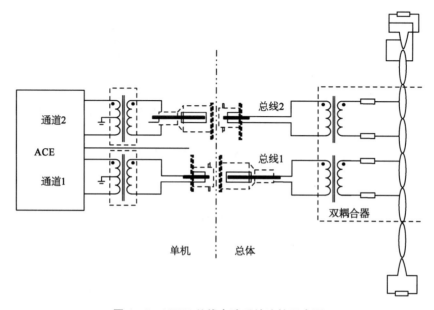

图 4-5　1553B 总线电路系统连接示意图

2）总线远程终端控制器

星载计算机应用的辐射加固类型 1553B 总线终端控制器主要为美国 DDC 公司生产的 BU-65170/61580/61585 及其兼容器件，同时中国部分元器件生产厂家也研制了相关的宇航级终端控制器。

标准的总线终端控制器包含 4096×16 位的 SRAM 存储器、17 个功能寄存器、双编码/解码器及 1553B 总线协议控制器等。如 BU-65170 及相关类型器件只能作为 RT端，而 BU-61580 及相关类型器件可以作为 RT 端、BC 端和 MT 端。其结构采用双冗余结构，自带两个收发器和协议处理器，数据按一定的协议经编码/解码器处理，通过双收发器 A/B 来完成与 1553B 总线间的数据传递。1553B 总线终端控制器架构如图 4-6 所示。

3）隔离变压器

总线终端控制器与总线的耦合方式分为直接耦合和变压器耦合，在宇航领域应用中，建议采用变压器耦合的方式，以提升总线系统的可靠性。在 1553B 总线电路的构建过程中，根据选用的终端控制器来选用相配套的隔离变压器。

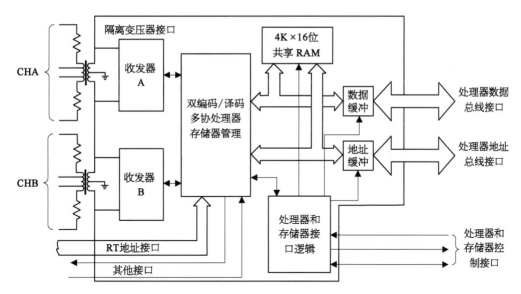

图 4 - 6　1553B 总线终端控制器架构

　　典型的总线终端控制器配套的隔离变压器为美国 BTTC 公司生产的 B - 3226 - T,适用于标准的隔离变压器需要,满足曼彻斯特 Ⅱ 型双相电平数据传输要求。同时中国元器件厂家也按照标准设计生产出部分型号的隔离变压器,可以原位替换。B - 3226 - T 主要指标见表 4 - 1。

表 4 - 1　B - 3226 - T 主要指标

参　　数	数　值	单　位
绝缘电阻	$\geqslant 1\,000$	MΩ
工作频率范围	$75\times 10^3 \sim 1\times 10^6$	Hz
脉冲宽度(输出脉冲)	2 ± 0.01	μs
脉冲跳增(瞬时扰动峰值)/超调量(过冲)	± 1	V
上升时间	<150	ns
共模抑制比	$\geqslant 45$	dB
脉冲顶峰	$\leqslant 20$	%
匝数比	1∶1.79	/
寄生电容	45	pF
电感量	$\geqslant 36$	mH

不同匝数比的耦合变压器在实际连接中会产生不同的电压值,同一个总线系统中应选用相同比例的耦合变压器。1553B 总线隔离变压器连接方式如图 4-7 所示。

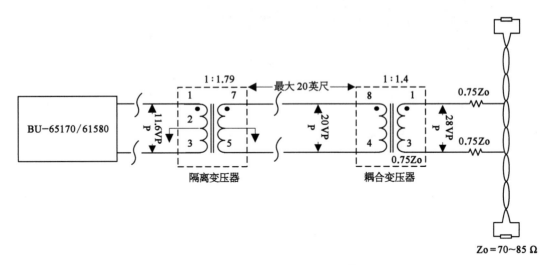

图 4-7 1553B 总线隔离变压器连接方式(1 英尺≈304.8 mm)

4.3.2 CAN 总线

4.3.2.1 CAN 总线简述

CAN 总线是由德国 BOSCH 公司开发的针对汽车工业产品的总线,最终成为国际标准(ISO 11898),是国际上应用最广泛的现场总线之一。CAN 总线是一种多主控的总线系统,其总线网络中的消息是广播式的,即在同一时刻网络上所有节点侦测的数据是一致的,它是一种基于消息广播模式的串行通信总线。CAN 总线具有很多优点,如传输速度最高到 1 Mbit/s、通信距离最远到 10 km、无损位仲裁机制、多主控结构等。

与其他计算机网络相比,CAN 总线采用了很多新的技术及独特的总线设计,具有突出的高性能、高可靠性、高实时性、运行灵活性及错误检测能力,已经在工业、航天等各个领域得到了非常广泛的应用。

1) CAN 总线应用特点

(1) 目前的现场总线中唯一具有国际标准(ISO 11898)。

(2) 多主控工作方式。每一个消息都被赋予了唯一的一个标识符(IDentifier, ID),ID 表示了这个消息的优先级,通信网络上的所有节点在总线空闲的时候都能够主动向其余节点发送信息,最先访问总线的节点能够获得总线使用权,且不分主从,因此,这种工作方式使得通信方式非常灵活,提升了数据通信的稳定可靠。

(3) 网络的各个节点都能够依据 ID 划分成不同等级的优先级别,用来满足以及协调不同的通信网络实时性要求。

(4) 选用非破坏性总线仲裁技术。如果有两个及以上数量的节点同一时间在通信通道中发出数据时,优先级比较低的节点就会自动停止发送,让出总线使用权给优先级更高的节点。也就是说,优先级最高的节点能够不受其余的节点影响,而继续在总线上发出数据,减少了总线遇到冲突时的仲裁时间。该方式非常有效地降低了在通信网络中如果负载加重的情形下,就有可能会出现网络瘫痪的概率。

（5）能够通过报文的滤波方式,来实现一点对一点、一点对多点,以及在全局范围内进行广播等方式接收和传递消息。

（6）通信距离能够达到 10 km(速率 5 kbit/s 以下),通信速率在 40 m 距离以内能够达到 1 Mbit/s。

（7）网络中实际最多能够达到 110 个节点(主要取决于总线驱动电路)。

（8）采用短帧结构,数据传输时间和重新发送时间短,从而保证了数据通信的实时性,并且受到干扰的概率较低。

（9）错误检测与重发机制。每帧信息都有 CRC 校验及其他检错措施,其本质是以牺牲消息传输时间来保证消息的正确性,从而确保了数据通信的正确可靠。

（10）采用故障界定机制。网络上的节点能够在自己本身出现非常严重的错误情形下,仍然具有自动关闭节点对外输出的功能,以确保这个出现错误的节点对通信总线中的其余节点不再有影响,保证其余节点仍然可以正常地接收、发送消息。

（11）低成本。价格低廉,且用户接口比较简单,便于编程。

2）CAN 总线与 1553B 总线的性能对比分析

与 1553B 总线相比,CAN 总线增加了一点对多点的通信方式,网络结构变化为多主结构,传输距离达 10 km。采用 CSMA/CD 仲裁机制,无须轮询,总线利用率高。两者都具备容错检错机制。就两类总线的最关键性能进行分析和比较如下。

（1）可靠性。

① 硬件结构。1553B 总线的工作方式为单主机,总线网络的结构能够支持多余度。BC 端对于故障比较敏感,可采用冗余备份 BC 端来提高系统可靠性。而 CAN 总线为多主机工作模式,对构成多机冗余备份更为灵活方便。

② 容错机制。1553B 总线采用差错控制措施,而 CAN 总线选用 CRC 差错检验法进行检验,且能够提供错误处理功能,确保数据传输系统的可靠。

（2）实时性。

① 控制方式。1553B 总线选用主从控制模式,避免负载比较重时会导致总线内传输冲突,消息在网络中的传输响应时间是确定的。但是 CAN 总线选用的方式为多主控制方式,最先向总线传送消息的节点能够获得总线控制权,且不分主从。

② 传输速率。1553B 总线的数据传输速率为 1 Mbit/s,在网络中传送一条消息的响应时间最多需要 752 μs。但是 CAN 总线最大的数据传输速率虽然同样需要 1 Mbit/s,但是优先级最高的消息最快可在 134 μs 内传输。

针对工具平面信息流传输系统,目前国外卫星的网络传输系统大部分都选用 1553B

总线。国内卫星中网络传输数据的系统使用,除了 1553B 总线还有 RS‐485 总线,而这两类总线的通信方式在结构上总结起来都属于主从方式。

1553B 总线采用的是屏蔽双绞线的通信介质以及变压器耦合的结构,功耗较大,成本和重量略高,也不适用于卫星。而 RS‐485 总线仅仅规定了物理层的协议,链路层协议则没有规定,用户根据需要对链路层协议进行自定义,为此软件开发成本就会增加,会浪费卫星上非常宝贵的资源,也并不适用于卫星上的通信网络。

相比较而言,CAN 总线具有极高的环境可靠性,但使用 CAN 总线的用户需要对应用层自定义。CAN 总线又有较高的位速率、高抗电磁干扰性及很好的容错性,且星上软硬件的开销要求都较小。当数据传输的距离最远达到 10 km 时,CAN 总线的数据传输仍然能够达到 5 kbit/s 的高速率。

4.3.2.2　CAN 总线特性

1)总线结构

CAN 总线的拓扑结构应尽可能接近总线型结构,如图 4‐8 所示,通过公共通信介质将各节点连接,公共通信介质两端连接终端匹配电阻,以避免电缆反射波,各节点通过支线连接到公共通信介质上。为了提高总线使用的可靠性,总线长度和支线长度应尽量短,在使用特定接口芯片情况下,应根据器件的电气性质调整结构参数。

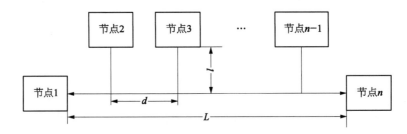

图 4‐8　CAN 总线网络拓扑

针对不同的通信速率、总线长度、支线长度及节点距离,都给出了建议值,见表 4‐2。

表 4‐2　CAN 总线网络拓扑结构建议值

CAN 总线位速率	总线长度 L	支线长度 l	节点距离 d
1 Mbit/s	最大 40 m	最大 0.3 m	最大 40 m
5 kbit/s	最大 10 km	最大 6 m	最大 10 km

位速率小于 1 Mbit/s 时,总线长度可以加长。通过改变位速率和节点内部电容值,可以改变支线长度 l、节点间距 d 和网络拓扑解耦股。位速率与最大有效通信距离的大致对应关系详见表 4‐3,具体数据应在系统中测定,在设计时应留有一定余量。

表 4-3　CAN 总线最大有效通信距离

位速率/(kbit/s)	5	10	20	50	100	125	250	500	1 000
最大有效距离/m	10 000	6 700	3 300	1 300	620	530	270	130	40

　　总线上的总线值可以有"显性"和"隐性",这两种的逻辑值是互补的。当"显性"位和"隐性"位同一时刻在总线通道上发送或接收数据时,位相与的结果值则呈现为"显性"。而在 CAN 总线定义中,逻辑"0"被称作"显性"位,逻辑"1"被称作"隐性"位。总线上的位电平表示如图 4-9 所示。

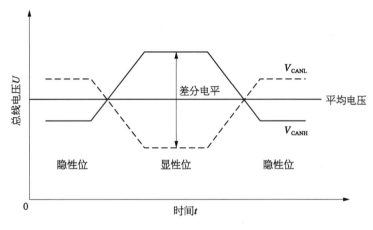

图 4-9　总线上的位电平表示

2) 总线协议

　　CAN 协议按照 ISO/OSI 的参考模型,其通信网络被划分为两层协议:物理层协议(physical layer)和数据链路层协议(data link layer)。

　　物理层是对信号的实际传送方式进行定义,实现位编码/解码、位定时和位同步等。

　　数据链路层可划分为逻辑链路控制子层(logic link control,LLC)和媒体访问控制子层(medium access control,MAC)。数据链路层最重要的功能是能够在不可靠的物理链路上实现可靠的数据传输。LLC 和 MAC 两个子层根据服务和功能被描述为目标层和传送层。目标层的功能主要是确认哪些信息发送,判断传送层是否接收到信息,以及为应用层提供接口;传送层则侧重于帧组织、总线仲裁、检错、错误报告以及错误处理。

　　CAN 总线的 ISO/OSI 参考模型的层结构如图 4-10 所示。

　　作为一种多主站总线式的串行通信网络,CAN 总线能够有效支持分布式实时控制,基于以下几条基本规则进行通信协调:

　　(1) 总线访问。CAN 是共享媒体总线,网络上的节点只有监测到总线空闲时,才可以向其他节点发送信息。如果网络上存在 3 个及以上的隐性位时,这时的网络状态就称作总线空闲。

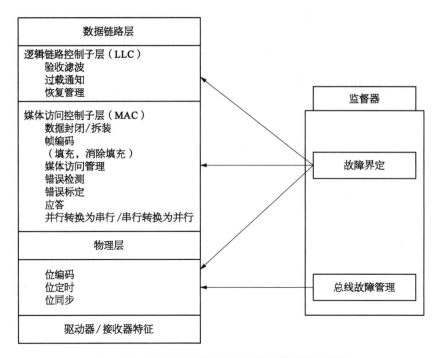

图 4 - 10   CAN 总线的 ISO/OSI 参考模型的层结构

（2）仲裁。通信的网络通道中，如果存在两个或两个以上的节点同一时间进行发出信息时，就会产生总线冲突。CAN 总线对于这类情况是按照对应标识符进行仲裁的，每个消息都被赋予唯一的标识符，代表消息的优先级，优先级最高的节点则可获得总线访问权进行发送消息，剩余节点依次按照该方式继续发送消息直至全部消息发送完毕。

（3）编码/解码。CAN 总线数据帧在传输时采用位填充技术，即在数据帧编码时添加冗余位。数据编码时，在 5 个连续相同状态电平后插入一个与之相反状态的电平；解码过程则通过删除冗余电平，保证了数据的透明传输。

（4）出错标注。CAN 控制器会根据出错条件发送一个出错标识，通常包括位错误、填充错误、形式错误或应答错误这几类。

（5）超载标注。对于数据帧或远程帧的延迟发送，CAN 控制器通常会通过重发超载帧来达到目的。

4.3.2.3   CAN 总线设计

1）接口电路的组成

CAN 总线接口电路一般由微处理器、CAN 协议控制芯片、CAN 总线接口芯片等组成（若使用集成 CAN 协议控制功能的微处理器，则可省略 CAN 协议控制芯片）。CAN 总线拓扑结构如图 4 - 11 所示。由微处理器、CAN 协议控制芯片等组成的接口电路，其 CAN 程序是针对独立的 CAN 控制器，程序可移植性好，但占用了微处理器的 IO 资源，电路较为复杂。由集成 CAN 协议控制功能的微处理器等组成的接口电路,其 CAN 程序针对特定的微处理器,程序不可移植,但硬件电路比较简单。

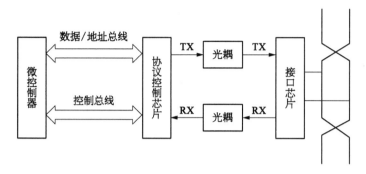

图 4 - 11　CAN 总线拓扑结构

2) CAN 协议控制芯片的选择

常用的 CAN 协议控制芯片有 SJA1000、PCA82C200 等,在宇航领域使用较多的是 SJA1000 芯片,该芯片是一款新型的独立 CAN 协议控制芯片,可以在 BasicCAN 和 PeliCAN 两种模式下工作,分别对应 CAN 通信协议的 2.0A 和 2.0B 版本。目前国产化元器件同样有可以替代的产品。

3) CAN 总线接口芯片的选择

CAN 总线接口芯片提供 CAN 总线控制器与物理总线之间的接口,具有对 CAN 总线的差分发送和接收功能,是影响系统网络性能的重要器件。常用的 CAN 总线接口芯片有 PCA82C250/251、TJA1040、TJA1050 等,目前同样有国产化的产品替代芯片。

4.3.3　SpaceWire 总线

4.3.3.1　SpaceWire 总线简述

未来航天器对数据总线的传输速率、实时性、可靠性及容错能力、低功耗及低成本都提出了更高的要求。基于此,欧洲航天局在 2003 年制定了 SpaceWire 标准协议。SpaceWire 是在两个商用标准 IEEE 1355—1995 和 LVDS 技术的基础上,吸收当前比较成熟的以太网技术和 ATM 技术的优点,同时为满足航空航天设备的应用需求而制定的。其不仅在电磁兼容(EMC)方面进行了加强,而且在故障检测和恢复、时间确定性和可靠性等方面具有突出优势,可以满足未来航天器对数据传输的需求。SpaceWire 是一种具有高速、点对点、全双工特点的串行数据总线,通用性好,可以构建十分灵活的拓扑结构。协议规定的链路工作速率为 2~400 Mbit/s,受限于信号的偏移和抖动,目前国内外能实现稳定运行且具有良好 EMC 特性的器件上,实际传输速率可达 200 Mbit/s,能够满足航天电子系统中可扩展、高速传输、低功耗、低成本的要求,满足航天器中传感器、大容量存储单元、处理单元和下行电子系统的数据接口要求。

4.3.3.2 SpaceWire 总线特性

1）总线结构

SpaceWire 总线网络由节点（node）、路由器和链路（link）组成，节点之间通过链路和路由器（可选）连接。一个最简网络，由两个节点和一条链路组成（图 4 - 12）；一个较为复杂的网络，由多个节点、路由器及多条链路组成。其中，链路为全双工、串行、点到点传输线路，传输介质为屏蔽双绞线。网络中的信息交互以数据包的方式进行传输，数据包的源及目的设备均为节点。

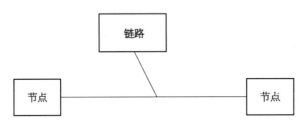

图 4 - 12   SpaceWire 最简网络示意图

2）总线协议

根据协议标准规定，SpaceWire 按功能划分为六层，分别是物理层、信号层、字符层、交换层、数据包层和网络层，对应 OSI 参考模型中的物理层和数据链路层，与 OSI 模型各层间的对应关系如图 4 - 13 所示。

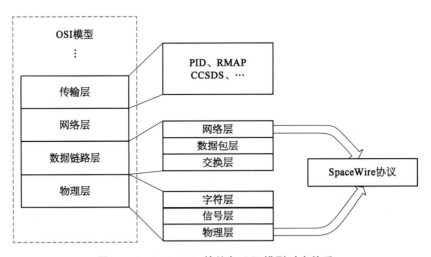

图 4 - 13   SpaceWire 协议与 OSI 模型对应关系

（1）物理层。SpaceWire 电缆由四对双绞线组成，每对双绞线外部都有一个屏蔽层，整体电缆外部也设有屏蔽层，这样可以保证信号的准确传输，降低信号之间的串扰及外部干扰。

SpaceWire 电缆内部结构如图 4 - 14 所示。

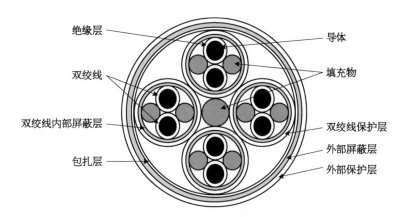

图 4 - 14　SpaceWire 电缆内部结构

SpaceWire 连接器采用的是 9 针 D 型连接器,其中 8 根信号线、1 根地线,8 根信号线即数据-选通编码中的四对差分信号线。连接器各引脚的信号定义如图 4 - 15 所示。

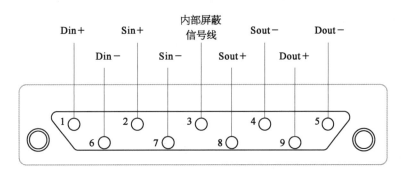

图 4 - 15　SpaceWire 连接器信号定义

连接器的第 3 个引脚与电缆中的屏蔽层相连,然后连接到信号地,以满足电磁兼容特性。

(2)信号层。SpaceWire 信号层主要是对信号的传输方式、信号的编解码及噪声容限进行了规范定义。

① 低电平差分信号传输。SpaceWire 采用低电平差分信号(low voltage differential signalling,LVDS)进行数据传输。LVDS 不同于一般的电压驱动型数据传输技术,它采用的是电流驱动模式,具有很宽的噪声容限,在抑制噪声方面有比较明显的优势。

② 数据-选通(data-strobe,DS)编解码机制。在已发布的 IEEE 1355 技术标准中,就使用了 DS 编解码方式。DS 编码是一种高速数据传输方案,特别是在航天电子设备的数据传输中,表现出抗干扰能力强、易于实现、可靠性高等特点。在点对点连接中,DS 编码的优点是,发送端不需要将时钟信息发送到接收端,接收端也不需要知道对端发送过来的数据波特率,只要在不超出最大工作速率的前提下,接收端都能够恢复出发送时钟,然后可以准确地恢复出数据。

在采用 LVDS 传输技术和 DS 编解码机制的条件下,SpaceWire 链路传输的最大速率可达 400 Mbit/s(现已实现的最大速率为 200 Mbit/s),链路重启或断开后以 10 Mbit/s 的速率进行初始化。

(3) 字符层。字符层协议在 IEEE 1355 标准的基础上,增加了时间码(time-code)的概念,系统通过周期性地发送时间码,时间信息在 SpaceWire 链路上传输到每一个节点,从而实现系统同步。SpaceWire 字符层标准规定了两种不同类型的字符,分别是数据字符和控制字符。同时,为保证字符的准确传输,每个字符都设有校验位。

(4) 交换层。交换层规定了链路的建立过程、流量控制机制、容错机制及链路断开恢复重连等内容,通过字符层定义的字符实现。SpaceWire 协议将两种字符具体分为 L-Char(link-characters)和 N-Char(normal-characters)两种。L-Char 只在交换层中传输,用于维护链路的正常工作;N-Char 除在交换层中传输外,还可传递到数据包层进行处理,包括所有的数据字符、数据包结束符等。

SpaceWire 交换层使用静默交换机制,链路传输的状态转换条件十分严格,如果收到不应该收到的字符,就表示链路出现了问题,需要重新进行链路的建立。在交换层可以检测出链路断开错误、校验错误等五种错误,一旦出现错误,此时链路的另一端由于收不到数据,也判断出现了链路错误,这一过程就称为"静默交换"。然后链路两端各自进行初始化,直到链路建立,继续进行数据传输。

(5) 数据包层。SpaceWire 数据包层规定了数据在链路上的传输方式,即封装成数据包,并定义了数据包的格式及结构。SpaceWire 数据包由目的地址、载荷和数据包结束标识(EOP 或 EEP)三部分组成(图 4-16)。

图 4-16　SpaceWire 数据包结构

(6) 网络层。SpaceWire 网络由一定数量的链路、节点和路由器三部分组成。链路是数据包在节点间传输的媒介。节点是 SpaceWire 数据包的源和目的地,节点间通过直接的点对点连接,或者通过路由器间接连接,把数据包从一个节点传送到另一个节点。路由器是网络的核心内容,网络中的节点通过路由器相连,实现数据在节点间的任意传输。SpaceWire 网络结构示意图如图 4-17 所示。

路由交换有静态和动态两种方式,静态路由是指路由表固定,而动态路由需要不断地更新路由表。SpaceWire 网络采用的是动态路由中的虫孔路由机制或自适应路由,相比

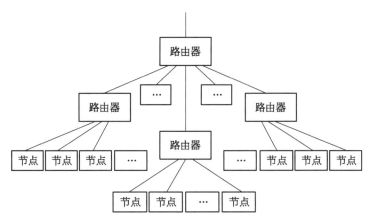

图 4‑17　SpaceWire 网络结构示意图

传统的存储转发,虫孔路由可以节省路由器的存储空间。自适应路由是一种有效分配链路带宽的方法,主要依赖于链路组信息的维护,链路分为组后,将输入的数据包路由到空闲的组内输出端口,降低等待的时延。

4.3.3.3　SpaceWire 总线设计

一种典型高速 SpaceWire 总线电路的总体结构如图 4‑18 所示,电路提供三个全双工 SpaceWire 端口,兼容 SpaceWire 标准 ECSS‑E‑50‑12A/ECSS‑E‑ST‑50‑12C,传送速率为 2～400 Mbit/s。其由三个 SpaceWire 通道、主机接口(HOCI)、通信存储器接口(COMI)、协议命令接口(PRCI)、链路控制模块、配置寄存器模块及 PLL 等功能灵活的电路模块组成,具有透明传输(可以配置为简单路由模式)、协议、远程控制等模式。本电路用于构建功能多样的 SpaceWire 节点,实现信源数据在 SpaceWire 总线上的传输。

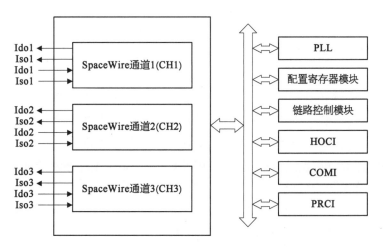

图 4‑18　高速 SpaceWire 总线电路结构框图

4.3.4　PCI‑Express 总线

4.3.4.1　PCI‑Express 总线简述

PCI(peripheral component interconnect)总线规范在 20 世纪 90 年代由 Intel 公司提出。在处理器体系结构中,PCI 总线属于局部总线(local bus)。局部总线作为系统总线的延伸,主要功能是为了连接外部设备。

Intel 公司于 2001 年提出 PCIE(PCI‑Express)总线技术,PCIE 作为第三代 IO 总线标准,采用串行数据传输和点到点互连技术,由于点到点互连结构中各设备并不共享总线带宽,因而大大提高了总线传输带宽,满足了当时及现在以至将来一段时间高速设备对总线带宽的需求。

和 PCI 总线相比,PCIE 具有以下几个特点:

(1)串行差分传输。PCIE 采用串行差分传输模式,每条通路上有两对 LVDS 差分数据线,一对负责对外发送数据,另一对负责对内接收数据,每对差分数据线上数据传输率均为 2.5 Gbit/s。在提供足够传输带宽的同时,大大减少了设备间的连线,方便实现设备互连。

(2)点到点互连。与 PCI 的共享总线式结构不同,PCIE 采用了点到点互连的结构,意味着每个设备都有独立的链路与系统相连,因此系统可为所有设备分配独立的通道资源,保证每个设备真正占有的带宽,可实现各设备同时与系统进行高速数据传输。

(3)带宽灵活。一条 PCIE 链路可根据实际需要灵活配置成 x1、x2、x4、x8、x12、x16、x32 个并行的数据通路,每条通路在两个方向上都提供 2.5 Gbit/s 的带宽,满足不同设备的带宽需求。

(4)软件与 PCI 兼容。PCIE 总线结构将一条链路视为一条总线,采用与 PCI 相同的使用模型和读写通信模型,从地址空间、配置机制及软件上保持与 PCI 总线的兼容,原有 PCI 总线系统的设备驱动程序可不经修改移植到 PCIE 总线系统中使用。

4.3.4.2　PCI‑Express 总线特性

1)总线结构

PCIE 总线系统拓扑结构由一系列点到点链路设备互连组成,如图 4‑19 所示。PCIE 拓扑结构的基本元素包括根联合体(Root Complex)、与根联合体相连的 CPU、主存储器(Memory)、交换器(Switch)、端点(End point)、PCIE 到 PCI 的桥等。

根联合体是 I/O 层次结构的根设备,其将 CPU 和系统主存储器子系统连到 I/O 上,功能相当于 PCI 系统中的北桥。交换器相当于一个具有多个虚拟 PCIE‑PCI 桥逻辑功能的设备集合,它可以将事务从任意一个端口路由到另一个端口。端口是一个具体的设备,在 PCIE 事务中充当请求者或完成者的角色。

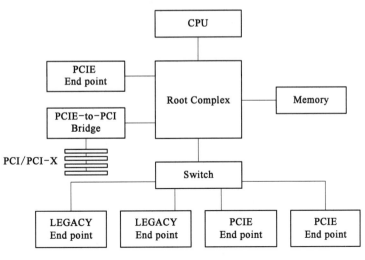

图 4‑19 PCIE 典型拓扑结构

2）总线协议

PCIE 到 PCI 的桥提供 PCIE 架构到 PCI 层次结构的连接，其中 PCIE 端口必须遵循 PCIE 协议，原来基于 PCI 总线的设备可以并入 PCIE 系统中。

PCIE 数据传输基于数据包，体系结构采用分层设计，类似于计算机网络通信中 ISO/OSI 七层结构，而 PCIE 的核心层次有三层，PCIE 总线分层结构如图 4‑20 所示。

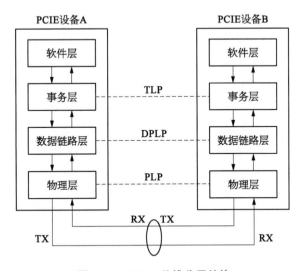

图 4‑20 PCIE 总线分层结构

PCIE 总线分层结构包括物理层、数据链路层、事务层和软件层。

（1）物理层。为最底层，是物理接口之间的连接，位于数据链路层与链路之间。物理层体现 PCIE 总线接口的物理特性，如通道数、LVDS 驱动和点对点串行连接等。物理层的主要任务是：① 接收物理层的报文并传送至数据链路层；② 发送数据链路层的 DLLP

到物理层。通过 8b/10b 解码方式,时钟信息被编码成数据流形式,这种方式比单独采用并行时钟的方式更能提高传输效率和节省传输通道。该层提供了 x1、x2、x4、x8、x12、x16 和 x32 方式的信道带宽。

(2) 数据链路层。为事务层和物理层的中间层,其主要职责是在链路中提供这两个层次之间交换 TLPs 的可靠机制。事务层向数据链路层传输数据包时,在报文中添加序列号和发送冗余校验码,数据链路层依靠 ACK/NAK 协议来保证报文的可靠传输,使用 CRC 校验检测 DLLPs 和 TLPs 数据包的数据完整性。该层对链路管理功能包括 TLP 确认、电源确认及流量控制(flow-control)信息交换等。

(3) 事务层。事务层的职责是组装和拆解事务层数据包(TLPs),一端接收 PCIE 设备核心层的数据请求,形成事务,创建 TLPs 传输至数据链路层,另一端从数据链路层接收响应数据包。有些请求包需要读回一个响应包。事务层为该层提供四种事务类型:存储空间读取和存储空间写入事务、I/O 空间读取和 I/O 空间写入事务、配置空间读取和写入事务、消息传递作为事件的信号告知用户事务。

(4) 软件层。PCIE 的软件层保持与 PCI 总线的兼容,因此被认为是最重要的部分。PCIE 启动时,系统的初始化和运行就像在 PCI 环境下,不需要对系统中的资源和硬件设备进行任何改动。在软件响应时间模式上,PCIE 支持 PCI 的共享内存模式和本地存储。事实上,在 PCIE 平台中,完全可以实现 PCIE 总线到 PCI 总线软件上的平稳过渡。

在 PCIE 总线中数据包的生成必须通过若干个协议层,其中比较有代表性的包括应用层、物理层等;应用层生成数据包,之后经过多个层级,其中比较有典型意义的包括事务层、物理层等,最后传输至指定设备。此外,在获取数据的过程中,数据包会按照秩序经过多个层级,其中比较有代表性的包括物理层、事务层等,最后到达应用层完成数据包分析。

这种机制的数据传送是基于事务的,端点设备能够发起指向根联合体或另一个端点设备的事务,根联合体也能够发起指向端点设备的事务。PCIE 事务层数据交易是建立在请求者(requester)和完成者(completer)之间的数据传递上。前面曾提到过 PCIE 的数据交易类型可概括为 I/O 事务、存储器事务、消息事务和配置事务。事务的传递实际上是对 TLPs 数据包进行组装和拆解,然后传递的过程。

4.3.4.3　PCI‑Express 总线设计

由于差分信号摆幅较小,可使电路在高频工作状态下保持较低功率;差分信号同时传送,发射噪声抵消,获得良好的 EMI 性能;差分数据线相离较近,传输条件较一致,使信号对环境噪声不敏感;同时还可有逻辑 1、逻辑 0 和电气闲等多种传输状态,PCIE 规定在链路两端的驱动器和接收器采用高速 LVDS 传送数据。LVDS 链路上一条通路沿一个方向的差分驱动器(输出)和差分接收器(输入)如图 4‑21 所示。

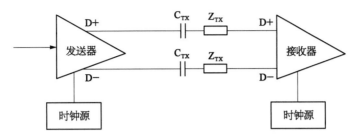

图 4-21　LVDS 总线电路原理图

4.3.5　RapidIO 总线

4.3.5.1　RapidIO 总线简述

RapidIO 是由 Motorola 和 Mercury 等公司率先倡导的一种高性能、低引脚数、基于数据包交换的互连体系结构，是为满足未来高性能嵌入式系统需求而设计的一种开放式互连技术标准。RapidIO 主要应用于嵌入式系统内部互连，支持芯片到芯片、板到板之间的通信。下面以 RapidIO Specification(Rev.2.1)协议为基准，介绍 Serial RapidIO(简称"SRIO")的接口要求。

4.3.5.2　RapidIO 总线特性

1）总线结构

SRIO 支持的基础网络拓扑结构包括双星互连拓扑、单星互连拓扑、单星扩展拓扑、全互连拓扑、部分互连拓扑五种，具体实例如图 4-22 所示。

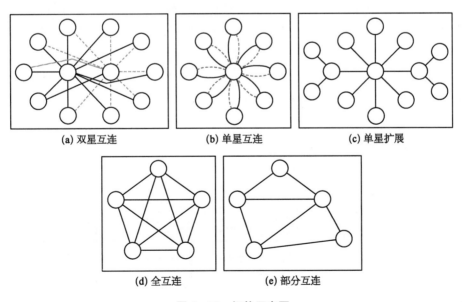

(a) 双星互连　　(b) 单星互连　　(c) 单星扩展

(d) 全互连　　(e) 部分互连

图 4-22　拓扑示意图

基于双星拓扑网络的空间子系统结构如图 4‑23 所示,系统内各个模块均引出两路 SRIO 分别接入两个 SRIO 交换模块,从而组成双星型网络。数据传输方式默认为 DMA 形式,系统内部各个子模块可在模块内部采用一块 RapidIO 互连芯片用于处理单元互连; 也可以直接将模块内处理器直接接入 SRIO 交换。通常可接入 RapidIO 互连网络的模块,包括但不限于:存储模块,支持 DMA 的计算‑存储模块,实时采集模块(高速 AD)、 DSP 阵列等。

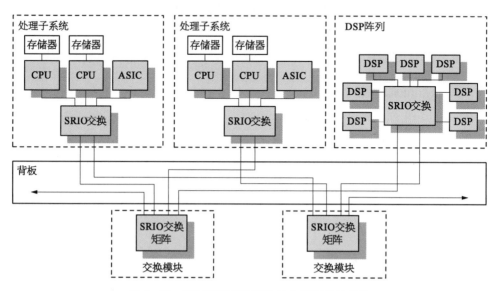

图 4‑23 基于双星拓扑网络的空间子系统结构

2) 总线协议

RapidIO 是一种基于 Serdes 接口的高速串行传输技术。SRIO 支持 6.25 Gbit/s、5 Gbit/s、 3.125 Gbit/s、2.5 Gbit/s 和 1.25 Gbit/s 五种接口速率,支持 1x、2x、4x 三种位宽模式。 SRIO 协议分为三层:逻辑层、传输层和物理层。逻辑层定义了操作协议和包格式;传输 层定义了包交换、路由和寻址机制;物理层定义了电气特性、接口形式、链路控制和错误管 理机制等。SRIO 通信模型如图 4‑24 所示。

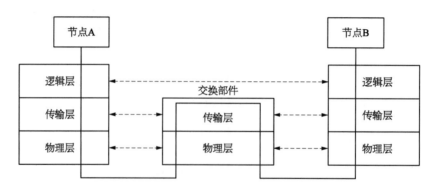

图 4‑24 SRIO 通信模型

　　SRIO 传输层是基于包交换的互连技术,网络主要由终端器件(End point)和交换器件(Switch)组成。终端器件是数据包的源或目的地,不同的终端器件以器件 ID 来区分。交换器实现数据包在各个端点间的路由和传送,且不对数据包做解释。基于交换的 SRIO 系统组成如图 4 - 25 所示。

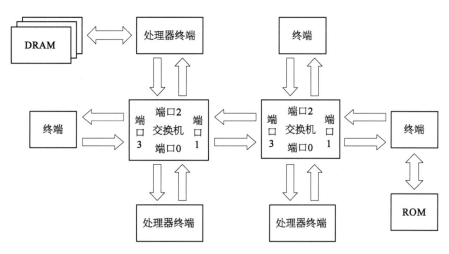

图 4 - 25　基于交换的 SRIO 系统组成

　　SRIO 物理层基于 Serdes 技术实现,采用差分交流耦合信号传送数据。差分交流耦合信号具有抗干扰强、速率高、传输距离较远等优点。

　　为了支持全双工传输,SRIO 收发信号是独立的,所以每一个串行 SRIO 端口由 4 根差分线组成。一组标准的 SRIO 接口由 4 个端口组成,共 16 根信号线。这 4 个端口可被用作独立的接口,传输不同的数据;也可合并在一起当作一个接口使用,以提高单一接口的吞吐量。发送时,逻辑层和传输层将组好的包经过 CRC 编码后被送到物理层缓存,"8b/10b 编码"模块将每 8 位数据编码成 10 位数据,"并/串转换"模块将 10 位并行数据转换成串行位,发送模块把数字位转换成差分交流耦合信号在信号线上发送出去;接收的过程则正好相反。

4.3.5.3　RapidIO 总线设计

1) 单机间通信设计

　　考虑到 Serdes 接口电路中接收端和发送端间只有一个低容值的 AC 耦合电容,目前市面上没有专用的 SRIO 电接口芯片,因此,为避免不同单机的收发接口形成无防护直连,采用光接通信方案实现单机间高速互连。光纤通信具有高速率、抗干扰、传输距离长的优点,非常适合传输高速串行数据,而且市面上有多款 SFP(1x)、QSFP(4x)光模块与 GTX 接口兼容,可与 RapidIO 接口直连完成数据收发的光电转换。常见的互连方案如图 4 - 26 所示。

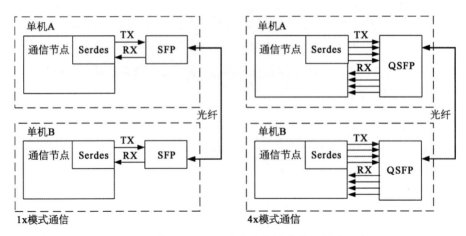

图4-26 基于 RapidIO 和光电传输的单机高速互连

光电通信的光模块和 Serdes 电接口可以构成光电通信接口模块,为单机提供长距离、高速率的高速串行通信,根据设计需求选用的光纤和光模块即可实现空间信息系统的机间高速互连。

2)板间通信典型设计

单机内部模块间的高速互连可以通过两个 Serdes 直连实现,板间传输的传输线长度通常不超过 0.5 m,根据传输损耗 A_{cond} 计算,确保传输线损耗不超过 3 dB 的情况下,板间的高速串行通信可通过高速背板直连的方式实现。

通常高速板间通信链路由高速背板和高速内总线连接器组成,板间高速串行通信链路如图 4-27 所示,高速背板可采用高速板材、特殊工艺等方式提高高速串行信号传输的信号完整性。

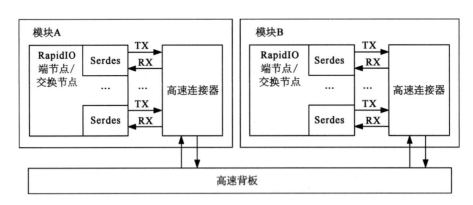

图4-27 板间高速串行通信链路

3)板内通信典型设计

单板内部具有多个高速运算单元,并且高速运算单元间具有高速通信需求时,根据传输损耗 A_{cond}(单位为 dB)计算,确保传输线损耗不超过 3 dB 的情况下,可以采用高速串行通信实现高速运算单元的高速互连架构。板内高速串行通信链路如图 4-28 所示。

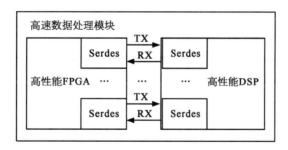

图 4 - 28　板内高速串行通信链路

4.3.6　其他总线

4.3.6.1　TTE/TSN 总线

随着越来越高的智能化需求和分布式的设计理念,卫星网络中需要集成日益增加的控制节点,各个网络节点间的交互业务也趋于多样化,关键业务的实时性、确定性和可靠性的需求不断提升。

针对网络节点的实时性需求,现已发展出多种成熟的技术解决方案,例如 Powerlink 以太网、EtherCAT、AFDX、EtheReal 等。这几类实时以太网技术有一个共同点,即通过专用的以太网设备,绕开 CSMA/CD 机制,并且对数据流进行流量整形,以避免网络负载的随机性,从而提供实时性的服务。而这几类实时以太网在兼容传统以太网设备时,会产生大量的网络开销以满足其特定的传输规范,这极大地削弱了这些实时以太网的应用范围。

基于这种背景,在传统以太网"尽力而为"服务方式的基础上,添加了时钟同步、带宽预留和容错机制等关键技术,发展出了确定性以太网技术。确定性以太网技术适应于支持多种业务属性的综合业务传输网络,并能在保证关键业务的同时,高效兼容传统以太网。基于不同的设计思想,目前确定性以太网技术已经发展出时间触发以太网(TTE)和时间敏感网络(TSN)两大主流技术。

确定性以太网以全局同步的精确时钟为基础,针对不同业务的实时性和确定性需求,针对实时性和高确定性需求的数据流,采取基于时间的服务方式,针对实时性和确定性需求较低的数据流,采取传统以太网的服务方式,以在兼容传统以太网的同时尽量减少系统的复杂度。

1) TTE 总线

时间触发以太网(TTE)是由奥地利科技大学 Koptez H. 带领的科研团队于 21 世纪初在时间触发协议(time-trigger protocol,TTP)的基础上,结合传统的以太网技术设计而成,并于 2011 年开放 SAE AS6802 标准。该网络将内部承载的业务分为时间触发(time-trigger,TT)业务和事件触发(event-trigger,ET)业务。

(1) TTE 总线系统组成。TTE 网络硬件系统包括终端系统和支持 TTE 协议的交换机。其中,终端系统包含主机和 TTE 控制器,主机作为用户直接交互对象,负责实现协议栈中网络层及以上的功能,提供上层服务。TTE 控制器负责对主机产生的上层数据进行 TTE 网络协议适配、发送调度和接收,实现协议栈中介质层及以下的功能。交换机负责完成网络中的数据交换,满足不同类型业务对传输通道性能的需求,同时对关键的网络流量进行一定监管,起到中心防火墙的作用。TTE 网络系统拓扑如图 4‐29 所示。

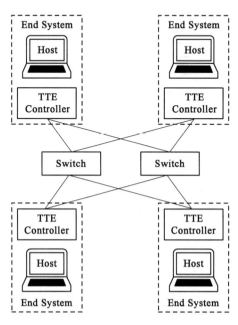

图 4‐29　TTE 网络系统拓扑图

　　TTE 网络硬件系统的典型拓扑结构是以交换机为中心的星型拓扑。同时,为了提高系统的可靠性和鲁棒性,中心交换机采用双热冗余备份的工作方式,发送端 TTE 控制器将数据复制,同时通过两台交换机传输至目的端 TTE 控制器,再由目的端 TTE 控制器实现去冗余功能。

　　另外,TTE 网络系统需要与之配套的软件服务,主要包括时间调度表的生成软件、配置软件和管理软件等。时间调度表是在系统上电之前,用户根据网络中承载的关键控制数据业务的参数,通过生成软件建立的。生成后的调度表经过网络的配置通道加载到各节点中,作为时间触发操作的依据。在网络运行的过程中,用户通过管理软件对系统进行监控与调整。

　　典型的 TTE 交换机结构如图 4‐30 所示,其中,交换单元负责完成各类业务数据的处理与转发;网络接口负责完成数据的收发和物理层协议的处理;时钟同步器负责完成与其余网络节点的时钟同步,为交换单元提供稳定的全局同步时钟;CPU 作为交换机的主控中心,负责完成对交换单元的配置和监控管理;CPU 接口作为 CPU 与其余模块之间的数据通道;RS‐422 接口作为本机的配置管理接口。

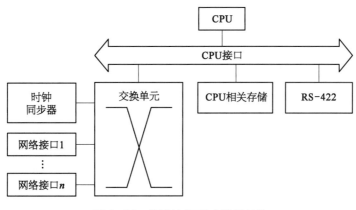

图 4‑30　典型的 TTE 交换机结构

　　(2) TTE 总线协议。TTE 网络系统中承载了两大类业务,即 TT 业务和 ET 业务。TT 业务的传输由全局系统时间控制、周期性触发,其传输灵活性差,只能适应周期性的业务传输。ET 业务的传输方式与传统以太网基本相同,由事件触发。ET 业务难以保证极小的传输时延和极高的可靠性,但是灵活性高,具有抗突发性,适合配置管理数据或用户需要的非关键数据。

　　(3) TTE 总线特点。TTE 技术在传统以太网的基础上,增加时间触发的概念,通过规划时间调度表的方式,为计算机上关键控制数据业务提供一种无冲突的、确定性的网络传输方式。TTE 有着调度精确的优点,但是实现较为复杂。因 TT 业务的分组调度是根据时间调度表对缓存空间的读写操作,并没有采取基于排队理论的网桥实现机制,和传统以太网转发交换的具体实现和设计思想存在较大差异。

　　2) TSN 总线

　　时间敏感网络(TSN)是由 IEEE 802.1 工作组制定的一系列以太网标准子集,通过集成时间同步、资源管理、门控制调度、抢占机制和无缝冗余等关键技术,对传统以太网链路层进行适当修改,其不但能够基于传统以太网实现时敏业务的实时传输,同时保证对“尽力而为”非时敏业务的兼容。TSN 以全局统一的同步时钟网络为基础,在网络中预留部分带宽建立高实时要求的数据高速通道,从而在保留传统以太网普及性、灵活性和成熟性的同时,增添了确定性、容错性,因而能将以太网技术拓展应用于高确定性需求的控制场景。

　　(1) TSN 总线架构。TSN 的功能架构主要包括控制管理单元、传输单元和应用单元三种功能单元。其中,控制管理单元包含集中网络控制器(CNC)和集中用户控制器(CUC)两部分,传输单元包含网关及交换机等网络连接传输设备,应用单元则主要由终端设备和基站等组成。TSN 的具体功能架构如图 4‑31 所示。

　　在控制管理单元中,CUC 主要用于协同配置网络设备、网络信息及对用户的各种不同需求进行翻译;而 CNC 主要用于网络内部的设备管理、检测网络拓扑结构、流量监控及

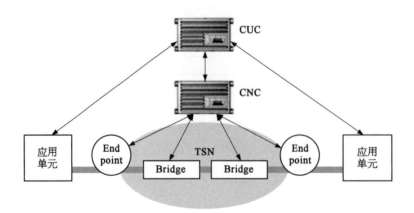

图 4 - 31　TSN 的具体功能架构

业务数据流的建模和相应的调度模型下发等。

传输单元除了支持时间敏感网络的转发特性以外,还能够通过在线测量协议,对网络中的各种状态以及不同需求进行测量汇总,然后上传给控制管理单元,从而实现网络的动态配置功能。

应用单元由于涉及具体的基层设备,所以主要要求相应的应用设备能够支持 TSN 中相关的协议,从而具有接入 TSN 的功能,以便对 TSN 进行整体的调度控制。

(2) TSN 总线特性。TSN 作为一种统一的工业以太网标准,主要是对数据链路层进行定义,它是为了保证网络中具有时间敏感特性要求的数据能够实现实时性传输,能够在确定的时间点或时间段内完成传输任务而提出的。根据 TSN 任务组所发布的协议标准介绍可知,TSN 技术的特性组成主要包含时间同步、流量调度、网络配置管理及安全可靠四个方面,这四个技术特性共同作用于网络当中,用于实现整个网络的 TSN 特性,保证时间敏感数据的确定性传输。

与 TSN 相比,TTE 的优势在于时间同步。与 IEEE 1588 定义的 PTP 协议不同,TTE 的时间同步不需要单一的主时钟源(grandmaster),是一种全分布的高可靠时间同步机制,支持多种故障模型。由于时间同步机制在交换实现中相对独立,既然当前 TSN 可以针对不同场景定义不同的输出机制(基于信用/时间感知/异步等),TSN 也可以扩充支持多种时间同步机制,如需要外部时钟源的时间同步机制(IEEE 1588)和不需要外部时钟源的内部同步机制(AS6802)。

另一方面,TSN 交换兼容目前标准以太网的交换机制。在现有以太网交换芯片绝大多数逻辑保持不变情况下,只需增加时间同步和输出接口整型逻辑即可支持 TSN 交换,故 TSN 具有良好的应用前景。

4.3.6.2　EMIF 总线

外部存储器(external memory interface, EMIF)总线是一种处理器与存储器之间并行的通信接口,用于扩展外部存储空间,常用于 DSP。DSP 的存储空间分为片内和片外两种,片外空间分成四个部分,分别用于映射不同的片外设备,即 CE 空间。内存映射的其余部分是被划分为四个空间的外部空间。每个空间都有一个可芯片解码信号(称为 CE),表示对所选空间的访问。

EMIF 就是外部存储器接口,指示 DSP 上的引脚,用于外接存储器设备。EMIF 总线接口如图 4-32 所示。

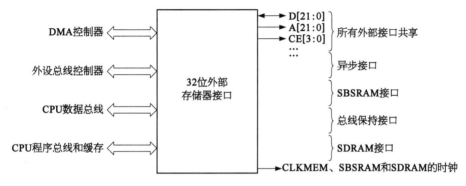

图 4-32　EMIF 总线接口

EMIF 支持的存储器包括:

(1) 异步存储器:包括 ROM、Flash 和异步 SRAM。

(2) 同步突发静态存储器(SBSRAM)。

(3) 同步动态存储器(SDRAM)。

4.3.6.3　PCI 总线

PCI 总线是一种不依附于处理器的局部总线,是当前应用最为广泛的总线之一,支持 33 MHz/66 MHz 的工作频率和 32 位/64 位的数据带宽,目前主要采用的是 32 位、33 MHz 的 PCI 总线,该总线数据传输速率峰值 132 MB/s。PCI 总线如今在高性能的各种信号采集系统中得以广泛应用,主要是因为其在具有良好的兼容性、扩展性和开放性的同时,支持单周期或突发性的读写操作。

PCI 总线可以在确保多台外围设备(可高达 10 台)的同时连接,能够确保持续性的数据载满,支持线性的、突发的数据传输模式,在中央处理器与高速外围设备之间直接起到了数据桥梁的作用。PCI 采用的是一种独特的中间缓冲器的设计,其标准独立于 CPU 层面的系统总线,可实现高速外围设备直接连接在 CPU 的总线上,比如显示卡、网卡及硬盘控制器等。这种方法使得 CPU 的效用得到了完整的发挥。

PCI 总线的要求就是能够配合实际需求进行设备之间的快速访问,或者进行快速访问系统寄存器的适配器工作,同时可以让处理器基本上以接近总线全速的速度去对适配器进行访问。图 4-33 为 PCI 的系统结构图,其表明了一般设备中 PCI、处理器及存储器

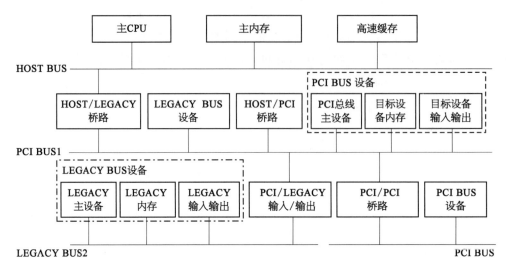

图 4-33　PCI 的系统结构图

之间的基本关系。

1) PCI 总线特点

PCI 总线传输协议是同步传输协议,所有 PCI 操作均同步于 PCI 时钟,PCI 总线的基本输出规则是突发传输方式。相比其他几种计算机总线,PCI 总线具有以下特点:

(1) 出众的数据传输性能。PCI 总线支持的总线宽度为 32 位、64 位。该总线协议是支持 33 MHz、66 MHz 频率的,因此可知 32 位、33 MHz 的 PCI 总线传输速率峰值可以达到 132 MB/s;同时 PCI 总线是支持突发传输模式的,这样就可以在确保总线满载条件下进行高速的数据传输。

(2) 优秀的兼容性。在设计之初 PCI 总线的兼容性就被考虑到,所以在其部件和插卡的设计上都是独立于处理器架构的。同时设计者还预留了 64 位的信号扩展引脚,使得其可以兼容+5 V 和+3.3 V 两种信号电压环境。

(3) 可以即插即用。在每个 PCI 设备中都设置了独立的配置空间,所以在 PCI 板卡插入卡槽后就能够立刻被计算机所识别,同时开始自动配置,随后即可使用。

(4) 并行总线操作。桥支持总线并行操作,与处理器总线、PCI 局部总线和扩展总线同步使用。

(5) 交易完整性校验。在使用 PCI 总线的时候,会在地址、命令和数据上都进行奇偶校验。

(6) 拥有 3 类地址空间,即存储器地址空间、I/O 地址空间和配置地址空间。

(7) 可以支持多达 256 个的 PCI 局部总线。

(8) PCI 局部总线可以支持多个 PCI 功能。每个 PCI 局部总线都可以支持约 80 个 PCI 功能。一个典型的 PCI 总线约支持 10 个设备,每个设备可以包括 8 个 PCI 功能。

（9）独立于处理器。为 PCI 设计的器件都是针对 PCI 的，而不是针对处理器。

2）CPCI 总线技术优势

星载计算机中目前最常见的为 CPCI 型总线（compact peripheral component interconnect，Compact PCI），CPCI 技术是在 PCI 技术基础之上经过改造而成，具体优势如下：

（1）继续采用 PCI 局部总线技术。

（2）抛弃传统机械结构，改用经过 20 年实践检验的高可靠欧洲卡结构，改善了散热条件、提高了抗振动冲击能力、符合电磁兼容性要求。

（3）抛弃 PCI 的金手指式互连方式，改用 2 mm 密度的针孔连接器，具有气密性、防腐性，进一步提高了可靠性，并增加了负载能力。

4.3.6.4　TTP/FlexRay 总线

FlexRay 是一种新型的高速串行总线标准，其作为 CAN 总线的升级版本，具有高速、高实时性、容错性和支持多种拓扑结构等特点。FlexRay 总线的网络拓扑结构常见的主要有三种形式，分别是总线型拓扑、星型拓扑及混合型拓扑，如图 4‑34～图 4‑36 所示。另外，由于 FlexRay 节点具有选择使用单通道或双通道的功能，这使得其网络拓扑形式更加多样。

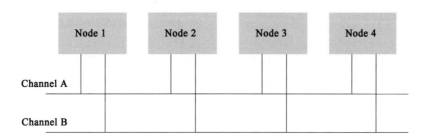

图 4‑34　总线型网络拓扑结构

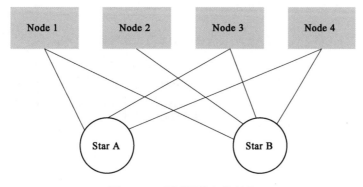

图 4‑35　星型网络拓扑结构

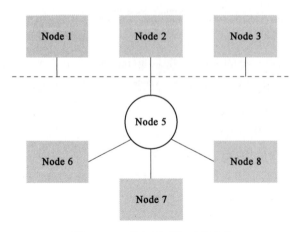

图 4 - 36　混合型网络拓扑结构

　　FlexRay 节点的组成按模块进行划分,主要包括主机、通信控制器、总线驱动器及总线监视器四个部分。其中,主机主要负责通信协议的应用和管理;通信控制器的主要功能是构建循环和时间段等;总线驱动器本质上是一个位于两个节点之间的发送器和接收器的整合电路,总线控制器通过总线驱动器与总线连接;总线监视器又称总线管理器,主要用来识别通信过程中的错误帧和同步错误,但是总线监视器在节点的构成中是可选或可不选的。在实际中比较常见的是主机和通信控制器被设计在同一个芯片里面,而总线驱动器则是由单独的芯片来实现其功能,如图 4 - 37、图 4 - 38 所示。

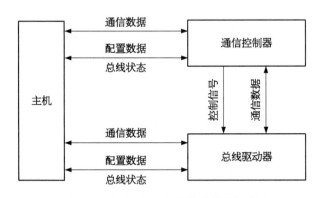

图 4 - 37　FlexRay 总线节点架构组成

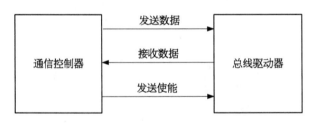

图 4 - 38　常用 FlexRay 节点组成

FlexRay 总线具有以下特点：

1）2×10 Mbit/s 通信速率

FlexRay 总线支持两个通信信道 A 和 B。每个通信信道的速度可达 10 Mbit/s。这两个通信信道主要用于冗余和故障容错的信息传输，但对容错功能要求不高，仅对通信速率有要求的系统中，两个通信信道可用于传输不同的信息，从而达到 20 Mbit/s，是 CAN 总线通信速率的 20 倍，且可通过通信控制器配置，实现 10 Mbit/s、8 Mbit/s、5 Mbit/s 及 2.5 Mbit/s 的灵活带宽，应用于更多场合。

2）确定性

通信在周期循环的静态段采用时间触发的架构，这种基于同步时间的访问方法，保证在静态段传输的特定消息，在周期循环中拥有固定位置。即便系统传输被干扰，FlexRay 协议仍可确保将信息的延时和抖动降至最低，保持传输同步可预测。

3）容错性

FlexRay 提供多个级别的容错功能，包括单通道和双通道容错通信。它的每一个节点采用独立的物理层总线监控器，把物理节点的通信控制器总线相连。当某个节点发生故障而不能正常地接收或发送数据时，总线监控器会将通信控制器和总线断开，从而不会影响其他节点的工作。其星型拓扑中的星型连接器本身就具有故障隔离功能。

在双通道系统中通过冗余备份的方法来实现容错，即两个通道上传输相同的信息，当一个通道出现故障而无法正常工作时，另一个通道上的数据就可以保证系统的正常运行，而不会因为某一个通道上的数据丢失影响系统的稳定性。

4）灵活性

FlexRay 总线的带宽可调，可以通过冗余和非冗余通信构建多种拓扑结构，以及通信可采用时间触发和事件触发相结合的方式，从而使 FlexRay 总线灵活。

FlexRay 总线目前已经广泛应用于汽车领域，近些年一些无人机也开始采用 FlexRay 总线作为机上设备通信总线，FlexRay 总线的应用场景在不断地拓宽、升级，系统拓扑结构也为了适应各种应用场景不断地变化、升级。对比 CAN 的发展历程，可以预计 FlexRay 的应用也将扩展到工业控制、航空航天等其他领域上。

与 CAN 总线相比，FlexRay 在数据传输率、确定性和可靠性等方面具有以下优势：

（1）单通道的数据传输速率最快可达 10 Mbit/s；当采用双通道冗余传输时最快可达 20 Mbit/s，是 CAN 总线的 10～40 倍。

（2）支持双通道传输，而 CAN 总线只有一个通道，没有冗余。

（3）媒体接入控制采用时分多址的方式，数据通信具有确定性。

（4）支持多种网络拓扑结构，包括总线型、星型及单双通道混合型等多种拓扑结构。

（5）FlexRay 提供分布的时钟同步，同步过程包括相位校正和频率校正，还包括帧头和帧尾的 CRC 校验过程，安全性高。

（6）提供了大量配置参数，如通信周期的持续时间、消息长度等，可以支持对系统进行调整，以满足特定应用的需求。

4.3.6.5　ARINC659 总线

ARINC659 总线协议是美国 Honeywell 公司提出并成功应用于波音 777 的飞机信息管理系统（AIMS）的数据总线，是一种双备份的通信总线。ARINC659 采用表驱动比例访问（TDPA）的通信机制，根据时间确定性原则，总线时间被划分为一系列窗口，总线操作按照预定的时间命令表执行，数据传送按照命令表存储器中预先设定好的传送调度进行。它是一个在时间（总线传输时间）上和空间（存储空间）上具有高容错性和鲁棒性的高完整性底板总线。

ARINC659 总线是一种标准的多点串行通信总线，具有完备的数据通信确定性和容错性特点，非常适合在对可靠性和冗余容错性要求较高的航天器综合电子系统中作为标准背板总线。应用 ARINC659 总线，不仅能提升航天器综合电子通信的确定性和容错性，也能使航天器综合电子系统的设计由事件触发向时间触发模式转变，由集中式控制管理向分布式并行处理转变，从而显著提升航天器综合电子系统的故障定位、并行数据处理、快速组装与测试能力，以及提高航天器综合电子系统资源的利用率。

目前，ARINC659 总线已成功应用于波音 777、717N，麦道 MD‐10，空客 130 等飞机的航空系统，NASA 也为其应用于下一代空间探测器的高可靠分层系统中进行了一系列研究，认为 ARINC659 总线在影响安全性方面做了最少的妥协，从安全性和容错性角度考虑是最可靠的背板总线。在中国，ARINC659 总线已应用于军用飞机中，尚未在航天器中展开应用，具有良好的应用前景。

第 5 章
接口电路技术

接口电路作为星载嵌入式计算机的基本组成部分,是实现计算机供电电源转换、信息传递与处理等各项功能的主要方式。

因为星载嵌入式计算机使用寿命长、高可靠、一次性成功、不可维修等要求,所以接口电路设计也应具备高可靠、冗余备份、隔离等特点。本章将从接口电路的需求出发,按功能将接口电路进行划分,并将详细描述电路设计及其典型应用。

5.1 接口电路需求

5.1.1 接口电路功能需求

根据功能定义划分,星载嵌入式计算机对外接口涵盖一二次供电转换、遥测采集、指令输出、数字量通信和对外驱动等功能。

星载嵌入式计算机各功能模块,接收核心处理模块的并行总线、串行通信输入,通过各类接口电路,实现各类基本功能。接口电路功能划分见表 5-1。

表 5-1 接口电路功能划分

序号	计算机功能	实 现 接 口 电 路
1	供电转换	供电接口
2	遥测采集	电压量输入接口、电流量输入接口、电阻量输入接口
3	指令接收	OC 指令输入接口
4	指令输出	OC 指令输出接口
5	数字量通信	RS-422 接口、LVDS 接口、单端数字输入接口、单端数字输出接口

序号	计算机功能	实 现 接 口 电 路
6	对外驱动	功率驱动接口、电磁阀驱动接口、自锁阀驱动接口
7	其他高可靠功能	星箭分离接口、自主切换接口

5.1.2　接口电路隔离需求

为了提高可靠性,星载嵌入式计算机通常设计成双机备份的工作模式,在这种工作模式中,外部输入的供电电源、信号需要同时输入到主机、备机中,双机中的主机、备机输出信号须根据权状态选择其中一机对外输出。双机接口模式的原理框图如图 5 - 1 所示。

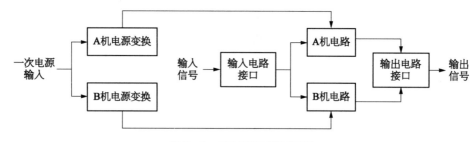

图 5 - 1　双机接口原理框图

在冗余备份电路设计中,主备份电路间通常无法做到完全的物理隔离,供电、地线等均会出现共用情况。主备冗余设计的电路,在出现故障后可通过电路切换,使整个系统的工作正常运转。

由于电路故障通常由短路、断路、失效等原因导致,若主备份存在物理上的连接点,在某一部分发生故障后,则有极大可能将故障传递至无故障的部分,因此需要在主机、备机的通用接口中设计隔离电路。

5.2　接口电路功能分类

接口电路是星载嵌入式计算机之间、计算机与外部设备之间、计算机内部部件之间起连接作用的逻辑电路,是核心处理 CPU 与外部设备进行信息交互的桥梁。星载嵌入式计算机的接口电路,根据信号特性进行划分,可分为供电接口、模拟量采集与发送接口、数字量采集与发送接口、总线接口、其他高可靠接口五大类。

5.2.1　供电接口

供电接口用于完成一次母线电源到二次电源的转换,为星载计算机提供 3.3 V、5 V、12 V

等各挡二次电源。针对星载嵌入式计算机的供电要求,供电接口电路设计须实现一次、二次电源的故障隔离,同时支持电源母线电压拉偏10%状态下,星载嵌入式计算机可保持正常工作。

5.2.2　模拟量采集与发送接口

1)电压量输入接口

(1)单端电压量输入接口。单端电压量输入由模拟信号输入线和模拟参考地构成,其中,模拟参考地为模拟信号共用;模拟信号源的返回线连接到单机的模拟参考地,模拟信号源的输出线连接到单机模拟信号采集的输入端(相对于返回线为正端);模拟信号输入线至模拟参考地之间的电压为模拟信号信息,该信号被周期性地采样。

(2)差分电压量输入接口。差分电压量输入由两根输入线构成,一根为模拟信号高端,另一根为模拟信号低端;模拟信号源高端、低端相对于单机的采集端参考地是浮起的,被连接到单机专用的一对输入线上,其高端连接到单机相对应的模拟输入高端,其低端连接到单机模拟输入低端;模拟信号源高端和低端的电压差是转换为数字信号的模拟信号的信息,该信号被周期性地采样。

2)电流量输入接口

电流量输入接口由两根线构成,一根为电流量输入端,另一根为电流量输出端;在单机输入端电流通路上串联取样电阻,用于将电流量转换为电压量,电压量采集接口与单端电压量输入接口形式相同。

3)电阻量输入接口

电阻量输入接口主要用于温度量的测量,电阻类型一般为热敏电阻。单机内部配置上拉匹配电阻和基准电压源,热敏电阻与单机中的匹配电阻分压得到电压量。电阻量输入接口也可用于无源开关量的状态测量。

4)电压量输出接口

电压量输出接口用于输出连续变化的电压量,输出信号通常采用运放进行隔离和驱动。

5)OC 型输入接口

在 OC 型输入接口中,信号源为 OC 输出。输入端在信号线和电源电压之间接负载。处于工作状态时,集电极开路门被接通;处于非工作状态时,集电极开路门不接通。

6)OC 型输出接口

OC 型输出接口输出一根信号线,输入端需要在信号线和电源电压之间接负载,负载为继电器或电阻。

5.2.3　数字量采集与发送接口

1)RS - 422 接口

RS - 422 接口是星载嵌入式计算机中常用的通信接口,其采用差分通信形式,通过双线式通信方法,接收器根据两个互补电信号之间的电压差检测数据,具有抗干扰、不同电平适应性强等特点。

2）LVDS 接口

LVDS 接口是星载嵌入式计算机中高速点到点应用通信接口，使用差分信号实现，具有抗干扰、传输速度快等特点。

3）单端数字量信号输入接口

单端数字量信号输入接口主要用于单机中模块间的信号传输，接口一般为 5 V 或 3.3 V 电平传输。

4）单端数字量信号输出接口

单端数字量信号输出接口主要用于单机中模块间的信号传输，接口一般为 5 V 或 3.3 V 电平传输。

5.2.4　驱动接口

1）功率驱动接口

空间环境处于一个温度极低的状态，而卫星中的各种单机均需要一个合适的环境温度，才能够保证自身正常的工作运行，这就需要卫星自身处于热平衡的状态。而目前常用的方法是使用功率驱动相关的产品（通常为电热丝），采用电热的方式为卫星加热。

功率驱动接口用于实现加热丝的供电通断，进而实现航天器内部温度控制。功率驱动接口通过切换接口的通断来给加热丝通、断电。

2）电磁阀驱动接口

卫星在执行任务的时候，通常需要对自身所处的轨道进行切换，找到合适的轨道与角度。这里要用到的是推进功能，推进功能一般通过惰性气体推进和电推进实现，而气体推进则需要对气体的放气进行控制，于是电磁阀驱动接口通过电驱动的方式管理气瓶的开关阀门。一般采用 MOS 管搭建电磁阀驱动接口电路。

3）自锁阀驱动接口

自锁阀驱动接口也是应用于气体推进中，控制的是喷嘴位置，气体从这里对外输出。一般采用继电器搭建自锁阀驱动接口电路。

5.2.5　其他高可靠接口

1）星箭分离接口

星载嵌入式计算机在发射主动段需要保持一些状态，来使系统处于一个安全模式之下；在与火箭分离之后，则应该及时接收相关信号即星箭分离信号，来完成如太阳能电池板展开等一系列操作。如此则需要在星载嵌入式计算机中设计星箭分离电路，该电路接收外部星箭分离信号，用来锁定单机内部一些功能，并提供整机状态信息。

2）自主切换接口

星载嵌入式计算机的主备机切换是通过控制继电器切换主备电源的输出实现的，在信号的前端由处理器对正常状态的信号进行判断,在满足条件后则对供电进行切换。

星载嵌入式计算机存在两种备份形式:冷备份与热备份。冷备份是指在双机或多机系统中只有一机通电,其他机不通电的备份形式;热备份则是指将双机或多机通电,但通过权状态来区分计算机当班与否。

一般处于工作状态的即为当班机,而此时处于待机模式的即为不当班机。对于星载嵌入式计算机来说,当班与否与工作的权状态相关,一般为有权机即为当班机,无权机即为不当班机。

5.3 接口电路设计

5.3.1 供电接口

星载嵌入式计算机供电接口的功能是实现从一次电源到二次电源的转换,对于双机冗余系统,为了实现双机供电电源的有效隔离,一般双机各自独立设计转换电路。双机各自的电源开关切换受外部输入的供电电源切换指令控制。

为防止单机输入电源端故障,导致电源母线的短路失效,星载嵌入式计算机的输入端必须设计短路保护措施。同时,为了防止相同功能双机中一台单机的输入电源短路失效导致另一台单机输入电源的故障,同一功能的主机和备份机不能共用短路保护,应采取独立的输入保护电路。

1) 电路设计

供电接口电路设计包括输入保护电路、EMI 滤波器、DC/DC 模块。根据双机电源通断控制方式,两种典型电路分别如图 5-2、图 5-3 所示。

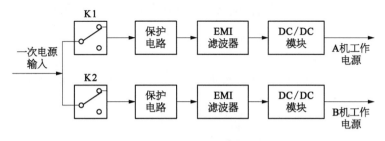

图 5-2 一次电源输入接口典型电路 1

图 5-2 中,K1 和 K2 为电源通断切换控制继电器,通过遥控指令控制继电器的通断,接通时母线电压进入 A 机电源电路,电源电路一般包含保护电路、EMI 滤波器、DC/DC 模块。继电器额定工作电流根据单机的工作电流(要考虑浪涌电流的影响)并按降额要求选取。

图 5 - 3 中,K1 和 K2 为 DC/DC 使能端切换控制继电器,DC/DC 使能时,DC/DC 输出端有电压输出;DC/DC 禁止时,DC/DC 输出端无电压输出。由于 DC/DC 使能端接通时电流较小,可选择触点电流较小的继电器。

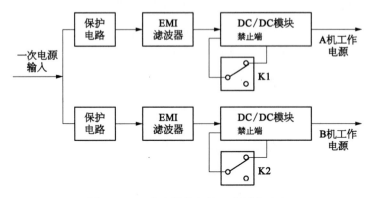

图 5 - 3   一次电源输入接口典型电路 2

为确保二次电源过载、短路等故障状态下,星载嵌入式计算机不影响前端供电母线,在供电接口的输入端须设计保护电路。两种典型输入保护方式如下:

(1)熔断器保护电路设计。采用限流电阻加熔断器的非平衡方式,以两个具有相同额定电流的熔断器并联,其中一个支路上串联一个限流电阻,限流电阻的阻值大于熔断器直流电阻值的 10 倍。所选熔断器应具备抗瞬态过载的能力。当设备发生不致损坏母线的瞬态过载时,熔断器不得熔断。瞬态电应力也就是浪涌电流,会产生热循环和机械疲劳,影响熔断器寿命。在核算承受电流能力时要分别核算幅值及时间,所选熔断器同时也应具备在超过额定电流工作一定时间后必定熔断的特性,从而确保故障的隔离。根据熔断电流和时间关系特性曲线,通常选用熔断电流为实际工作电流的 2~3 倍时,熔断时间长度适合应用场景的器件。

当选用双熔断器时,熔断器保护电路必须设计在电路入口端,采用两个相同额定电流的熔断器并联使用,其中一个支路上必须串联一个限流电阻,限流电阻的阻值应大于熔断器直流电阻值的 10 倍以上。

采用双熔断器进行短路保护时,根据需要设置测试点,双熔断器母线保护电路如图 5-4 所示。

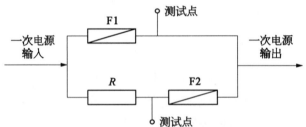

图 5-4   双熔断器母线保护电路图

(2) 电阻器保护电路设计。小电流(<150 mA)的用户可采用限流电阻作为母线保护电路,但限流电阻的阻值不小于 5 Ω。卫星负载(星上仪器设备)电路短路时,保护电阻应能在较短时间内(数秒)变大,使被保护电路的工作电流<150 mA。电阻器功率值的取值不能太大,R 的额定功率一般为 1/8~1/4 W,据使用经验,负载电路短路时施加于电阻器上的功率为电阻器额定功率的 50~100 倍。

电阻器母线保护电路如图 5-5 所示。可以采用并联一路保险丝串联一个电阻的模式。

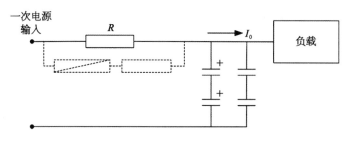

图 5-5 电阻器母线保护电路图

2) 隔离设计

供电接口的隔离设计一般采用开关电源的方式实现故障的隔离、切换等功能。开关电源通常采取两种控制方式:直接控制一次电源通断和控制 DC/DC 转换器禁止端。

(1) 采用大功率继电器控制一次电源通断,断电时采用将 DC/DC 变换器供电切断。主机开关机指令采用 1 个继电器 2 个触点交错冗余,提高可靠性。备份机与此相同,主机和备份机共使用 2 个继电器。

(2) 控制 DC/DC 转换器禁止端。为防止单个继电器的故障,可采用继电器冗余设计。通常使用 6 个继电器,主机和备份机各 3 个。3 个继电器组成串并联触点控制 DC/DC 使能端,完成主机和备份机切换。当禁止端悬空时 DC/DC 上电开机,当禁止端与 KCOM 端接通时 DC/DC 下电关机。DC/DC 禁止端输入电流要求较小,对控制使能端的继电器触点没有影响,浪涌电流对该电路的影响也是处于可控的状态。

5.3.2 模拟量采集与发送接口

5.3.2.1 电压量输入接口

电压量遥测采集输入端一般由输入保护电路、模拟门、运算放大器和模数变换器组成。模拟量输入电压保精度测量范围一般为 0~5 V,除了保精度测量范围外,还有一个安全输入电压范围,超过这个范围就可能损坏模拟量采集接口,如安全电压范围为−1~+10 V。为了不超出安全电压范围,在模拟量输出端须采取措施,如增加输出限压二极管。模拟量输出电路还应具有防止因负载短路而被损坏的保护措施,一个简单有效的方法是在输出端串接一个电阻,在遇到负载短路时起到限流作用。

如果遥测的模拟量同时又是系统实际使用的某个信号,这时就必须隔离遥测信号与使用信号,不允许由遥测端口引入故障损坏系统有用信号,建议各自用有源器件输出进行隔离,或者将两个信号用电阻隔开。

在模拟量遥测采集中,双机需要对输入的同一个电压模拟量信号进行采集,为了确保电压模拟量的采集精度,接口设计时要解决双机模拟开关并接状态下输入阻抗下跌和工作电源倒灌的问题。

1) 单端电压量输入接口

根据模拟开关的输入特性,电压模拟量的输入接口可采用两种形式:① 模拟开关处于冷机状态,该接口适用于模拟门输入端在冷机状态下为高阻状态,为了防止热机供电电源向冷机的倒灌,在冷机备份工作模式下,需要采取电源防倒灌措施;② 双机模拟开关均处于加电状态,防止冷机状态下模拟门输入阻抗的下跌影响热机的正常模拟量信号采集。

模拟开关冷机工作模式如图 5-6 所示。

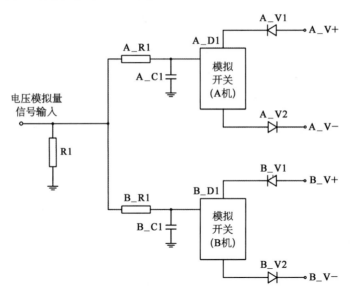

图 5-6 模拟开关冷机工作模式

电阻 R1 为 A 机、B 机共用的输入下拉电阻,作用是防止输入端悬空,推荐阻值为 1 MΩ;电阻 A_R1、B_R1 为输入保护隔离电阻,推荐阻值为 1 kΩ;电容 A_C1、B_C1 为输入滤波电容,由 RC 电路组成对输入的模拟量信号进行滤波处理。该电路中模拟开关为冷备份,即 A 机模拟开关工作电源由 A 机电源提供,B 机模拟开关工作电源由 B 机电源提供。为了防止热机电源对冷机电源的倒灌,在模拟开关的供电端均串联了二极管进行隔离。

模拟开关双热机工作模式如图 5-7 所示。

双机模拟开关的正负工作电源由双机的合成电源提供,即模拟开关的工作电源由 A 机和 B 机电源经二极管并联后提供。在这种工作状态下,无论单机是处于热备份还是冷备份状态,A 机、B 机的模拟开关始终处于热机状态,从而防止了冷机状态下模拟门输入

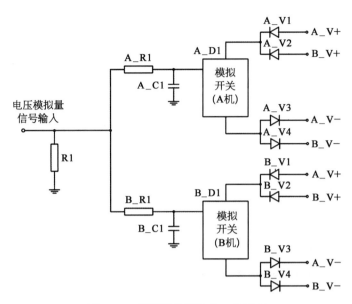

图 5-7　模拟开关双热机工作模式

阻抗的下跌对电压测量精度的影响。

2）差分电压量输入接口

差分电压量输入接口分为高端、低端接口，两个信号分别送到模拟开关电路，切换选择后送到差分电路，产生与本机模拟地对应的模拟量电压信号，并将该电压信号转换为数字量。差分电压量输入接口原理如图 5-8 所示。

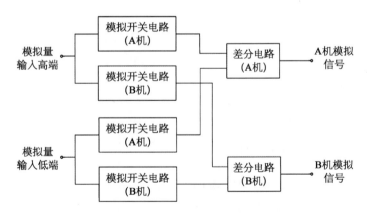

图 5-8　差分电压量输入接口原理图

模拟量信号高端和低端输入到模拟开关电路的接口隔离方式，与单端电压量采集接口隔离方式相同。

5.3.2.2　电流量输入接口

电流量输入接口在输入端的电流通路上串联取样电阻以得到电压量，其典型电路如

图5-9所示。电流量转换为电压量后的采集接口电路形式与单端电压量采集接口隔离方式一致,两个电阻 R1 用于电流取样。

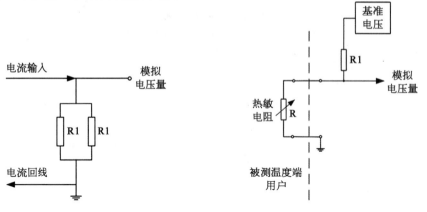

图5-9 电流量输入接口典型电路   图5-10 电阻量输入接口典型电路

5.3.2.3 电阻量输入接口

电阻量输入接口主要用于热敏电阻即温度量的测量。其工作原理是将热敏电阻输入至电阻量输入接口,完成热敏电阻阻值到电压量的变换,再对该电压量进行采集。电阻量输入接口典型电路如图5-10所示,单机提供测温基准电压和上拉电阻,上拉电阻与外部输入的热敏电阻分压转换成电压量。

电阻量输入接口电路设计中,基准电压为电阻量的准确采集提供基准。基准电压产生电路主要为两种:

(1) 将 A 机、B 机的工作电源并联后经电源变换电路产生基准电压,原理如图5-11所示。图中,A_V+和 B_V+分别为 A 机和 B 机的工作电源(一般为+12 V),电源变换电路采用三端稳压器。

图5-11 基准电压产生推荐电路1

(2) A 机和 B 机分别产生基准电压,再通过继电器切换输出。原理如图5-12所示。

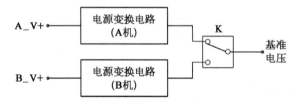

图5-12 基准电压产生推荐电路2

公共基准电压值推荐采用 5 V 电压。热敏电阻和上拉电阻串联产生分压,其阻值变化使得分压值产生相应变化,该电路的精度主要取决于热敏电阻和上拉电阻的误差,以及基准电压的精度。

5.3.2.4　电压量输出接口

电压量输出接口的功能是完成双机中的一机模拟量输出,输出时要确保两台单机的模拟量隔离,可采用继电器切换的方式选择其中一路输出。双机电压量输出典型电路如图 5 - 13 所示。图中,A_R1 和 B_R1 为模拟量输出接口保护电阻;K 为继电器,由模拟量输出控制指令切换。

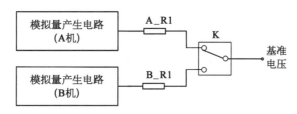

图 5 - 13　双机电压量输出典型电路

5.3.2.5　OC 型输入接口

针对用户端为 CMOS 器件的 OC 型输入接口电路,由于双机的输入接口并接在一起,既要考虑在双机正常工作状态下的切换性能,又要考虑在一台单机的输入接口发生故障时不能影响另外一台单机的状态切换,还要考虑双机在冷热机工作状态下的热机电源对冷机电源的倒灌。

根据输入端 CMOS 器件的特性,冷热机电源隔离可以采用输入端串接二极管或在工作电源端串接二极管的形式。对于输入 CMOS 器件为冷高阻的情况,二极管可以串联在上拉电阻上;对于不是冷高阻的 CMOS 器件,二极管串联在 OC 指令的输入端上。OC 型输入接口典型电路分别如图 5 - 14、图 5 - 15 所示。

图 5 - 14 中,二极管 A_V1、B_V1 起 A/B 机电源隔离作用。电容 A_C1、B_C1 对输入的 OC 信号进行滤波,防止干扰脉冲导致状态切换。电阻 A_R2、B_R2 起输入信号隔离作用。

图 5 - 15 中,二极管 A_V1、B_V1 功能为隔离 A/B 机电源,二极管选用低压降的肖特基二极管。电容起到对输入信号滤波的作用,电阻 A_R2、B_R2 对输入信号起隔离作用。

5.3.2.6　OC 型输出接口

OC 型输出电路用于提供指令输出驱动接口,在电路设计时选用能够将输出直接连

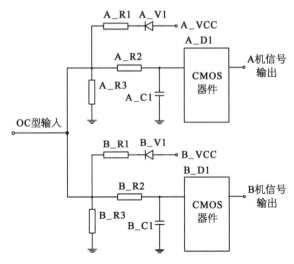

图 5‑14 OC 型输入接口典型电路 1

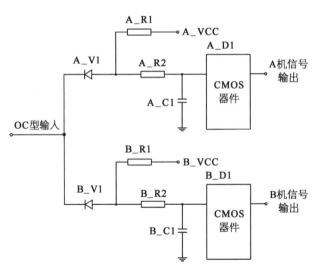

图 5‑15 OC 型输入接口典型电路 2

在一起的 OC 型输出驱动芯片(图 5‑16)。双机中 A/B 机分别控制各自的驱动芯片。

该电路在双机中的一机断电情况下,输出端处于高阻状态,可以实现双机隔离。OC 驱动芯片内部包含四路独立的指令驱动模块,驱动电流可达 200 mA。

5.3.3 数字量采集与发送接口

5.3.3.1 RS‑422 接口

RS‑422 采用平衡传输方式(或称为差分传输方式),驱动器(发送端)标记为 D,接收器(接收端)标记为 R,终端电阻标记为 R_T,驱动器输出构成差分对的两条线路,分别表示为 A 和 B,发送驱动器端 A、B 之间的正电平在+2~+6 V,代表正逻辑;负电平在

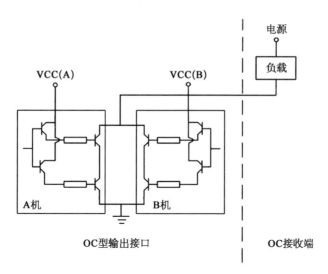

图 5-16　OC 型输出接口典型电路

-6～-2 V,代表负逻辑。在接收端,当 A′、B′之间有大于+200 mV(典型值)的电平时,输出正逻辑电平;小于-200 mV(典型值)时,输出负逻辑电平,如图 5-17 所示。

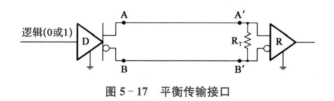

图 5-17　平衡传输接口

1) 接口电路特性

(1) RS-422 接收器采用高输入阻抗设计,允许在相同传输线上连接多个接收节点(最多可接 10 个节点),支持点对多(一个主设备对多个从设备)的双向通信。

(2) RS-422 接收终端应并接终端电阻,其阻值约等于传输电缆的特性阻抗。

2) 接口电路设计

RS-422 接口电路设计中应考虑终端匹配、断开故障终端保护、短路故障终端保护、输出保护、双机/冷机隔离等因素。

(1) 终端匹配。RS-422 接口电路应在接收器的输入端串接终端匹配电阻,终端电阻的阻抗与电缆的特征阻抗相匹配。在数据速率要求不高而需要降低静态功耗的情况下,采用交流终端匹配方式,即在终端电阻上串联一个额外的电容(图 5-18)。

图 5-18　交流终端匹配方式

（2）断开故障终端保护。在接收器输入端处未连接状态或意外断开状态时，应确保接收器差分输入电压的绝对值大于 200 mV，确保接收器输出时可以预知的状态。应在接收器的输入端分别采用上拉电阻和下拉电阻。断开故障终端保护连接方式如图 5-19 所示。

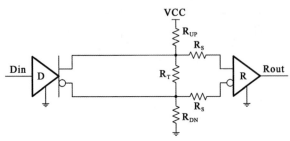

图 5-19　断开故障终端保护连接方式

（3）短路故障终端保护。电路设计中应考虑电缆某处差分输出发生短路的情况，可在接收器的输入端串接额外的电阻。

（4）输出保护。电路设计中应考虑输出端意外短路及单端匹配的情况，应在发送器输出端串接电阻。输出保护连接方式如图 5-20 所示。

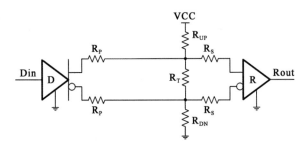

图 5-20　输出保护连接方式

（5）双机/冷机隔离。在采用断开保护端连接时，应考虑接收器端单机断电而发送器端单机供电的情况，在上拉电阻和电源端串接隔离二极管。对于接收端为双机且存在冷备份情况的单机，同样应串接隔离二极管。双机/冷机隔离连接方式如图 5-21 所示。

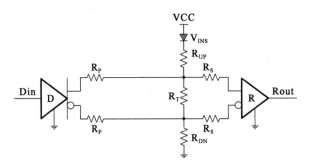

图 5-21　双机/冷机隔离连接方式

（6）接地连接。发送器的地线应和接收器的地线连接，地线未连接易对芯片造成损伤。

3）典型应用模式

（1）一对一模式指一发一收的形式，如图 5 - 22 所示。

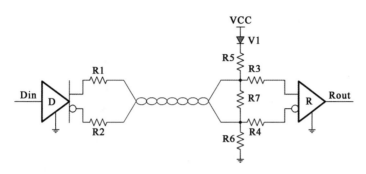

图 5 - 22　一对一模式示意图

一般地，在供电电压为 5 V 的系统中，一对一模式电路设计电阻取值建议见表 5 - 2。

表 5 - 2　电路设计分析

标　号	功　能	选 用 参 考
R1,R2	输出接口保护电阻	为保证到 RS - 422 接收端芯片的电压，选用尽量小。理论上取值为双绞线典型特征阻抗 110 Ω 的 1/2
R3,R4	输入接口保护电阻	由于 26C32 输入阻抗大于 10 kΩ，因此该电阻取值小于 1 kΩ
R7	电缆匹配电阻，防止信号反射	电阻 R7 取值应比传输双绞线特性阻抗 Z0 大 10%，为 100～130 Ω
R5,R6	当输入驱动断电或开路时接收器输出端信号也许会不稳定。两个电阻保证开路时输出稳定在高电平	R5,R6,R7 三个电阻是为了保证差分接收器输入端有足够的直流噪声冗余度。当输入驱动端断电或开路时，R7 上的压降必须满足 $5/(R5+R6+R7) \times R7 > 200$ mV
V1	冷热机隔离保护	建议安装，防止热机向冷机电源倒灌和发送设备对接收设备的电源倒灌

（2）一对二模式指一发两收的形式，如图 5 - 23 所示。

一对二收发形式适用于双机冗余共用，冷热冗余均可。

（3）二对一模式是指二发一收的形式，如图 5 - 24 所示。两个发送端不能同时使能，即在同一时刻只有一个发送器输出。

二对一收发形式适用于双机冗余同处一个单机，A 机和 B 机的输入合并点在单机内部。

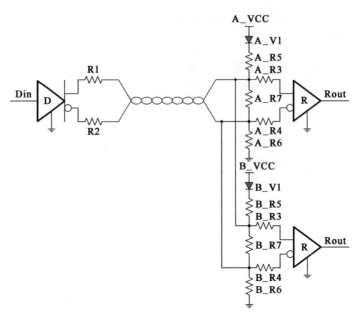

图 5‑23 一对二模式示意图

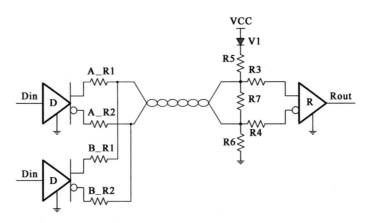

图 5‑24 二对一模式示意图

（4）二对二模式是指二发二收的形式，如图 5‑25 所示。各发送端不能同时使能，即在同一时刻只有一个发送器输出。

4）低功耗应用模式

在通信电路应用场景有低功耗需求，并且传输码速率需求不高时，可以采用如图 5‑26～图 5‑29 所示低功耗模式电路进行设计。

5.3.3.2 LVDS 接口

LVDS 是一种高速点到点应用通信标准。LVDS 使用差分信号，通过这种双线式通信方法，接收器将根据两个互补电信号之间的电压差检测数据。

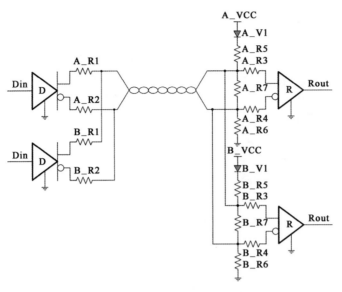

图 5‑25　二对二模式示意图

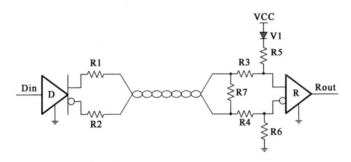

图 5‑26　低功耗一对一模式示意图

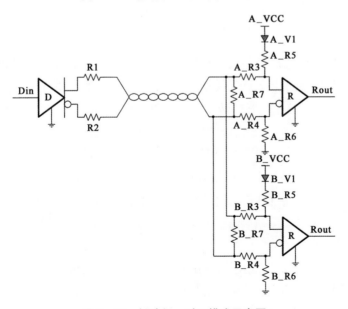

图 5‑27　低功耗一对二模式示意图

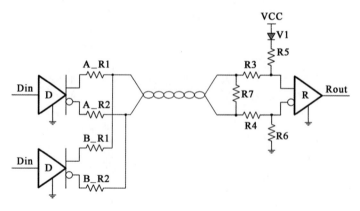

图 5 - 28　低功耗二对一模式示意图

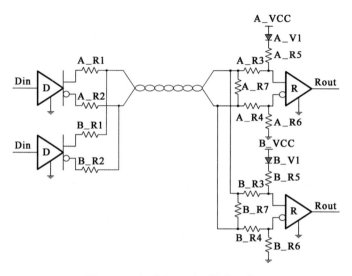

图 5 - 29　低功耗二对二模式示意图

　　LVDS 电路接口由三部分组成：差分信号驱动器、差分信号互联器和差分信号接收器。LVDS 接口芯片的功能是实现低压差分信号与晶体管-晶体管逻辑电平（transistor transistor logic，TTL）信号之间的转换。驱动器将输入的 TTL 信号转换为 LVDS 信号并输出，接收器将输入的 LVDS 信号转换为 TTL 信号并输出。

　　LVDS 信号传输组成如图 5 - 30 所示。其中，差分信号驱动器是将非平衡传输的 TTL 信号转换成平衡传输的 LVDS 信号；差分信号接收器是将平衡传输的 LVDS 信号转换成非平衡传输的 TTL 信号；差分信号互联器包括连接线（电缆或 PCB 走线），终端匹配电阻 R。

　　1）接口电路特性

　　对 LVDS 而言，一个信号线路为同相（逻辑 1 高电平，逻辑 0 低电平），另一个信号线路为反相（即与同相信号互补）。两个信号线路之间的电压差称为差分电压，两个信号最大电压摆幅 $|V_{OD}|$，以共模电压 V_{OC} 为中心，差分电压围绕 0 V 摆动。图 5 - 31 显示了典

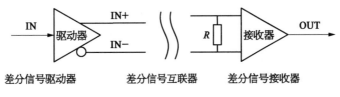

图 5 - 30　LVDS 信号传输组成

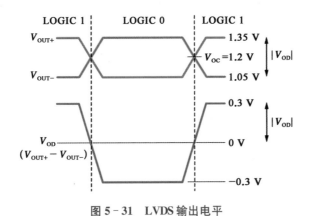

图 5 - 31　LVDS 输出电平

型 LVDS 信号电平、差分信号 V_{OD} 和共模电压 V_{OC}。此图中，V_{OUT+} 为同相信号，V_{OUT-} 为反相信号。

　　LVDS 差分电压由驱动器电流源生成。同相 LVDS 驱动器输出或接收器输入通常用"＋"表示，反相驱动器输出或接收器输入则用"－"表示。

　　驱动器采用恒流源，差分驱动器采用奇模传输方式，即等量的方向相反的电流分别在传输线路上传送。电流会重新回流到双绞线内，加上电流环路面积较小，因此产生的电磁干扰最少。此外，驱动器输出可容许传输线路出现短路情况，不会产生过热。

　　接收器为高阻抗芯片，可检测到 20 mV 的差分信号，然后将其放大达到标准逻辑电位。差分信号具有 1.2 V 的典型驱动器补偿电压，而接收器可接收 0～2.4 V 的输入电压，因此可以抑制来自传输线路高达±1 V 的共模噪声。

　　2) 接口电路组成

　　(1) 驱动器电路设计。LVDS 驱动器的外围电路参考设计如图 5 - 32 所示。

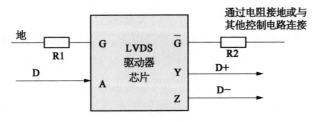

图 5 - 32　LVDS 驱动器的外围电路参考设计

LVDS驱动器使能端通过电阻接地,禁止端通过电阻接地或与其他控制电路连接。

当两个LVDS接口电路互为热备份工作时,使能端通过下拉电阻(不超过10 kΩ)接地,禁止端由其他电路控制,保证设备工作时,使能端处于低电平,禁止端处于低电平;设备不工作时,使能端处于低电平,禁止端处于高电平,接口芯片输出高阻态。

LVDS驱动器空闲的TTL输入管脚一般通过上拉电阻连接到电源或通过下拉电阻连接到地;LVDS驱动器空闲的LVDS输出管脚可悬空不接。

在LVDS驱动器电源端加限流电阻,为了提高设计可靠性,可采用两个电阻并联方式。应根据器件的工作电压、最大工作电流指标,确定电阻最大压降,计算电阻阻值。在LVDS驱动器电源端加去耦电容,为了防止电容对地失效,可采用两个电容串联方式,电容摆放位置尽可能地距电源引脚较近,使用多个过孔连接旁路电容到电源平面上。LVDS电路的外围供电电路参考设计如图5-33所示。

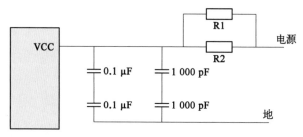

图5-33 LVDS电路的外围供电电路参考设计

(2)接收器电路设计。LVDS接收器的外围电路参考设计如图5-34所示。

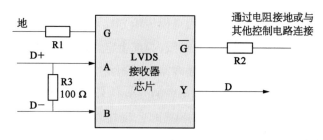

图5-34 LVDS接收器的外围电路参考设计

LVDS接收器使能端通过电阻接地,禁止端通过电阻接地或与其他控制电路连接。

当两个LVDS接口电路互为热备份工作时,使能端通过下拉电阻(不超过10 kΩ)接地,禁止端由其他电路控制,保证设备工作时,使能端处于低电平,禁止端处于低电平;设备不工作时,使能端处于低电平,禁止端处于高电平。LVDS接收器空闲的TTL输出管脚可悬空不接。接收器终端匹配电路一般采用100 Ω电阻匹配方式。

LVDS接收器TTL输出时钟信号,在TTL输出管脚端对地串接一个20 pF滤波电容,有效消除反射导致的跳变沿畸变。如果驱动器电路端未连接(电缆未插),或者驱动器电路处于三态输出或处于关电状态,这种情况下的电缆可以看作浮空的天线,会接收噪声信号。建议对输入端口外接上、下拉电阻进行更稳定的保护。将器件"＋"输入端接入上拉电阻 R1 到电源,"－"输入端接入下拉电阻 R2 到地。外部故障保护电阻接收电路示意图如图 5－35 所示。

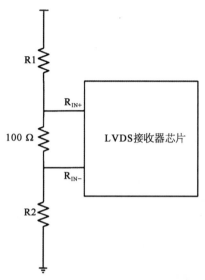

图 5－35　外部故障保护电阻接收电路示意图

3) LVDS 电路的典型应用模式

(1) 一对一模式。一对一模式适用于发送端接口部分的 A 机、B 机与接收端接口部分的 A 机、B 机均不在同一块印制板的情况,一对一交叉备份连接方式如图 5－36 所示。接收端通过接收指令来决定接收 A 机数据或 B 机数据。

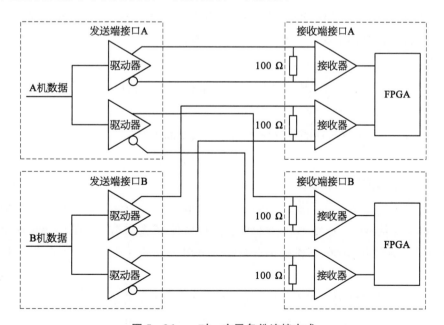

图 5－36　一对一交叉备份连接方式

（2）二对一模式。二对一模式适用于发送端接口部分在同一块印制板上的情况，二对一交叉备份连接方式如图 5-37 所示。此种连接方法主、备份数据交叉在驱动器输出端完成。

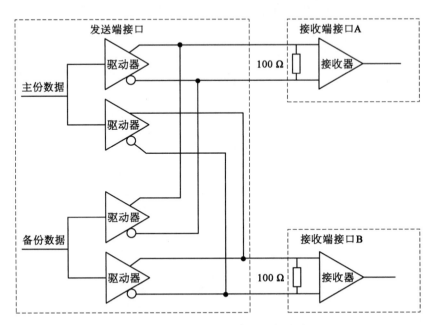

图 5-37　二对一交叉备份连接方式

采用冷备份时，驱动芯片的差分输出端必须具备断电高阻特性。

备份驱动芯片输出与主份驱动芯片输出之间的连接线应该尽量短，以减少外界对传输信号的干扰，提高数据传输的稳定性。建议将 LVDS 主、备电路放在同一块印制板上，并且尽量靠近电连接器位置。在发送端，主份驱动芯片与备份驱动芯片以镜像方式安装于印制板正反两侧，LVDS 输出端通过过孔连接后输出至电连接器。

（3）一对二模式。一对二模式适用于接收端接口部分在同一块印制板的情况，其连接方式如图 5-38 所示。

采用冷备份时，接收芯片的差分输入端必须具备断电高阻特性。

5.3.3.3　单端数字量信号输入接口

单端数字量信号输入接口用于单机内部芯片间的信号传输，不建议在单机间通信时使用。单端数字量信号同时送到 A 机、B 机的输入接口时，需要采取一定的隔离措施，确保在一机出现故障情况下不影响备机的正常工作。单端数字量信号输入典型电路如图 5-39 所示。

单端数字量信号经阻容网络后进入 CMOS 器件。建议采用冷机高阻隔离芯片，防止冷机时电流倒灌。电阻 A_R1、B_R1 为输入对地电阻，防止输入端悬空；电阻 A_R2、

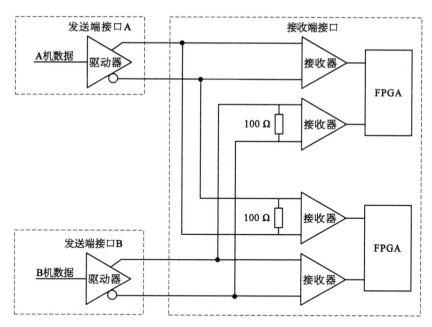

图 5‑38 一对二交叉备份方式

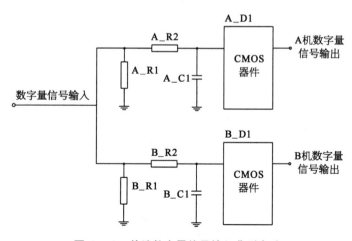

图 5‑39 单端数字量信号输入典型电路

B_R2 为输入隔离电阻,用于输入端的信号隔离;电容 A_C1、A_C2 为输入滤波电容,选取时需要分析其对输入信号的影响。

5.3.3.4 单端数字量信号输出接口

单端数字量信号输出接口用于单机内部芯片间的信号传输,不建议在单机间通信时使用。

双机输出的单端数字量信号,主要用于状态信号、功能遥测信号的输出。双机备份分为热备份和冷备份两种模式。在热备份方式中,有权机输出数字量信号,无权机不应输出数字量信号。在冷备份方式中,热机输出数字量信号,且对冷机不产生影响。

为达到数字量输出信号隔离性能要求,可采用两个具有三态输出的芯片并联在一起的形式。在双机热备份情况下,三态输出控制端进行互斥控制,即只能使两台单机输出接口中的一个输出有效,另一个为高阻状态。在双机冷备份情况下,可以采用两个芯片并联,输出的芯片需要具有冷机隔离性能。为保护芯片输出端不被损坏,在芯片的输出端串联保护电阻。单端数字量信号输出典型电路如图 5 - 40 所示。

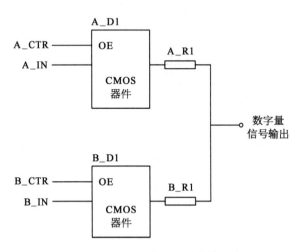

图 5 - 40 单端数字量信号输出典型电路

CMOS 器件建议采用冷机高阻隔离芯片,双机数字量输出信号通过隔离芯片隔离后输出,双机热备份情况下,A_CTR 和 B_CTR 信号授权信号控制,为互斥信号。若是冷备份方式,则 A_CTR 和 B_CTR 信号皆为有效信号(低电平)。电阻 A_R1、B_R1 用于芯片和信号的隔离。

5.3.4 驱动接口

1) 功率驱动接口

功率驱动接口通常要考虑安全性与可靠性,选用的 MOS 管尽量选择内阻较小且体积较大的器件,以减少产生的热量并便于散热。功率驱动接口典型电路如图 5 - 41 所示。

图中,保险丝 F1、F2 用于保护电路,二极管 V1 防止一次电源对 PMOS 管控制指令通道的倒灌;电阻 R1、R2 为 PMOS 管控制指令的分压电阻;V2 为总控的 PMOS 管,通过控制其开关可以管理一组 4 路加热器的开关;电阻 R3、R4、R5 为 PMOS 管的电压遥测分压电阻。

功率驱动接口电路的驱动部分共用,后端控制和电压遥测主备份分离,控制指令端通过三极管进行隔离,但是电压遥测是通过施密特触发器类型的电路进行隔离采集的,在选用时需要使用具备冷隔离特点的器件。

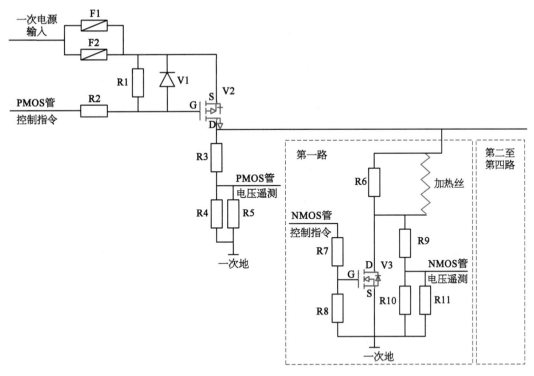

图 5‑41　功率驱动接口典型电路

2）电磁阀驱动接口

电磁阀驱动接口控制气瓶的开关，需要保证可靠稳定。在阀门端使用继电器实现，继电器线包的阻抗在 42 Ω 左右。电磁阀驱动接口通过对继电器的负端进行控制。电磁阀驱动接口典型电路如图 5‑42 所示。

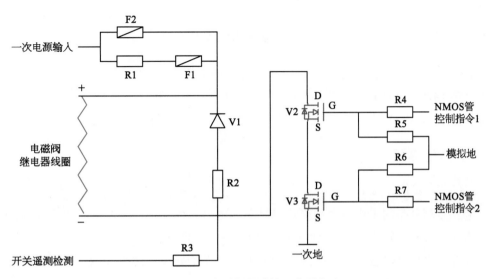

图 5‑42　电磁阀驱动接口典型电路

图中,保险丝 F1、F2 与功率电阻 R1 组成保护电路,二极管 V1 防止一次电源对 NMOS 管的倒灌;电阻 R3 为开关检测的分压电阻;V2、V3 为控制电路通断的 NMOS 管,而 R4、R5、R6、R7 为控制信号的隔离电阻。

电磁阀驱动接口电路的驱动部分是共用的,但是后端的电压遥测是主备份分离的,电压遥测是通过施密特触发器类型的电路进行隔离采集的,在选用时需要使用具备冷隔离特点的器件。

3）自锁阀驱动接口

自锁阀一般控制正端,线包阻抗 20 Ω 左右,电流 1.5 A;都需要消反电路。自锁阀驱动接口典型电路如图 5-43 所示。

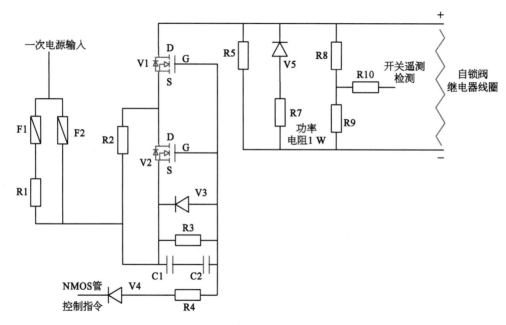

图 5-43　自锁阀驱动接口典型电路

图中,保险丝 F1、F2 与功率电阻 R1 组成保护电路,二极管 V4 防止一次电源对 NMOS 管的倒灌;电阻 R8、R9、R10 为开关检测的分压电阻;V1、V2 为控制电路通断的 NMOS 管,V3、V4 为防止倒灌的二极管,V5、R7 为防止倒灌的隔离电路。

5.3.5　其他高可靠接口

5.3.5.1　星箭分离接口

星箭分离电路的工作原理是接收卫星总体电路的一个小电流低电压的信号,使用单机中的电源将该信号放大后,拉住继电器,使状态得以锁定。

星箭分离信号经分压及电阻隔离后由内总线送给处理器模块,由处理器软件进行逻辑判断。在处理器模块逻辑芯片输入端接下拉电阻和电容滤波。

　　由于将星箭分离信号的继电器锁定于开 A 关 B 状态(冷备份)或者开 A 开 B、赋 A 权状态,在星箭分离前不得发送开 B 关 A 指令(冷备份)或者开 A 关 B、开 B 关 A 和赋 B 权指令,否则会引起继电器来回切换,影响继电器使用寿命。同时在分离前,应将计算机设置为禁自主开 B 机状态(冷备份)/禁自主夺权状态(热备份),避免软件发送内部夺权指令导致继电器来回切换。

　　其接口电路示意图如图 5 - 44 所示。

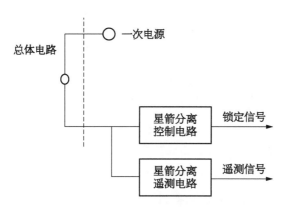

图 5 - 44　星箭分离信号接口电路示意图

5.3.5.2　自主切换接口

1) 自主开 B 机

　　自主开 B 机通常分为两种模式:一种是防止 A 机软件故障导致计算机运行异常;另一种是防止 A 机供电突然掉电导致计算机工作异常。通常采用如下两种方式实现:

　　(1) 通过硬件监测 A 机看门狗状态,在 1 h 内发生不小于两次复位时,A 机的硬件会发送脉冲,将 B 机打开。

　　(2) 增加一个故障检测与驱动电路,如图 5 - 45 所示。图中表示 FPGA 信号来自主机 A,正常输出高电平,故障时 FPGA 发送一个低电平信号(包含掉电故障情况),检测电路使用 OC 门电路对故障信号反向变换到 5 V 左右,再输出驱动开 B 机继电器线包。采用这种方式自主开 B 机,其一次地与二次地无法隔离。另外采用低电平故障检测,虽然可以识别主机掉电故障,但计算机初始上电时刻单机内部正常高电平信号输出时刻较晚,其初始低电平信号被认为故障信号而强制打开 B 机,作为冷热机备份系统,开机时因上述原因进入双热状态亦是正常状态。

　　2) 自主夺权

　　控制权自主切换电路主要包括三个部分:B 机控制模块、积分电路和权控制电路。

　　控制权的切换通常使用继电器实现,正常情况下控制权在当班机(简称"A 机"),由 A 机完成任务;A 机故障时首先保证备份机(简称"B 机")正常加电,然后由地面遥控或自主

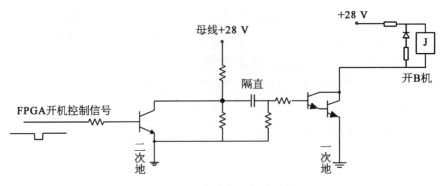

图 5‑45　自主开 B 机电路图

切换将控制权转移到 B 机。为防止控制权的反复自主切换,只设置 B 机自主切换控制权功能(且在准自主切换状态下),切换 A 权只能通过遥控指令来完成。

控制权自主切换电路运行过程如下:B 机对 A 机心跳信息进行采集,当发现错误需要切换控制权时,B 机自主发出连续脉冲信号进行积分夺权,积分结果送至自主切换逻辑控制电路;由自主切换驱动电路对自主切换逻辑控制电路输出的切换指令进行功率放大,输出驱动切换继电器实现控制权的切换,控制权自主切换示意图如图 5‑46 所示。

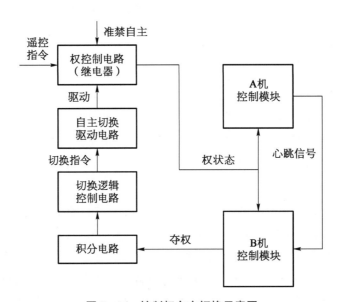

图 5‑46　控制权自主切换示意图

控制权自主切换电路的核心主要是防止错误切换保障电路和自主切换逻辑控制电路。要保证电路可靠性,必须满足以下几点要求:

(1) 防止上电亚稳态导致的误脉冲。

(2) 防止单脉冲切权。

(3) 确保 9~16 次脉冲可以完成切权脉冲输出。

5.4 典 型 应 用

本节以星载嵌入式计算机的典型功能模块为例,介绍基于接口电路开展功能模块设计方法与接口功能实现方式。

星载嵌入式计算机的典型功能模块主要接收并解析输入的遥控指令数据,根据要求对外输出 OC 门指令,并返回模块自身遥测。典型功能模块由 FPGA 控制电路、OC 门指令输出接口电路、RS-422 接口电路、上电复位电路、二次电源电路和时钟电路组成。指令模块原理图如图 5-47 所示。

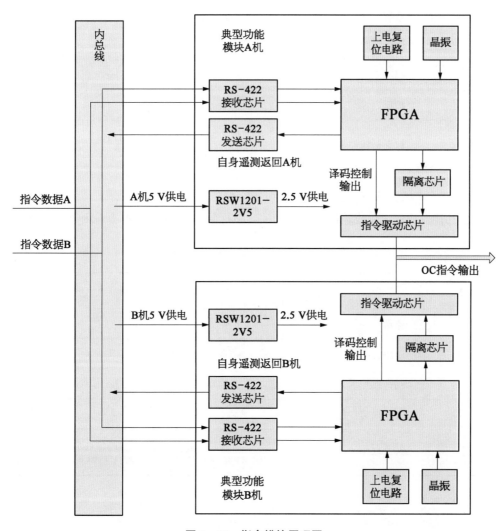

图 5-47 指令模块原理图

1) 供电接口

典型功能模块接收由内总线提供二次电源的 5 V 电压,模块内部通过二次转换产生模块内需要使用的 2.5 V 电压。典型功能模块中的各芯片 5 V 输入端设计保护电阻,输入接口芯片电源处设计有防冷机倒灌电路。

2) RS-422 输入接口

典型功能模块从内总线接收 1 路 RS-422 串行数据,根据数据类型进行判断,完成 OC 指令输出或返回模块本板遥测数据(表 5-3)。

表 5-3　指令模块 RS-422 输入接口

序 号	特 性	接 口 形 式
1	路数	1 路
2	传输方向	内总线至指令模块
3	码速率	115 200 bit/s 或 921 600 bit/s
4	数据内容	指令数据、遥测请求
5	数据格式	异步串口格式,低位在前高位在后; 1 位起始位、1 位奇校验、1 位停止位

3) RS-422 输出接口

典型功能模块向内总线输出 1 路 RS-422 串行数据,用于返回本板遥测数据(表 5-4)。

表 5-4　指令模块 RS-422 输出接口

序 号	特 性	接 口 形 式
1	路数	1 路
2	传输方向	指令模块至内总线
3	码速率	115 200 bit/s 或 921 600 bit/s
4	数据内容	本板遥测数据
5	数据格式	异步串口格式,低位在前高位在后; 1 位起始位、1 位奇校验、1 位停止位

4) OC 指令输出接口

典型功能模块对外输出 80 路 OC 指令,实现对外部模块、单机的 OC 指令控制(表 5-5)。

表 5 - 5　指令模块 OC 指令输出接口

序　号	特　　性	接　口　形　式
1	路数	80 路
2	译码单元驱动能力	$\geqslant$200 mA
3	脉冲宽度	10~2 550 ms 可配置
4	截止漏电流	$\leqslant$0.1 mA
5	饱和压降	$\leqslant$1.5 V

第6章
电源与地设计

星载嵌入式计算机电源系统是计算机内部极为关键的部分,计算机内部所有电路均需要供电才能正常工作。电源系统作为星载计算机的关键单元,一旦电源系统发生问题将直接导致星载计算机无法获得稳定的供电来源,造成计算机器件功能异常或失效,最终整星风险不可控。本章将根据星载嵌入式计算机电源系统宇航应用场景,从基本架构、设计原理与方法、关键器件三个维度开展电源与地设计相关技术的介绍。

6.1　电源系统概述

6.1.1　能量的来源

随着卫星电源技术的发展,现代卫星电源系统的电能来源主要包括太阳能、化学能、核能三种。

1) 太阳能

太阳能电池的最大优点是太阳能电池阵(帆板)的面积只取决于卫星所需功率的大小,而与卫星寿命的长短基本上无关,所以长寿命卫星都采用太阳能电池电源。太阳能电池供电有一个首要条件,就是电池板必须在太阳光的照射下,这就要求卫星的轨道和姿态能够保证电池帆板受到阳光照射时间最长,照射面积最大。实际上,当卫星进入地球阴影区,太阳照不到卫星的时候,太阳能电池就发不出电来。因此,太阳能电池必须与蓄电池一起组成太阳能电池阵-蓄电池的组合电源系统,以解决卫星进入阴影区的供电问题,保证卫星连续正常工作。当卫星飞到日照区时,太阳能电池一方面给卫星上的仪器供电,同时也向蓄电池充电,把电能储存起来。当卫星飞到阴影区时,由蓄电池给卫星供电。

2) 化学能

化学电池是把化学能转变成电能的供电装置。对卫星上用的化学电池的要求与地面上日常使用的干电池、铅蓄电池等化学电池有所不同,要求转换效率高、质量小。化学电池又可分为一次性电池、蓄电池和燃料电池。

3）核能

核电源与太阳能电池电源、化学电池电源相比，具有不受外界条件限制、寿命长、工作可靠、功率大等优点。卫星上可以使用的核电源有放射性同位素温差发电器、核反应堆温差发电器和热离子发电器，它们都是利用原子核突变（裂变或衰变）所释放的能量来发电的。这些能量以热能的形式输出，由热电转换器转换成电能。核电源的缺点是具有辐射性，因此使用核电源时，卫星上的仪器设备要采用辐射屏蔽措施，从而增大了卫星质量；同时价格昂贵，且存在不安全性。所以，这种电源在卫星上几乎不用，主要用于深空探测器中。

6.1.2　系统的定义

电源是把其他形式的能量转换成电能的装置。如发电机能把机械能转换成电能，干电池能把化学能转换成电能，干电池、发电机等都叫作电源。通过整流电路把交流电变成直流电的装置叫作整流电源，能提供信号的电子设备叫作信号源。晶体三极管能把前面来的信号加以放大，又把放大了的信号传送到后面的电路中去，晶体三极管对后面的电路来说也可以看作信号源。所以，整流电源、信号源有时也叫作电源。

卫星上有众多仪器设备需要供电。星载嵌入式计算机同卫星上其他活动部件、火工装置一样，都需要供电后才能工作。在卫星上，将太阳能、化学能和核能等其他形式的能源转化为卫星设备可正常使用的电能即为卫星电源系统。卫星电源系统的发展水平，对提高卫星的性能、完成广泛而复杂任务的能力，有重要的作用。随着卫星技术的发展，卫星的工作寿命不断提高，功能日益改进，卫星电源系统的功率已从早期的数十瓦增加到数千瓦甚至上万瓦。

星载嵌入式计算机属于弱电产品，也就是说部件的工作电压比较低，一般在 ±15 V 以内，并且是直流电。而卫星电源系统提供过来的电压一般为 28 V、42 V、100 V 等，不能直接在星载嵌入式计算机部件上使用。因此，星载嵌入式计算机需要一个电源系统。此电源系统负责将卫星电源分系统提供的直流电源进行变换、调节、传输、分配和管理，为星载嵌入式计算机内部持续稳定地供电。星载嵌入式计算机电源系统一般安装在计算机内部。

6.1.3　系统的供电

6.1.3.1　电源母线

1）母线的定义

在卫星执行飞行任务期间，卫星电源系统通过电源母线为星载计算机电源系统提供连续稳定的输入电压。母线的类型可分为不调节型母线、半调节型母线和全调节型母线三种。

（1）不调节型母线。其母线电压变化很大，实际上母线电压就是蓄电池组电压，母线的电压是依靠蓄电池组电压钳位的,由于蓄电池组充电电压和放电电压可变 20% 左右,所以不调节型母线电压变化很大,而且始终处于不稳定状态。

(2) 半调节型母线。太阳电池阵输出的电源经调节后,形成稳定的母线电压,供蓄电池组充电和向卫星负载供电。而当卫星进入阴影区,蓄电池组通过隔离二极管向母线供电,不再进行电压调节,母线电压就随着蓄电池组放电电压变化而变化,所以此母线电压在光照期间太阳电池阵能量足够时是稳定的,而进入阴影区则是非稳定状态。

(3) 全调节型母线。这一类型的母线配置中既有充电调节又有放电调节和分流调节,不论卫星在何种状态,电源的母线都处于稳定状态,是电源系统中最复杂的一种类型,适用于对母线电压要求较高的卫星。

在星载嵌入式计算机设计中,由于星载嵌入式计算机在执行任务时持续加电,且对稳定性要求较高,因此通常采用全调节型母线作为供电来源。

2) 母线的特征

母线电压范围一般根据设计任务要求选定,不调节型母线和半调节型母线电压一般取决于蓄电池组的电压,对于全调节型母线电压推荐为 28 V、42 V、100 V 三种,其中 28 V 为低压型、42 V 为中压型、100 V 为高压型。对于星载嵌入式计算机,通常选用 28 V 或 42 V 低中压型母线,对于调节母线电压,电压调节精度应优于 2%。

可调节母线电压在输出端测量,额定阻性负载功率输出条件下,纹波电压的峰-峰值不应高于标称母线电压的 1.0%。

当母线负载接通瞬间时,母线应能提供动态电流特性如下:

(1) 最大斜率: 10^5 A/s。

(2) 持续时间: 1 ms。

(3) 幅度: 最大动态峰值电流不超过额定电流的 1.5~2.0 倍。

以上动态峰值电流引起的母线电压变化量应小于额定电压的 5%,当动态峰值电流消失后母线电压的恢复时间应小于 10 ms。当母线输出电流从空载跃变至 50% 额定电流或从 50% 额定电流跃变至空载时,母线电压变化量应小于额定电压的 6%,恢复时间小于 20 ms。当母线输出电流从 50% 额定电流跃变至 100% 额定电流,或者额定电流从 100% 额定电流跃变至 50% 额定电流时,母线电压变化量应小于额定电压的 6%,恢复时间小于 10 ms。通过选用高速高频器件减少反馈控制环节、增加反馈控制速度等方法提高母线电源动态特性。

6.1.3.2 供电方式

卫星采用分散式供配电系统,整星的配电器将 42 V 母线和 28 V 供电通过电源母线分配给星载嵌入式计算机,星载嵌入式计算机电源系统再将一次电源分配给相应内部部件。整星的配电针对不同情况提供直供电、控制供电等两种配电方式。供电方式原理如图 6-1 所示。

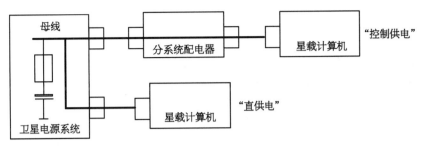

图 6-1　供电方式原理图

（1）直供电。由卫星配电器将一次电源分配给星载计算机，为直供电形式。

（2）控制供电。分系统供电从电源控制器或电源变换器一次电源母线引出，直接分配给分系统的配电器（或起配电作用的某设备），分系统的配电器经过配电控制，最后分配给星载计算机。

6.2　系统拓扑

6.2.1　电源信号定义

由于星载计算机内部功能比较复杂，其实现功能较多，许多配电通路相互独立，故系统内供电与地信号种类较多。根据星载嵌入式计算机系统的电信号功能与来源，形成如一次电、二次电、模拟电与数字电、指令电等术语定义。这些术语具体含义如下：

1）一次电

从通信技术术语而言，一次电（primary electric power supply）多指从交流变直流，粗电。对于星载嵌入式计算机而言，一次电源是指来自整星电源控制器母线的输出电信号，通常为 28 V 或 42 V 的低压直流电。

2）二次电

二次电（secondary electric power supply）多指从直流变直流，精电。对于星载嵌入式计算机而言，二次电源是指由星载嵌入式计算机电源系统中开关电源芯片或点电源、线性稳压器输出，并传输给星载嵌入式计算机内部功能模块及器件的电信号，通常为 1.8 V、2.5 V、+5 V 或 ±15 V 等。

3）模拟电与数字电

模拟电与数字电主要是根据星载计算机内部芯片功能定义进行划分。对于 A/D 转换芯片而言，正模拟电压端 V_A 的输入信号为模拟电，通常用作电路采样的参考电压，模拟电对于电源的精度与稳定度要求较高。正数字电压端 V_D 的输入信号为数字电，数字电为芯片内部控制逻辑的参考电压，通常用来判别输出数字信号的 0 与 1，数字电的精度要求比模拟电低。

4)指令电

指令电是指指令信号负载的上拉电压,星载计算机的指令电本质上是一次电,但是单独分割,主要用于驱动外部不同继电器等开关指令使用,指令地回流点为外部继电器的驱动回线(通常为一次回线),但指令驱动端主要为二次电源,回流路径为二次回线,所以指令地和二次地在单机内部必须隔离,但在装星应用或联试时必须保证二次地与指令地接通,否则会导致浮地,影响指令正常执行。

6.2.2 电源转换方式

6.2.2.1 常用电源转换电路芯片

星载嵌入式计算机的电源转换电路主要利用开关电源、点负载电源、线性稳压器等芯片来实现,常用的电源转换电路芯片包括开关电源、点负载电源、线性稳压器等。

1)开关电源

开关电源(switching mode power supply)又称交换式电源、开关变换器,是一种高频电能转换装置。其功能是将一个基准的电压,通过不同形式的架构转换为用户端所需求的电压或电流。根据输入及输出电压形式的不同,包括交流-交流(AC/AC)变换器、交流-直流(AC/DC)变换器、直流-交流(DC/AC)变换器、直流-直流(DC/DC)变换器。与传统的线性电源相比,开关电源的优势在于开关晶体管工作于开关状态,效率较高。

根据星载嵌入式计算机的工作环境,开关电源通常指直流-直流(DC/DC)变换器,它由功率金属氧化物半导体场效应晶体管(metal oxide semiconductor field effect transistor,MOSFET)、各种模拟和数字电路如脉宽调制器(PWM)、二极管和其他维持电路等组成,中心电压是 28~42 V,宇航型号的变换器电压输入范围应涵盖母线电压,常用的是 28 V±20% V、42 V±20% V。开关电源通常配合滤波器使用,将整星一次电转换为单机使用的二次电。开关电源工作原理如图 6-2 所示。

一次电 → EMI滤波器 → DC/DC变换器 → 二次电

图 6-2 开关电源工作原理示意图

2)点负载电源

点负载电源(point of load)简称"点电源",常用于分布式、多功能性的 PCB 板卡设计中,是一种微功率的电源模块。点电源具备高转换效率特性,内部集成双 N 沟道 MOS 管的同步降压转换器。在星载计算机设计中,多选择带有扩展性的功能元件,元件多且杂,考虑到电路与结构上的多样化与兼容性,无法直接通过高隔离的 DC/DC 模块进行电压转换,因此,选用点电源给内部 FPGA、MCU、ASIC、AD/DA 等负载供电。

　　星载嵌入式计算机内部,以 DC/DC 输出的二次电源作为点电源的总线电压,根据各个功能器件的要求,选用点电源进行三级转换,给后端的功率元件供电,保证产品的兼容性、稳定性与转换效率。点电源工作原理如图 6-3 所示。

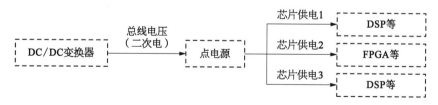

图 6-3　点电源工作原理示意图

3) 线性稳压器

　　线性稳压器(linear regulator)使用在其线性区域内运行的晶体管或 FET,从应用的输入电压中减去超额的电压,产生经过调解的输出电压。星载嵌入式计算机常选用低压差线性稳压器(low dropout regulator,LDO),低压差线性稳压器通常采用功率晶体管作为 PNP,功率晶体管允许饱和,所以 LDO 具备一个非常低的压降。由于 LDO 外围元器件较少,通常只需要几个旁路电容,且芯片具备输出电压稳定、低输出纹波和低噪声等特点,因此,针对内部输入电压和输出电压接近的工况,通常选用 LDO 芯片进行电压转换。

　　星载嵌入式计算机内部各个功能模块,以及 CPU、FPGA、PROM 等核心器件通常需要多挡不同电压的输入进行驱动。因此,星载嵌入式计算机内部将 LDO 与 DC/DC 配合使用。LDO 将 DC/DC 输出的二次电转换成计算机内部芯片所需的 3.3 V、2.5 V、1.8 V 等多挡电压。线性稳压器工作原理如图 6-4 所示。

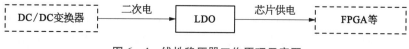

图 6-4　线性稳压器工作原理示意图

　　LDO 常用于星载嵌入式计算机内部数据采集、AD 变换等电路中。根据星载嵌入式计算机应用场合,确定核心参数,按照需求选择合适的 LDO 器件。为了降低 LDO 器件的功耗,应在满足最大输出电流的情况下,尽可能选用低压差或超低压差的 LDO 器件。对系统待机功耗有较高要求的,应选择静态电流小的 LDO 器件。

6.2.2.2　特性对比分析

　　星载嵌入式计算机电源系统根据电源应用场景、应用约束不同,选取合适的器件。三类电源器件特性对比分析见表 6-1。

表 6-1　电源器件特性对比

器件类型	实 现 机 理	优 势 分 析	局 限 性
开关电源	开关元件与电感、电容、储能元件配合,实现电压的变换	可实现高压差升降压,转换效率高,适用于大电流、高功耗场景	开关元件易形成纹波电流与尖峰噪声
点电源	通过 MOSFET、BUCK 转换器及相关控制电路实现同步电压转换	驱动电流大、瞬态响应好,适用于宇航 FPGA、MCU、ASIC 等负载点供电	对输入电源要求较高,尖峰过冲要求高,静电敏感
线性稳压器	MOS 器件对输入电压进行分压,并通过闭环控制使输出电压稳定	外围元器件较少,输出电压品质高	适用于低压差场景,器件相对功耗较高

　　根据各种电源转换芯片的特性,星载计算机通常采用 DC/DC 变换器,它利用了磁场储能,无论升压、降压还是两者同时进行,都可以实现相当高的变换效率。与 LDO 相比,尽管它要求更大的电路板面积,但是对于需要大电流的应用场景来说却十分理想。由于变换效率高,因此发热很小,这也使得散热处理得以简化。特别是与 LDO 器件相比,它常常不需要附加一个成本较高、面积较大的散热器。考虑 DC/DC 变换器集成有场效应管,使用时只需外接输入、输出电容便完成整个电路的设计,故可以使整个解决方案的空间利用率大大提高。

　　LDO 只适用于降压变换,具体效果与输入/输出电压比有关,一般用于低压差稳压变换场景。根据负载电阻的变化情况从基本原理来调节自身的内电阻,从而保证稳压输出端的电压不变。其可简化看作输出与输入电压之比。如今很多厂商都提供适合 FPGA 应用的低电压、大电流 LDO 芯片,比如 TI 的 TPS755XX 系列为 5 A 电流输出、TPS759XX 系列为 7.5 A 电流输出;Linear 的 LT1585/A 系列为 5 A、10 A 输出;National 的 LMS1585A 系列也为 5 A 输出。宇航用 LDO 电源芯片选用 MSK 公司和 ST 公司的器件较为普遍。若选用的 LDO 同样用于其他数字芯片供电,则须根据使用电流情况选用合适的电流输出芯片。由于宇航产品对抗辐照指标有一定要求,若用于高轨卫星,则建议选用抗辐照指标较高的 ST 公司的低压差电源芯片。LDO 芯片所占面积仅为几个平方毫米,只要求外接输入和输出电容即可工作。由于采用线性调节原理,LDO 输出纹波很小,可以起到电源滤波作用。不过随着 LDO 的输入/输出电压差别增大或输出电流增加,LDO 的发热比也会按比例增大,所以,在设计时需要考虑器件散热问题。

　　点电源本质上是一个分离式的电源转换电路,与开关型 DC/DC 电源不同的是,除了在选用合适的 PWM 控制器、FET 驱动器、功率晶体场效应管、电感器外,设计师往往需要开发一个补偿电路,根据星载计算机中各类 FPGA、ASIC、AD/DA 负载的供电要求进行设计,通过不断调整以满足负载功率效率与输出电压要求。另外 POL 的输入端不应有明显的尖峰过冲现象,尖峰过冲值原则上不能超过 7 V。星载计算机通常考虑电源工作条件、降额、抗静电、抗机械振动及热应力、抗空间辐照等指标进行点电源的选型。

6.2.3 电源转换拓扑

随着星载计算机不断向集成化、智能化和可扩展化发展,对星载嵌入式计算机电源系统的集成度、稳定性、效率等性能提出了更高需求。星载嵌入式计算机电源系统高集成度、高可靠、高效率成为发展必然趋势。星载嵌入式计算机的电源转换电路拓扑随之成为保障高集成度、高稳定度的基础。因此,为满足任务多样化的需求,星载嵌入式计算机应当考虑产品功耗、质量、体积、散热、电源噪声等多重因素影响,合理地利用开关电源、点电源、线性稳压器等芯片互连,形成电源转换拓扑,实现星载嵌入式计算机内部多挡供电需求。

1)串联型拓扑

星载嵌入式计算机内部所有电路均需要供电才能正常工作。以常用的逻辑门电路芯片为例,其输入电压要求值通常为 3.3 V,而从整星 28 V 母线电压直接转换为 3.3 V 的低压会造成功耗的大量损耗、降低电源效率,因此采用 DC/DC 与 LDO 串联的形式,将整星 28 V 母线电压经过多级转换,供给芯片。串联型拓扑结构如图 6-5 所示。

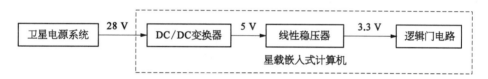

图 6-5 串联型拓扑结构图

2)并联型拓扑

星载嵌入式计算机内部集成了大量功能复杂的集成电路,尤其是 DSP、FPGA、DSP 等复杂芯片,其供电输入通常由多挡电压组成。以星载嵌入式计算机常用的 Virtex4 系列 FPGA 芯片为例,维持 FPGA 芯片的正常工作通常需要 1.2 V 的内核电压、2.5 V 的辅助电压、2.5 V/3.3 V 的 I/O 电源电压等三挡供电。因此,采用多挡电压调整器进行并联,将 DC/DC 变换器输入的二次电压由多个电压调整器转换为多挡电压,供给 FPGA 芯片。并联型拓扑结构如图 6-6 所示。

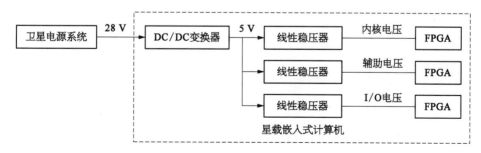

图 6-6 并联型拓扑结构图

3) 混合型拓扑

随着星载嵌入式计算机不断向集成化、复杂化、可扩展化发展，简单的串联或并联型拓扑无法满足星载嵌入式计算机电源系统要求。根据星载嵌入式计算机典型架构，电源系统实现的基本功能主要包括向内总线提供 A 机、B 机独立的二次电源，响应开关机指令，进行双机电源开关切换、输出各组电源的遥测信号等。整星 28 V 母线电压通过星载计算机电源系统的转换形成内部功能电路、器件需要的电压。混合型拓扑结构如图 6-7 所示。

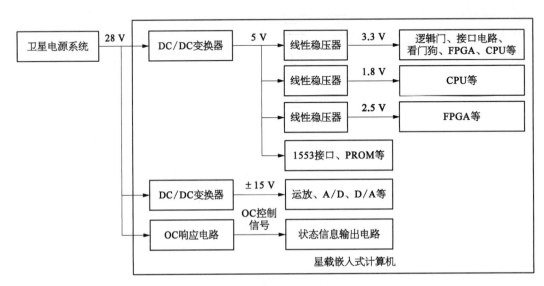

图 6-7　混合型拓扑结构图

6.3　电源接地技术

6.3.1　接地的定义

星载计算机接地，是指把设备外壳、框架或底座与物体或运载体搭接起来，以保证它们具有同样的电位。"地"是零阻抗的导体。"地"在不同的应用中，可以是基准地参考点，也可以指公共回流导线。因此，接地是在电子系统和"地"之间建立低阻抗电传导通路的方式。

6.3.2　接地的作用

星载计算机接地作用主要分为以下五个方面：

（1）为星载计算机在系统调试过程中及装星载计算机后进行等电位设计，提供一个等电位面,作为电气/电子系统的一个统一的零电位参考基准。

（2）为电源和信号电流提供流通回路。

（3）防止单机本体静电积累和静电放电。

（4）提供单机的带电粒子泄放通道,实现整星之间的电位一致。

（5）防止由于内部设备故障或由于感应场使设备框架因高电动势而产生电击等可靠性影响。

6.3.3　接地的方式

接地方式包括单点接地设计、多点接地设计、混合接地设计和浮地。宇航领域内外部电气系统接地一般采用多种方式的混合接地体制,低频电路采用低频单点接地的方式,高频电路采用多点就近接地方式。接地类型如图 6-8 所示。

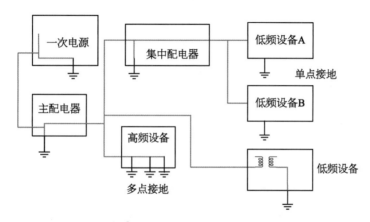

图 6-8　接地类型示意图

1）单点接地

单点接地是指所有回流点均用导线接到公共地（即一点或一条母线上）,也就是说所有回流点与公共地只有一个接地路径。在不考虑接地线之间存在互感的情况下,各电路的参考电位只与本电路的地电流和地阻抗有关,而与其他电路无关。单点接地如图 6-9 所示。

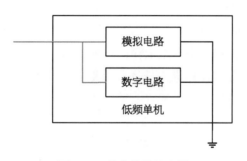

图 6-9　单点接地示意图

但是这种方法因为有很多根地线连接,常会带来较大的布线电容和电感,对排除外来的电磁干扰不利,尤其在高频时,因为各路地线电感之间的互感将产生噪声的耦合,所以这种接地方法仅适用于低频电路。

2)多点接地

多点接地是指每个器件的回路均就近接到公共地上,在射频系统中经常使用。高频信号阻抗高,易受干扰,而且导线趋肤效应使高频线路不宜过长,所以采用就近多点接地。多点接地如图6-10所示。

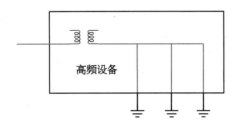

图6-10 多点接地示意图

多点接地不适用于低频电路,通过地线增加了并联旁路,形成了各种接地回路,易造成地回路干扰。

3)混合接地

混合接地是指同时采用了单点接地设计和多点接地设计。频率低于100 kHz或接地线长度小于工作信号波长1/20的低频设备采用单点接地,频率高于1 MHz或接地线长度大于工作信号波长1/20的高频设备采用多点接地。对于高频电路和低频电路均有的设备应该分别做多点和单点接地处理。高、低频信号的接地不能交叉。

4)浮地

浮地是指将单机或电路与公共地或可能引起环流的公共导体隔离开。浮地可以使不同的电路间配合(通过光耦或变压器)变得容易。浮地抗干扰能力强,但设备不与结构地直接连接,容易产生静电积累,当电荷积累到一定程度,会在设备与公共地之间引起强烈的静电释放,成为破坏性很强的干扰源。

6.3.4　接地的要求

星载计算机在整个研制流程中主要涉及以下三个方面接地:星载计算机电气接地、星载计算机结构搭接、联试过程中与地面测试系统的接地。

其中,电气接地是指星载计算机内外部各类地信号的接地方式,主要包括一次地、二次地、模拟地、功率地、指令地和机壳地等在整机装星后的接地方式。包括如下:

(1)一次地用于一次电源供电的电流回线。

(2)二次地用于二次电源供电的电流回线。

(3)模拟地用于数模转换与模数转换电路中的电流回线。

（4）功率地用于驱动加热器的功率供电的电流回线。

（5）指令地用于 OC 门指令驱动电路的电流回线。

（6）机壳地用于与整星地互通。

星载计算机在整个研制流程中大部分时间处于地面测试阶段，大部分接地故障也呈现为地面测试阶段的地连接不当问题。

1）一次地接地设计

星载计算机内部一次地主要在二次电源模块，用于供给 DC/DC 模块和切机指令继电器一次电源，其中 DC/DC 模块和切机指令继电器的一次母线输入端分开供电，避免切机指令继电器和 DC/DC 模块用同一个通路，而在故障模式下无法完成切机指令，从而提高单机的可靠性；但一次地由于两者回流路径相同，所以两者采用同一个回线。一次地接地设计如图 6-11 所示。

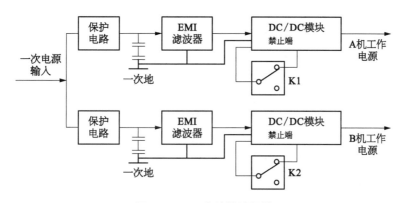

图 6-11　一次地接地设计

2）二次地接地设计

星载计算机内部二次供电主要由二次电源模块输出二次电源（+5 V、±15 V），二次电源回线与一次回线内部隔离，所有需要使用二次电源的模块均流经该二次回线，称为二次地，二次地仅在二次电源模块对外输出。

二次地除与模拟地单点连接，与一次地通过电容隔离外，与其他地之间均处于完全隔离状态。二次地接地设计如图 6-12 所示。

3）模拟地接地设计

星载计算机模拟地主要用于遥测信号的采集，遥测信号主要分为内部和外部两种遥测量。

二次地主要为数字电路供电回线，其工作频率较高，扰动较大。为提高遥测采集的精度，星载计算机通常将模拟地和二次地在二次电源模块进行单点连接，从而最大限度降低二次地对模拟地的扰动。

模拟地主要在遥测采集模块内部，同时最大限度消除了因二次地的扰动给遥测采集带来的干扰。模拟地接地设计如图 6-13 所示。

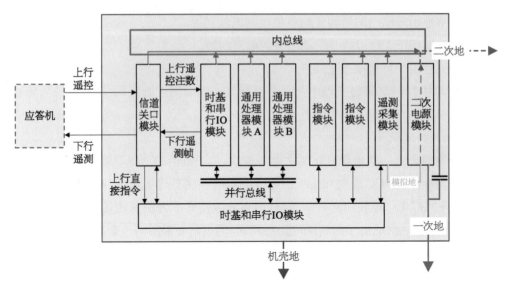

图 6-12　二次地接地设计

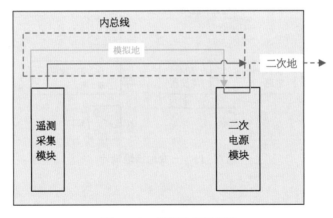

图 6-13　模拟地接地设计

4) 指令地接地设计

星载计算机的指令地本质上也是一次回线,但是单独分割,主要用于驱动外部不同继电器等开关指令,指令地回流点为外部继电器的驱动回线(通常为一次回线),但指令驱动端主要为二次电源,回流路径为二次回线,所以指令地和二次地在单机内部必须隔离,但在整星应用或联试时必须保证接通才能使用(图 6-14)。

5) 功率地接地设计

星载计算机内部无功率地,星载计算机功率驱动指令必须通过扩展单元的功率驱动电路来实现。整星应用或联试过程中功率驱动由二次电源来驱动,所以必须将二次地和功率地在公共地进行单点接地才能保证其应用,否则发送驱动指令将无响应。

6) 机壳地接地设计

机壳地是星载计算机的结构参考零电位,星载计算机与机壳直接相连的主要为二次

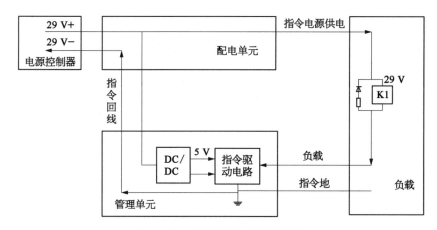

图 6‑14　指令地接地设计示意图

电源模块中的 DC/DC 壳体和功能模块中的 MOS 管壳体,用于大功率元器件散热。机壳地在单机内部与其他地均处于隔离状态,但在整星中与整星壳体连接,并最终连接在公共地。

但为了保证单机的可靠性和安全性,机壳地与一次地、二次地之间分别需要通过小电容进行隔离,用于改善在高频扰动情况下的电磁兼容性。

6.4　电源可靠性与安全性

星载嵌入式计算机作为宇航产品,其特点在于寿命长、高可靠与不可维修性。电源系统作为星载计算机的关键单元,一旦电源系统发生可靠性与安全性问题,将直接导致星载计算机无法获得稳定的供电来源,造成计算机器件功能异常或失效,最终整星风险不可控。因此,星载嵌入式计算机电源系统在设计时,通常采用冗余备份、降额和加固等多种手段保证系统的可靠性与安全性。

6.4.1　可靠性设计

6.4.1.1　保护电路设计

从母线输入开始到 DC/DC 转换输出,中间根据设计需求,一般具备限流保护电路、浪涌电流抑制电路、滤波电路和遥控指令继电器电路。保护电路工作原理如图 6‑15 所示。

限流保护电路通常采用限流电阻加熔断器的非平衡方式,以两个具有相同额定电流的熔断器并联,其中一个支路上串联一个限流电阻,限流电阻的阻值大于熔断器直流电阻值的 10 倍。所选熔断器应具备抗瞬态过载的能力。当设备发生不致损坏母线的瞬态过载时,熔断器不得熔断。瞬态电应力(浪涌电流)会产生热循环和机械疲劳,影响熔断器寿

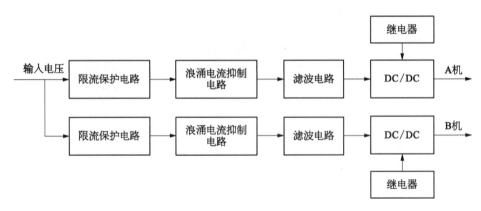

图 6-15 保护电路工作原理图

命。在核算承受电流能力时要分别核算幅值及时间,即浪涌电流的 I^2t 要小于熔断器幅值过载倍数对应的最小额定熔化热能值的一半。以上海松山电子有限公司生产的熔断器为例,其 5 A 保险丝额定熔化热能 I^2t 值为 4.6,根据其脉冲冲击次数和熔化热能 I^2t 关系特性曲线,当实际熔化热能小于额定熔化热能值的 22% 时,可以承受 10 万次脉冲电流的冲击。所选熔断器同时也应具备在超过额定电流工作一定时间后必定熔断的特性,从而确保故障的隔离。

1) 电阻保护电路

小电流(<150 mA)的用户尽可能采用限流电阻作为母线保护电路,但是限流电阻的阻值不小于 5 Ω。卫星负载(星上仪器设备、设备)电路短路时,保护电阻应能在较短时间内(数秒)变大,使被保护电路的工作电流<150 mA。电阻器功率值的取值不能太大,R 的额定功率一般为 1/8~1/4 W,根据使用经验,负载电路短路时施加于电阻器上的功率为电阻器额定功率的 50~100 倍。电阻器母线保护电路原理如图 6-16 所示。可以采用并联一路保险丝且串联一个电阻的模式。

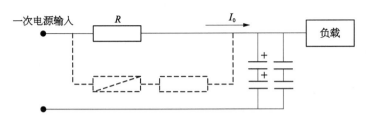

图 6-16 电阻器母线保护电路原理图

2) 熔断器保护电路

当选用双熔断器时,熔断器保护电路必须设计在电路入口端,采用两个相同额定电流的熔断器并联使用,其中一个支路上必须串联一个限流电阻,限流电阻的阻值应大于熔断器直流电阻值的 10 倍以上。若相应母线设备上的最大额定工作电流为 I_e,则其中任一熔断器的额定工作电流应满足下式:

$$I_{\mathrm{e}} \times 2 < I_{\mathrm{n}} < I_{\mathrm{e}} + 7 \tag{6-1}$$

　　选取其中满足上式的具有较大标称额定值的熔断器。对于浪涌电流较大的容性负载,安全系数的取值应慎重考虑,并经过一定的验证试验后给出较为确切的安全系数。采用双熔断器进行短路保护时要设置测试点,且具有可测试性。熔断器保护电路如图 6-17 所示。

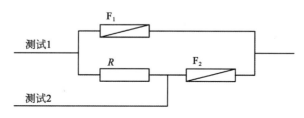

图 6-17　熔断器保护电路图

6.4.1.2　电磁兼容性设计

　　DC/DC 变换器入口处加滤波电容,输出口加滤波电容和电感。电源滤波器的输入端尽量靠近一次电源的输入口,滤波器的输入输出进行隔离,电源滤波器与 DC/DC 模块的间距尽量短,连接的印制线尽量宽,其宽度和长度的比值尽量靠近;输出的供电印制线尽量宽,印制板与模块机壳保持良好接地状态;对模块的输入、输出增加滤波电路等。滤波器中的电容导线和接地线尽量短,防止容抗和感抗在某个频率上引起谐振;滤波器中的电容与其他元件正交放置,防止相互耦合。另外,考虑 DC/DC 变换器共模信号的滤波需要,可以设计一个共模扼流圈和电容组成的滤波器,以降低共模电流的影响。设计中尽可能选用多层印制板电路,在布板时单独设置电源层和地层,模拟电源与数字电源网络分开设计、模拟地与数字地的网络分开设计,整个电路可以采用大面积接地设计。

6.4.1.3　剩磁设计

　　电流走向相反的线尽量保持平行,尤其所有差分信号线走平行线。尽可能采用非磁性材料和元件,以降低单机磁矩。继电器安装尽可能成对放置,如图 6-18 所示。

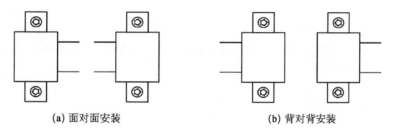

(a) 面对面安装　　　　　　　　　　(b) 背对背安装

图 6-18　继电器安装方式示意图

6.4.2　安全性设计

1）使用安全性

使用安全性包括接插件安全性、安全间距、供电安全性三个方面。

（1）接插件安全性。设计时须充分考虑接插件尽量采用防错插措施，如供电插头型号与信号插头型号不同，避免与其他插头混插，插头插好后必须有双岗人员的二次确认；单机输入电源插头的正负极性节点之间须隔开，防止短路；单机中主机和备份机的一次电源输入端分开，不互相影响；单机电源输入插座选择座针，避免输入电缆插头内短接引起供电短路。

（2）安全间距。印制导线宽度的设计应根据其预计所承受电流大小来确定。印制导线的载流量与导线的宽度、厚度有关，还受导线散热条件的影响；一般要求最小导线宽度应不小于 0.13 mm，优选宽度不小于 0.2 mm。除 BGA 封装器件及引脚间距小于 0.5 mm 的表贴器件以外，印制板最外层印制导线的最小间距应不小于 0.13 mm，内层印制导线最小间距应不小于 0.1 mm。

（3）供电安全性。使用时注意 DC/DC 变换器的供电输入必须在其正常工作电压范围内，不可使其连续长时间欠压或过压工作，长时间不合理的使用会导致其损坏和烧毁。

2）测试安全性

在调试、测试、试验过程中，整个系统（包括地面测试设备）必须通过隔离变压器供电。所有的调试、测试、试验设备必须在使用期限内。单机电源地必须与测试设备地、大地相连。

对单机或单板供电的电源必须设置过压、过流保护，保护单机的安全供电，并随时监视、记录，出问题时及时报警并在必要时断电。首次上电，首先设置继电器初态（一般继电器出厂状态不定），每次测试完成后，必须将继电器状态设置回初态，并在产品使用说明中进行详细描述。

6.5　电磁兼容性设计技术

电磁兼容（EMC）是指设备或系统在其电磁环境中符合要求运行并不对其环境中的任何设备产生无法忍受的电磁干扰的能力。电磁兼容模型的三大要素包括干扰源、耦合路径和敏感设备。星载嵌入式计算机产品的电源转换电路给 CPU、FPGA 等大量大规模集成芯片提供电压和电流，是功能电路工作的能量来源，会产生很大的噪声，另外数字电路部分有很多快边沿高速器件，工作时也会产生很大的噪声。而模拟电路部分有一些 AD 转换芯片、放大器等比较敏感的器件，容易受到噪声的干扰。噪声干扰敏感设备的方式主要有传导和辐射两种。

星载嵌入式计算机电磁兼容性设计主要围绕电源电路来展开,数字电路、模拟电路的工作状态都是由电源电路提供的电压或电流来控制的,当芯片工作的时候,芯片内的 PN 结被导通,在电源和地之间形成完整的回路,因此数字电路、模拟电路从本质上讲和电源电路是一个整体,是电源回路的一部分。

星载嵌入式计算机电磁兼容性设计原则如下:

(1) 减小干扰源的强度。

(2) 优化电磁耦合通道。

(3) 增强敏感设备的抗干扰能力。

6.5.1　电磁兼容性设计

星载嵌入式计算机产品的电磁兼容性设计主要包括产品方案设计、元器件选型、电路设计、PCB 设计、电缆与接插件设计、接地与屏蔽、滤波设计等方面,见表 6 - 2。

表 6 - 2　星载嵌入式计算机产品的电磁兼容性设计主要内容

序号	设 计 项 目	设 计 内 容
1	产品方案设计	产品时钟频率的选择,总线方案,接口方案
2	元器件选型	速率、功耗、电平逻辑标准、封装
3	电路设计	成熟度评估、SI 设计、PI 设计
4	PCB 设计	布局设计、布线设计
5	电缆与接插件设计	接口分类、走线分类
6	接地与屏蔽	地线分类和隔离;机壳、腔体、接缝设计
7	滤波设计	共模滤波、差模滤波

1) 产品方案设计

星载嵌入式计算机数字电路部分是在特定时钟频率下按设计好的时序工作,方波时钟及其控制的所有信号可以衍生出宽带谐波,时钟频率的设计很重要。合理选择产品时钟频率,其基波和谐波频率应避免与敏感产品的频点重合;在满足性能指标的前提下,应尽量降低工作主频,可采用内部倍频方式提升运算性能。

在满足适用可靠度要求的前提下尽量简化系统设计,降低系统的功能密度,去除非必要的兼容设计、冗余设计,降低 PCB 密度。

星载嵌入式计算机一般包含多种功能模块,内总线信号丰富,产品内模块互连应多用差分形式,除需要瞬时大吞吐量的高速存储总线外,少用单端并行总线。优先选用低摆幅串行差分传输,如 LVDS 等。

驱动和接收芯片的速率应尽量保持一致,慎用高速器件驱动低速器件的方案,降低地弹共模噪声。接口信号的交叉备份延长了接口芯片到外接插件的距离,容易耦合噪声,如图 6-19 所示。应慎选 A/B 机交叉备份方案,外总线接口器件(IO 驱动器)应紧挨接插件,并远离其他高速器件。

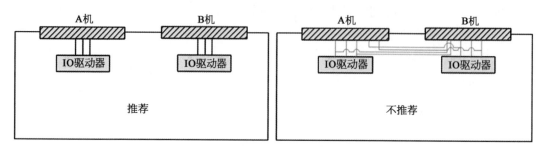

图 6-19 一对一备份、一对二交叉备份接口形式

2)元器件选型

尽量选择低电压、低功耗的元器件,降低元器件的信号辐射强度,降低模块内部的信号干扰和产品对其他系统的电磁影响。优选 SoC、SiP 等片上系统,可提高数字系统的集成度,降低功耗和 PCB 密度,简化匹配方案,降低寄生参数。

信号边沿速率越快,高频分量幅度越大,因此在满足时序性能要求的前提下,尽量选用慢边沿低速器件。推荐选用 I/O 接口可调整的器件,比如大部分 FPGA 的 I/O 边沿斜率和驱动电流可调,在满足时序要求的前提下可以配置成慢边沿、小电流模式的元器件。

优先选用寄生参数小的器件封装,比如 TSOP、CSP、BGA,尽量避免使用插件封装。

电容对信号质量和噪声控制的作用很大,钽电容适用于低频终端,主要是存储器和低频滤波领域。在中频范围内,陶瓷电容比较适合,用于去耦和滤波。去耦电容主要功能是提供一个局部电源给有源器件,以减小开关噪声在印制板上的传播和将噪声引导到地,电容值须依据要滤除信号的上升时间和下降时间进行选取。选用的电容应具有较低的等效串联电阻值。

3)电路设计

星载嵌入式计算机电路尽量继承已有成熟可靠、得到飞行验证的电路,对于采用的新电路设计应进行充分论证。快边沿的驱动器,建议加源端串联匹配电阻,防止信号反射使得高次谐波分量的幅度增大。总线接插件应多定义地管脚,并且在整个接插件上相对均匀分布。建议每个单端信号和电源都有一个靠近的地管脚。对外接口信号尽量避免非差分信号,沿接口进行放缓处理,尽量选用 LVDS。

电源完整性方面,低频去耦大电容(一般为固体钽电容)去耦半径大,大功率器件建议每个器件一组(防止钽电容短路失效,一组为两个串联),小功率器件可以多个器件合用一组。高频去耦小电容(如陶瓷电容)去耦半径小,建议每个电源管脚配置一个;电容的谐振频率(由电容值与寄生电感决定)应与需要去耦的频率对应。

4）PCB 设计

星载嵌入式计算机的高速数字模块建议采用多层板设计,加入多层电源和地平面,一般建议长距离走线布在内层,使得平面层对信号具有一定的屏蔽作用。电源平面应相对于地平面内缩,在板边打一圈缝合地孔。

根据电路的特点进行模块化布局,将强电信号和弱电信号分开。根据单元电路对电磁兼容性敏感程度不同进行分组,将电路中易受干扰的元器件尽量远离干扰源。数模混合板做数模地分割处理,在数字信号跨越数模地的位置应放置连接电阻或磁珠,减小数字信号跨平面分割产生的共模电流。高频小电容紧靠芯片管脚放置,控制电源高频纹波,控制共模电流。非接口高速器件不靠近外总线接口,噪声电流尽量远离接口;外总线接口器件应紧靠对外接插件放置,到接插件的走线尽量短。与开关电源配对的 EMI 滤波器应靠近电源输入接口,保证隔离效果。

根据信号的重要程度分级布线,优先保证时钟信号、高速串行差分信号、模拟信号等重要或敏感信号。与非完整平面(如一个平面层分割成多个电源)相邻的信号层,信号走线尽量少跨越平面分割,防止共模电流的产生。时钟等重要信号走线应尽量短,建议单负载;多负载时采用菊花链等拓扑结构控制信号反射,走线尽量短,以降低天线效应,防止意外的发射或接收电磁干扰。差分信号用差分走线规则,紧耦合走线,保持对称性,降低产生的共模噪声。线路避免布设过密,平行走线间距尽量大于差分走线宽度的 3 倍(3 W 规则),降低信号间的串扰。常规信号一般控制在单端阻抗 50 Ω、差分阻抗 100 Ω,并保持阻抗连续。

5）电缆与接插件设计

接口信号应按类型和功能划分,不同类型的信号走线分开并有独立的接插件。功率电缆与信号电缆分开走线。对外接插件排点应尽量确保地线充足,单端信号线与地线数量比例建议为 1∶1。对于装星载计算机不再使用的产品对外空接插件,应做好空插头保护,无用管脚接地并完整屏蔽包覆。接口差分信号的传输电缆建议用双层屏蔽电缆,其中,内层屏蔽层接数字地,为差分信号转共模产生的噪声提供回流路径;外屏蔽层接机壳地且与接插件完整连接。有条件时,建议在所有电缆两端接铁氧体共模扼流圈,衰减流经电缆的共模电流。

6）接地与屏蔽

将地线分类和隔离,产品内部信号多点接地或接平面地。对于印制板上的局部强干扰源可以设置屏蔽块或金属网层。对于强干扰模块,在重量与散热允许的情况下,可以考虑设置整板整面屏蔽或配置独立屏蔽盒,有效控制对外辐射。产品壳体对其内部电路形成全包围性金属屏蔽,产品外部接地、搭接依靠安装面,安装螺钉和接地桩。机箱盖板、侧板接缝处按楔形设计,尽可能使接缝造成曲折的设计,增加电磁波通过的损耗。另外,如果条件允许时还应在接缝处设计导电衬垫,确保接缝处的电连续性。导电衬垫应选用不带背胶的型号,可在局部点胶以便固定。产品对外的高频接口和低频接口连接处均采用无缝连接,可具有良好的对外屏蔽效果。

高电压小电流干扰源以电场干扰为主，采用高电导率金属屏蔽体并采取接地措施。低电压大电流干扰源以磁场干扰为主，采用高磁导率材料实现磁屏蔽或提供磁旁路，增加屏蔽体厚度或采用多层屏蔽，屏蔽体无须接地。在频率很高的情况下，远场电磁屏蔽可采用高电导率材料制成的屏蔽体，并良好接地。如果需要屏蔽的磁场强度很强，可考虑多层屏蔽。金属材料作为屏蔽材料，其电导率、磁导率会随外加电磁场、频率、温度等变化而变化，屏蔽体在经过机械加工后，必须经过热处理以恢复其导磁性。

7）滤波设计

电源输入滤波器一般选择 DC/DC 厂家研制生产的与 DC/DC 型号相匹配的输入滤波器。建议选用不带瞬态抑制二极管的滤波器。电源输出差模噪声滤波应选用高质量、低等效串联电阻（ESR）的电容，靠近电源芯片管脚放置；输出共模噪声滤波可采用共模扼流圈。

8）电磁兼容仿真

可以通过 Mentor、Ansys、Cadence 等仿真软件进行电磁兼容仿真，通过仿真可以得到印制板上具体信号的时域波形及频域频谱，进行干扰源和干扰强度分析。通过对匹配方式、拓扑结构、走线长度和过孔等进行设计优化，反复迭代，最终达到降低特定频点辐射强度的目的。

6.5.2　电磁兼容性试验

星载嵌入式计算机电磁兼容性试验包含两个方面内容：一方面是对产品的电磁兼容特性进行评估，按照《军用设备和分系统电磁发射和敏感度要求与测量》（GJB 151B—2013）和《航天系统电磁兼容性要求》（GJB 3590—1999）等规定的试验要求和方法进行，评估产品是否符合电磁兼容要求；另一方面是进行星载嵌入式计算机的现场电磁测试，用近场探头、远场天线等工具结合频谱仪等设备进行产品电路的场强测试分析，对电磁发射情况进行量化。

6.5.2.1　电磁兼容性标准试验项目

根据 GJB151B—2013 和 GJB3590—1999 的要求，星载嵌入式计算机电子产品推荐的电磁兼容性试验项目见表 6-3，相关项目均适用于星载嵌入式计算机。电磁兼容性试验应在具备试验资质的专业试验室进行。

表 6-3　星载嵌入式计算机电子产品推荐的电磁兼容性试验项目

序号	项目代号	项 目 内 容	适 用 范 围
1	CE101	25 Hz～10 kHz 电源线传导发射	一般设备
2	CE102	10 kHz～10 MHz 电源线传导发射	一般设备
3	CS101	25 Hz～150 kHz 电源线传导敏感度	一般设备

序号	项目代号	项 目 内 容	适 用 范 围
4	CS114	10 kHz～200 MHz 电缆束注入传导敏感度	一般设备
5	CS115	电缆束注入脉冲激励传导敏感度	一般设备
6	CS116	10 kHz～100 MHz 电缆和电源线阻尼正弦瞬态传导敏感度	一般设备
7	RE102	10 kHz～18 GHz 电磁辐射发射	产生电场辐射的设备（射频设备、数字类含晶振的设备）
8	RS103	10 kHz～40 GHz 电场辐射敏感度	一般设备
9	CS112	静电放电敏感度	一般设备

6.5.2.2　电磁兼容性问题测试

在星载嵌入式计算机产品的设计开发过程中，会遇到一些电磁干扰问题。需要找出故障原因并进行优化改进，通常有近场测试和远场测试两种方式，近场采用探头或场强扫描设备测试，远场采用天线测试。通过测试，可定位到具体的辐射频点和位置。

1）近场和远场的特点

近场干扰主要是耦合的方式：

（1）如果场源是高电压小电流的源则近场主要是电场，此时电场大于磁场，波阻抗较高，因此电场源又称为高阻抗场源。

（2）如果场源是低电压大电流的源则近场主要是磁场，此时磁场大于电场，波阻抗较低，因此磁场源又称为低阻抗场源。

远场干扰主要是辐射的方式，无论场源是电场源或磁场源，对于某一频点 f，当与场源距离 r 大于 $\lambda/(2\pi)$ 后场都变成了远场，又称为辐射场。这时电场和磁场的方向垂直并且都和传播方向垂直，称为平面波。此时电场和磁场的比值为固定值，波阻抗为 377 Ω，电场和磁场都以 $1/r$ 速率随距离减小，所以远场也称为电磁场。

2）近场测试

近场测试主要针对单板模块、接插件的出入口等，可以采用近场探头结合频谱仪的方式进行探测，近场探头一般较小，移动灵活，可以进入比较狭小的空间，适合手持在设备内部移动，近场探头的尾部通过同轴电缆连接到频谱仪，可以实时读取不同位置的耦合功率，还可以通过串接放大器的方式提高接收灵敏度，根据电场源、磁场源的特点选用不同规格的近场耦合探头，如图 6-20 所示，可参考探头厂家的使用手册选取合适的探头，如图 6-21、图 6-22 所示。

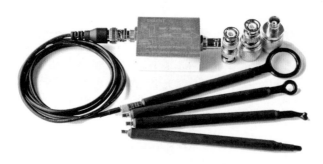

图 6-20　近场探头及连接电缆

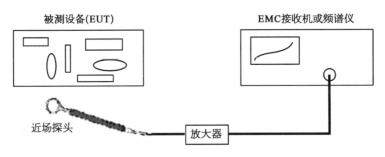

图 6-21　近场探头测试示意图

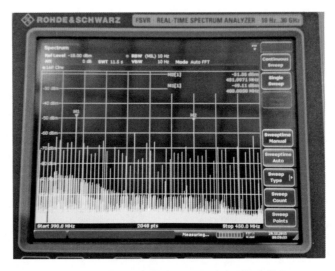

图 6-22　频谱仪或接收机可实时读取耦合数据

　　场强扫描设备可用于整个模块的场强定位,把单板模块放置在扫描板上,扫描设备可以一次性给出所有坐标的电场强度,电磁扫描设备如图 6-23 所示。

　　近场测试,可以定位辐射最大的芯片、接插件、电缆的位置,锁定干扰源。

　　3)远场测试

　　根据远场的特点,主要测试单机设备、电缆等的辐射强度,可以采用远场天线结合测

图 6‑23 电磁场扫描设备

试仪的方式进行探测,产品的位置、电缆的排布应尽量模拟卫星实际工作环境,天线的尾部通过同轴电缆连接到测试仪,读取不同频点的辐射功率,如图 6‑24 所示。根据故障测试对应的频率范围选择合适的天线,比如单极天线、对数周期天线、双锥天线和喇叭天线等。

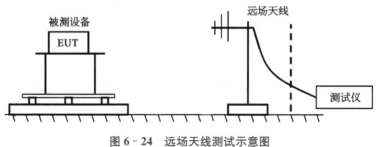

图 6‑24 远场天线测试示意图

6.6 电源稳定性

6.6.1 浪涌抑制

1) 浪涌的产生

供电电路中 DC/DC 变换器输入滤波器的设计是电感和电容的结合,为了达到降低 EMI 的目的以及满足因为温度变化所必须达到的降额,设计时通常使用大容值的滤波电容。随着制造工艺的创新,电容的 ESR 越来越低,使得电容在加电瞬间近似短路,有很高的电压变化率。通过如下公式表述：

$$i_c = C \times \frac{dV}{dt} \qquad (6-2)$$

式中，i_c 为上电瞬间的电流值（A）；C 为 DC/DC 变换器等效输入电容值（μF）；$\frac{dV}{dt}$ 为电压上升斜率（V/μs）。

由式（6-2）可知，加电瞬间将引入很大的瞬时电流，可能会远远超出一些器件的额定值，使器件受损甚至失效，烧毁保险丝，或者使继电器误触发。

据统计，宇航电子产品未进行浪涌抑制设计时的浪涌电流幅值集中在 10～30 A，持续时间集中在 10～500 μs，浪涌电流具有较大的复杂性和不确定性。

2）浪涌的危害

浪涌电流的复杂性和不确定性往往会造成很大的危害，主要体现在以下五个方面：

（1）浪涌电流可能对配电继电器触点造成损坏，导致继电器触点黏连或断开，造成电子产品无法通过指令进行正常开关机，使得产品功能丧失。

（2）浪涌电流会导致输入电压波形塌陷，使供电品质变差，进而影响其他用电产品的工作，使系统可靠性及稳定性能降低。

（3）浪涌电流会增加电源系统的能源负担，特别是当大功耗产品发生继电器黏连的情况下，严重时还会影响型号任务的完成。

（4）浪涌电流有可能通过耦合或传导等途径影响信号电路如指令信号或遥测信号时，很可能引起其他用电产品的指令误操作（如复位、异步中断等）或状态检测异常，从而影响系统的故障判断，造成不必要的麻烦和损失。

（5）瞬态浪涌电流过大，有可能给各支路中熔断器选择和基于熔断热能的保护电路的设计造成困难，一方面要保证在过载时切断负载供电，起到保护作用，另一方面又必须在瞬态浪涌电流时不发生误动作。因此，对宇航电子产品进行浪涌电流抑制设计是必要的。

3）浪涌抑制方法

由浪涌电流产生的原理可知，在电源电压 DC/DC 固有特性固定的情况下，影响浪涌电流大小的主要因素是设备上电时间 t（即设备输入电压建立时间），延长输入电压的建立时间是减小设备浪涌电流的有效方法，常用措施有增加限流电阻和采用软启动电路。

（1）串联限流电阻法。通过串联限流电阻来减小输入浪涌电流，在 EMI 滤波器之前的电源输入正端增加限流电阻，通过延长 DC/DC 变换器内滤波电容的充电时间减缓输入电压建立的时间，从而达到抑制浪涌电流的目的，如图 6-25 所示。

限流电阻越大，浪涌电流幅值越小。实际使用中，综合考虑限流电阻上的压降以及限流电阻产生的功耗等因素，一般选择功率型线绕固定电阻器，其具有功率大、精度高、体积小等特点。

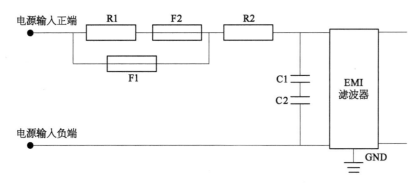

图 6-25　串联限流电阻法示意图

使用限流电阻的方法只适用于稳态工作电流较小的产品,对大电流产品会产生较大的压降和较大的功耗等负面影响。另一方面,使用限流电阻的设计方法时,需要该产品随着整体电路一同加电,因此需要考虑设计会不会对其他产品的供电可靠性造成影响。另外,对于需要频繁开关机的产品,此方法并不适用。

(2) 基于 MOS 管的软启动电路。采用基于 MOS 管的软启动电路以抑制浪涌电流,应用于宇航产品的供电电源转换中。MOS 管之所以能被用于浪涌电流抑制电路中,是由于它具备如下特性:

① MOS 管是多数载流子器件,具有很快的开关速度。

② 开关损耗小。

③ 栅极驱动方式简单。

④ 在导通状态,漏-源导通压降较低,从一定程度上提高了电源转换效率。

由于正常工作时,MOS 管在可变电阻区时间极短,不能消除或降低浪涌电流。为降低浪涌电流,应使 MOS 管在可变电阻区工作一段时间。如何使场效应管有足够的时间(在完全导通前)工作在可变电阻区,成为浪涌电流抑制电路设计的关键。

6.6.2　纹波抑制

1) 纹波的产生

纹波(ripple)最常见的定义是指在直流电源上不希望出现的交流电压变动量,一般是因为直流电压是利用交流电压转换后产生,其中输出电压中的交流成分无法完全消除而造成。

2) 纹波的危害

纹波本身属于星载计算机不期望的干扰项,其危害主要体现在以下五个方面:

(1) 容易在设备中产生不期望的谐波,而谐波会产生较多的危害。

(2) 降低了电源的效率。

(3) 较强的纹波会造成浪涌电压或电流的产生,导致烧毁用电设备。

(4) 会干扰数字电路的逻辑关系,影响其正常工作。

（5）会带来噪声干扰，使图像设备、音响设备不能正常工作。

3）纹波抑制方法

星载嵌入式电源系统设计时，在轻载模式下切换为较低的开关频率，重载情况下使用较高的开关频率。这一模式的缺点在于所引入的电源纹波更高，且纹波频率分布范围广，抑制较为困难。为了改善电源噪声及纹波，目前常用的纹波抑制措施有多级 RLC 滤波、共模扼流圈、后级低压差线性稳压等，其对比分析见表 6-4。

表 6-4 常用纹波抑制方法对比

器件类型	优 势 分 析	局 限 性
多级 RLC 滤波	滤波性能好，使用无源器件，不会引入额外噪声	体积较大，引起效率下降，受寄生参数影响，对宽频带噪声抑制困难
共模扼流圈	可对共模电流进行抑制，改善因共模电流而引起的噪声	不能对差模信号有抑制作用
后级低压差线性稳压	体积小，抑制能力强且抑制频带宽	使用有源负反馈电路，较易形成环路不稳定现象

6.7 电源损耗与噪声

1）热损耗

所有用电设备均需电源模块提供能量，由电源模块来实现输入电压与输出电压间不同电平的转换，同时，电源模块在转换过程中，会在模块中消耗能量。相关公式如下：

$$V_{IN} \cdot I_{IN} = V_{OUT} \cdot I_{OUT} + P_{DIS} \qquad (6-3)$$

$$\eta = \frac{V_{OUT} \cdot I_{OUT}}{V_{IN} \cdot I_{IN}} \qquad (6-4)$$

式中，当耗散热能 P_{DIS} 增大时，电源模块的转换效率 η 将不可避免地降低。同时，由于仪控设备内部到周围的热沉间存在热阻，耗散的热能与热阻、温升间的关系满足式（6-3）、式（6-4），因此耗散热能必将使得设备内部尤其是靠近电源插件的位置温度升高。

2）共模噪声

共模噪声是指 DC/DC 输入和输入回线，或者 DC/DC 输出和输出回线相对于公共参考点共有的噪声分量。公共参考点通常指变换器的金属外壳。

3）差模噪声

差模噪声是指 DC/DC 输出或输入与其回线间测量的噪声分量。

4）输入纹波电流

输入纹波电流是指在 DC/DC 变换器输入端由变换器开关动作所产生的电流，以毫安峰-峰值或毫安 RMS 值表示。输入纹波电流通常在满载情况下、在规定的频带内和规定的源阻抗下进行测量。

5）输出电压纹波

输出电压纹波是指在规定频带内，DC/DC 变换器输出电压上叠加的 AC 电压幅度。以毫伏或毫伏 RMS 有效值表示，通常在满载下测量。

6）输入线滤波器

输入线滤波器是指在电源输入端的低通滤波器。它能衰减馈入电源的输入线噪声，或者由电源产生的反射纹波电流。

7）电磁干扰

电磁干扰是指从开关电源发射的传导或辐射噪声。

8）输入纹波抑制

输入纹波抑制是指在特定频率下或者作为频率的函数，在响应注入的 AC 输入信号时，输出 AC 信号的衰减量，单位以 dB 表示。

6.8　电源器件特性

6.8.1　开关电源

分散式二次电源系统是相对于集中供电而言的，卫星系统大多采用分散供电。实现从单一 28 V 总线给所有分系统供电，而不需要为每种电压贯穿整星系统进行重复布线。除了节省重量和空间之外，这种结构还易于设计和升级各个独立的分系统，而无须改变整个系统的布线。使用 DC/DC 变换器能够提供稳定的输出电压，而不受输入电压和负载波动的影响，这对于许多灵敏的分系统是一个重要的特点。

对于星载嵌入式计算机电源系统来说，分散供电设计总的原则是简单明了，但是当电源从集中位置移到应用点的时候，要解决两个重要问题：① 噪声。当多个开关电源放在一个系统里的时候，从变换器本身产生的传导和反射纹波需要测量和控制。② 散热。当电源被压缩到很小、机壳安装到单机上时，必须保证能将变换器工作过程中产生的热量散发出去。在考虑基本的噪声与散热以外，还要遵循诸多设计准则。包括如下：

（1）功率降额原则和壳温限制。DC/DC 模块的失效率与内部芯片的结温密切相关，结温与壳温的差取决于模块的耗散功率。可做如下粗略估计：在允许的结温范围内，每降低 15℃，工作寿命可延长 1 倍。当变换器结构确定的情况下，降低结温的措施包括限制壳温和降低自身功耗。

为尽可能降低壳温,应进行良好的散热,并应对散热的效果进行试验验证。对空间长寿命运用场合,建议在真空 40℃ 环境下,将变换器壳温控制在 60℃ 以内。

为了降低自身功耗,应对输出功率进行适度降额。建议将最大输出功率控制在额定输出功率的 60% 左右,随着降额系数的进一步减小,因效率降低,故功耗降低不明显。

(2) 安装和散热。模块必须加散热器散热,并将散热器与机箱连接。建议尽量将模块安装于机箱壳体上。为便于安装固定和散热,一般应选择有安装凸耳的模块,使模块与散热安装面压紧。安装面应平整光洁,并在模块与安装面之间垫导热硅橡胶片(电绝缘),以消除间隙。对于无安装凸耳的小功率模块,应另外设计附加构件将模块压紧,但压力不能作用于外壳的顶部,应压在模块的边缘。如果必须将模块安装在印制板上时,那么应尽可能靠近印制板的边缘。模块安装面应有足够面积的铜箔,固定压紧、垫导热膜,并通过铜箔再将热量传导到机箱外壳。

(3) 外壳的接地处理。变换器内部电路与外壳之间用陶瓷基板绝缘,由于分布电容,在模块外壳上存在较大的共模噪声。如将模块外壳地与部件机箱相连,此共模噪声可能影响部件正常工作;外壳若与部件机箱隔离,可能积累静电导致真空放电,不利于电磁屏蔽。因而,模块外壳地的连接问题应根据具体情况通过试验妥善解决。

(4) 输入与输出滤波。当规定设备的电磁兼容性须满足 GJB151.3 传导发射 CE03 和辐射发射 RE02 要求时,应在 DC/DC 模块输入端加 EMI 滤波器。当输入一次电源存在大的瞬态干扰时,可选用带瞬态抑制功能的 EMI 滤波器。EMI 滤波器应尽量靠近变换器模块,用尽可能短、尽可能宽的导体把变换器与滤波器的外壳连接在一起。

当自行设计 EMI 滤波器或选用其他厂家的滤波器时,应注意与 DC/DC 变换器的输入阻抗相匹配,否则,因变换器的负输入阻抗特性可能导致系统振荡,甚至可能会引起 PWM 变换器的损坏。多个模块一般可共用一个输入 EMI 滤波器,其额定电流应大于各模块最大输入电流的总和,并留有足够的裕量。

(5) 输出负载及保护。最大输出负载不应超过额定负载的 70%;在多输出模块中,最小输出负载应根据交叉调整率要求及各路实际负载比例决定。模块本身都具有过载及短路保护功能,在低于额定壳温情况下工作时,可保持长时间短路状态。但在超过最大壳温时,不再保持这一特性。一般情况下,输出短路时间不宜过长。MHF＋和 MHV 输出模块由于采用峰值电流保护,短路功耗较大,温度上升较快,使用时应予注意。

(6) 输入电压范围。最高电压应不大于最大额定值的 80%,最低电压应不小于最小额定值的 1.2 倍。如对输入电压范围为 16~40 V 的模块,其最高输入电压应不大于 32 V,最低电压应不小于 19.2 V。DC/DC 变换器不允许输入电压反向;如果输入反向电压,就可能产生反向过流损坏。用户可根据实际情况在输入母线正端增加二极管保护电路。

(7) 同步与禁止功能。当设备中使用多个 DC/DC 变换器时,由于它们工作频率的差异,可能产生差拍噪声。由于该噪声频率较低,一般很难滤除,有时可能干扰敏感部件的工作。这时,可以利用变换器的同步功能实现多个变换器的同步运行。几乎所有的

DC/DC 变换器都具有禁止功能。在禁止状态下，由禁止信号关断内部偏置电源，从而实现不断开输入电源线而关断变换器。美国 Interpoint 公司除 MFL(65 W 单输出模式)型变换器具有相对于输出地的禁止功能外，其余所有变换器的禁止功能都是相对于输入地的。在禁止状态下，模块的静止电流小于负载开路时的工作电流。在使用禁止功能时应注意，加在禁止端的电压应处于高电平或低电平，不允许处于中间值(如 MFL 不应处于 1.5~10.5 V)。禁止端不用时应处于悬空状态，不必特殊处理。

(8) 串联和并联使用。一般情况下，应选择输出电压和输出电流合适的变换器，而不要采用输出串、并联的方法进行扩展。此外，能够进行串并联使用的只有少数变换器模块。

双路平衡输出的变换器可以将正负输出串联，电压提高 1 倍，额定电流仍保持单路的数值。在这种工作模式下，负输出端即为电路的二次地，应保证模块外壳与二次地隔离。

Interpoint 公司的 DC/DC 模块中只有 MFL 可以并联，可以使输出能力扩展到 148 W。具体连接方式请参见其产品手册。

(9) 启动时间和动态响应。对于 28 V 输入的模块，最低启动电压(PWM 开始控制)为 11~15 V，此时的输入电流将是 28 V 时额定值的 2.5 倍，也随着电压的上升而下降。因此，在使用限流电源的地方要特别当心，必须能提供启动电流，否则可能会中止启动，并导致模块损坏。模块上电时输入电压从 0 V 上升到正常值的时间不能过长，否则可能产生振荡甚至损坏，所以不能在连线状态下手动调节输入电压的上升。DC/DC 变换器具有软启动特性，在接通一次电源或取消禁止功能后，有 5~20 ms 的启动时间，在计算机应用多个模块的逻辑电路中，应注意由此可能引起的时序混乱问题。随着负载的快速变化，变换器输出电压会有一个波动过程，即动态响应。一般来说模块输出端都具有 LC 滤波电路，用户可以通过在输出端增加电容的办法来改善动态响应。

6.8.2　线性稳压器

星载计算机中常选用低压差线性稳压器作为器件端的电源转换芯片，电路内部包括启动电路、电压基准、误差放大器、控制电路、调整管和保护电路等模块。当输出电压随负载的波动发生微小变化时，反馈电压与基准电压进行比较并通过误差放大器进行放大，利用该控制电压调节管栅极与源极之间的电压，从而达到稳定输出电压的目的。线性稳压器内部组成结构如图 6-26 所示。其主要包括如下：

1) 输入/输出电压

LDO 器件的输入电压和输出电压要求一般为：V_i(输入电压)$\geqslant V_{drop}$(跌落电压)$+V_o$(输出电压)。LDO 器件输入电压最大额定值一般为 -30~$+30$ V(正负双路)或 -20~$+60$ V 等，输出电压分为可调电压和固定电压两种。

2) 静态电流

静态电流定义为输入、输出电流之差，它反映了 LDO 内部电路的功率消耗，MOS 工艺的 LDO 静态电流一般为微安(μA)级，双极工艺的 LDO 静态电流一般为毫安(mA)

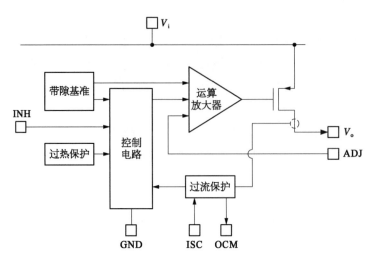

图 6 - 26　线性稳压器内部组成结构图

级。静态电流主要由偏置电流(提供给误差放大器、基准电压源和采样电阻)与调整管的驱动电流组成,可以表示为 $I_q = I_i - I_o$。

3) 待机电流

待机电流是指带有使能信号的 LDO,当该信号关闭时 LDO 消耗的电流。参考电压和误差放大器同样也处于不供电的状态,可以进一步减小功耗。

4) 瞬态响应

瞬态响应为负载电流突变时引起输出电压的最大变化,它是输出电容 C_o 及其等效串联电阻 ESR 和旁路电容 C_b 的函数,其中 C_b 的作用是提高负载瞬态响应能力,也起到为电路高频旁路的作用。瞬态响应等效电路如图 6 - 27 所示。

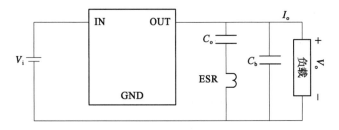

图 6 - 27　瞬态响应等效电路

5) 负载调整率

LDO 的负载调整率越小,说明 LDO 抑制负载干扰的能力越强。

6) 电源纹波抑制比

电源纹波抑制比也被称作纹波抑制比,是衡量 LDO 对输入电压电源变动抑制的一种能力,与线性调整率不同的一点是,纹波抑制比需要考虑很宽的频率范围。PSRR 是输出电压纹波与输入电压纹波的比。在射频、音/视频、ADC 转换等应用系统中,PSRR 是一个很重要的参数(单位：dB)，其体现了 LDO 器件的抗噪声能力。PSRR 值越高，LDO 器件输出电源纹波越低。电源纹波抑制比关系图如图 6-28 所示。公式如下：

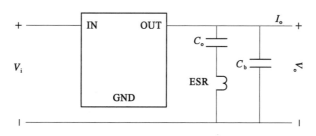

图 6-28　电源纹波抑制比关系图

　　控制环路往往是决定纹波抑制比的主要因素，在满足 ESR、CSR 要求的前提条件下，大的输出电容、低 ESR、追加旁路电容都能够改善纹波抑制比。

7) 跌落电压

　　跌落电压一般是指输入、输出的电压差，其电压值越小，LDO 电源的热耗越小。跌落电压一般随着输出电流的变化而变化。

第 7 章
星载计算机 FPGA 设计

星载计算机作为卫星的"中枢神经",担负着航天器姿态、轨道控制、数据管理及通信管理等重要职责。随着卫星空间任务日益复杂,对星载计算机性能和可靠性要求也越来越高,开发高性能、高可靠性、高功能度集成的微电子产品成为星载计算机发展的必由之路。本章将介绍星载计算机的概念、需求分析、设计实现和发展趋势。

7.1　星载计算机 FPGA 概述

现场可编程门阵列(field programmable gate array,FPGA)以其功能密度高、体积小、半定制可灵活配置的特点,备受星载计算机设计者的青睐。目前 FPGA 已大量应用于星载计算机中,成为星载计算机的重要组成部分。因此,进行星载计算机 FPGA 的开发设计时,必须在 FPGA 选型、设计和使用的各阶段都有相应的措施保证其高性能、高可靠性。

7.1.1　星载计算机 FPGA 系列及体系架构

目前市场上 FPGA 芯片主要来自美国 Xilinx 公司(已被 AMD 公司收购)和 Altera 公司(已被 Intel 公司收购),这两家公司占据了 FPGA 80% 以上的市场份额,其他的 FPGA 厂家产品主要是针对某些特定的应用,比如,美国 ACTEL 公司(已被 Microsemi 公司收购)主要生产反熔丝型 FPGA,以满足应用条件极为苛刻的航空、航天领域产品。FPGA 按是否可重复编程,可以分为一次可编程 FPGA 和重复可编程 FPGA;按编程技术,可以分为 SRAM 型 FPGA、Flash 型 FPGA 和反熔丝型 FPGA。这三大类优缺点及代表厂商见表 7-1。

1) 反熔丝型 FPGA

反熔丝型 FPGA 的代表厂商是 ACTEL 公司,该公司抗辐射的 FPGA 在航天应用十分广泛。目前已经用于超过 300 个太空计划中,包括 GPS、Echostar、国际太空站和火星探路者等。ACTEL 公司的反熔丝型 FPGA 芯片基本可分为两大系列: SX-A 系列和 AX 系列。

(1) SX-A 系列芯片采用 0.22 μm 的 CMOS 工艺生产,芯片类型较多,逻辑规模中等,系统运行频率可达 240 MHz,是一种低功耗、高性能的解决方案,也是目前宇航用反熔

表 7 - 1　FPGA 三大类型比较

FPGA 类型	优　点	缺　点	代表厂商
反熔丝型	上电即运行、无须外部配置芯片；可靠性高	一次性编程，调试流程复杂，设计更改难度大	ACTEL 公司
SRAM 型	可重复编程、资源多；工业上技术成熟、使用广泛	上电需要配置时间；需外部配置芯片	Xilinx 公司
Flash 型	可重复编程、上电配置时间极短；无须外部配置芯片；配置发生翻转的概率低	未广泛使用	ACTEL 公司

丝型 FPGA 中使用最为广泛的系列。SX - A 系列器件速度等级分为-F、-Std、-1、-2 四种，宇航用一般为- Std 和-1 两种速度等级。宇航用 SX - A 系列 FPGA 的型号规格推荐 A54SX32A - 1CQ208B、A54SX72A - 1CQ208B、A54SX72A - 1CQ256B 等。

（2）AX 系列反熔丝型 FPGA 在 SX - A 架构上进行了扩展，是一种高性能的高速反熔丝型 FPGA。芯片采用 0.15 μm CMOS 工艺制成，系统运行频率可达 350 MHz。AX 系列器件速度等级分为- Std、-1、-2 三种，宇航用一般为-1 速度等级。宇航用 AX 系列 FPGA 的型号规格推荐 AX500 - 1CQ208M、AX2000 - 1CQ352M、AX2000 - 1CG624M 等。

反熔丝型 FPGA 主要由可编程逻辑模块、IO 模块、可编程布线资源三部分组成。可编程逻辑模块是实现逻辑功能的基本单元，包括组合逻辑单元（C - cell）和时序逻辑单元（R - cell）等；IO 模块提供了器件引脚和内部逻辑阵列之间的连接，实现输入、输出等功能；可编程布线资源包括各种长度的金属连线线段和一些可编程连接开关，将各逻辑模块与 IO 模块互相连接，构成复杂可编程功能的系统。

不同系列反熔丝型 FPGA 的逻辑组成基本相同，以 AX 系列反熔丝型 FPGA 芯片为例进行说明，其架构如图 7 - 1 所示，一定数量的逻辑簇与多个 BRAM 单元组成了 AX 系列反熔丝型 FPGA 芯片的宏块单元（core tile），若干个宏块单元加上外围 I/O 簇资源及时钟和 PLL 单元共同组成了芯片的整体架构。

2）SRAM 型 FPGA

目前市场上 SRAM 型 FPGA 芯片主要来自 AMD 公司和 Intel 公司，占据全球 FPGA 87%以上的市场。AMD 公司的主流 Xilinx FPGA 分为两大系列：① Spartan 系列，侧重于低成本应用，容量中等，性能可满足一般的逻辑设计要求；② Virtex 系列，侧重于高性能应用，容量大，性能可满足各种高端应用。Intel 公司的主流 FPGA 大致分为五个系列：Agilex™系列、STRATIX 系列、ARRIA 系列、CYCLON 系列和 MAX 系列。

为了实现关键技术的自主可控，中国很多公司或机构也一直致力于 FPGA 芯片的研发工作，例如紫光同创电子有限公司、深圳国威电子有限公司、中国航天电子技术研究院、中国电子科技集团公司第五十八研究所、上海复旦微电子有限公司和成都华微电子有限公司等。中国 FPGA 芯片制造企业紧跟国际一流公司步伐，布局人工智能、自动驾驶等

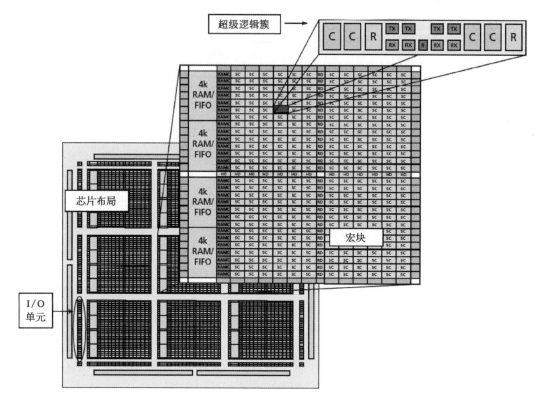

图 7 - 1   AX 系列反熔丝型 FPGA 的设计架构

市场,打造高、中、低端完整产品线。经过多年创新研发,许多国产 FPGA 芯片已经成功应用于中国民用、军工和航天领域。

SRAM 型 FPGA 是一个由可配置逻辑模块、输入输出模块和布线资源组成的对称逻辑模块阵列。以某型号 SRAM 型 FPGA 为例,其结构如图 7 - 2 所示。逻辑模块(L)包含电路的功能度,连接盒(C)把逻辑模块的端口连接到相邻的线道上去,开关盒(S)连接着相邻的水平线道段和垂直线道段。输入输出模块(I)连接着布线线道和 I/O 配位孔。不同规格的器件所含 CLB 等资源不同,以 10 000 门为例,器件包含有 400 个 CLB、160 个 IOB,以及为实现可编程连线所需的其他部件。

3) Flash 型 FPGA

Flash 型 FPGA 主要由 ACTEL 公司生产,相比 SRAM 型 FPGA 器件而言,基于 Flash 型 FPGA 的可重复编程器件的主要优势在于其具有非易失性的特性,采用 Flash 编程单元来控制 FPGA 内部的开关逻辑门。由于其开关单元的优异特性,集中了反熔丝型 FPGA 和 SRAM 型 FPGA 两者的特点,具有非易失性、可多次编程、高可靠性、高安全性和低功耗等特性。到目前为止推出了 Pro ASIC3 系列、低功耗的 IGLOO 系列,以及集成 Pro ASIC3 FPGA 架构与可编程模拟模块的 Fusion 系列。

Flash 型 FPGA 电路规模较大,内部资源丰富,按照电路功能划分模块后,其架构如图 7 - 3 所示。Flash 型 FPGA 电路可以分成两大功能区域:内部编程配置电路和外围控

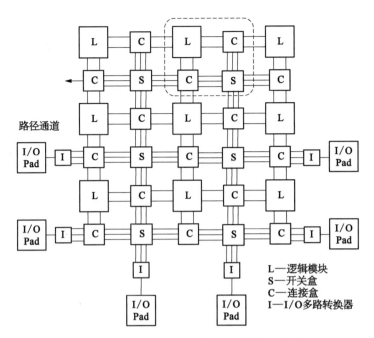

图 7‑2　某型号 SRAM 型 FPGA 结构示意图

L—逻辑模块
S—开关盒
C—连接盒
I—I/O 多路转换器

路径通道

图 7‑3　Flash 型 FPGA 架构

制电路。内部编程配置电路的核心由呈矩阵形式排列的可编程逻辑单元构成,可编程逻辑单元矩阵的顶部和底部分布着两个 SRAM 单元阵列区域,各电路单元由可编程布线资源进行互连。外围控制电路包括底部 SRAM 阵列区域下面与编程相关的控制电路、芯片最外围的 IO 模块及时钟控制模块等。

7.1.2　星载计算机 FPGA 器件使用流程

星载计算机 FPGA 器件的使用流程包括需求分析、设计及实现、验证及试验等阶段。

1) 需求分析阶段

需求分析阶段要深入理解并清晰梳理设计的各项需求,准确地对资源需求进行预估,这是后续选型、设计、验证的基础,也是最终的 FPGA 产品能否满足任务要求的关键。

2) 设计及实现阶段

设计及实现阶段根据需求分析完成 FPGA 逻辑设计和功能仿真。整个设计代码文本由五部分组成,包括抬头部分、模块接口描述、模块端口描述、信号宣称区、行为描述区及相关注释。逻辑层次进行分层次设计,依据 FPGA 产品设计方案,完成系统输入输出口分类和定义,并结合设计需求和功能进行划分,生成 FPGA 产品顶层模块、子模块和底层模块。

3) 验证及试验阶段

星载计算机 FPGA 产品的验证应根据具体情况,在通用设计的基础上做相应的变动。整个 FPGA 产品验证过程包括仿真验证、第三方评测、固化及测试、环境试验四个方面。

(1) 仿真验证。其主要目的是验证设计功能的正确性。在硬件调试之前,通过仿真软件对 FPGA 设计进行功能仿真和时序仿真,从而提高后期调试的效率。只有正确地测试激励仿真输入、高覆盖率地仿真,才能提前发现设计问题。

(2) 第三方评测。其用来评估 FPGA 产品的可靠性与安全性,主要工作流程如图 7 - 4 所示。

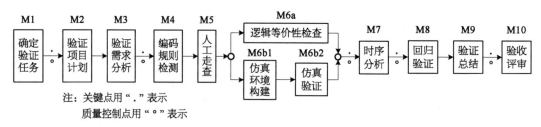

图 7 - 4　宇航用 FPGA 产品第三方验证工作流程

(3) 固化及测试。反熔丝型 FPGA 直接进行固化,SRAM 型 FPGA 设计通过专用的 PROM 配置芯片进行固化,固化及测试要求如下:

① FPGA 产品完成设计调试之后,要进行芯片固化,以确定和维持设计的最终状态。

② 芯片固化前不应进行引脚成型、剪切操作,以免破坏烧录封装而造成芯片无法

烧录。

③ 固化过程应按照规范进行烧录操作,烧录过程必须检验人员参加,烧录后的文件需要进行比对、校验。

④ 固化、成型、剪切、焊接操作建议在 FPGA 产品所在单机产品环境试验之前完成。

⑤ 固化后,必须对单机产品所有功能、性能进行重新测试,重点是对 FPGA 有关功能、性能的测试。

（4）环境试验。要求如下：

① FPGA 器件的环境试验随所在单机完成,试验中,测试设备应能够通过直接或间接的方式对 FPGA 器件实现的功能、性能进行全面测试,特别是异步通信和数据处理等功能,应在各种环境试验条件下进行强度测试,以提高测试覆盖性。

② 测试及试验完成后,形成确认测试报告。

7.1.3　FPGA 开发软件

1）常用工具

目前 FPGA 工具软件大概可以分为两类：一类是由 FPGA 芯片生产商直接提供的,例如 Xilinx 公司的 ISE、Vivado IDE,Altera 公司的 Quartus Ⅱ,ACTEL 公司的 Libero IDE 等；另一类是由专业 EDA 软件开发公司提供的,称为第三方软件,比较著名的第三方软件开发商有 Cadence、Mentor Graphics、Synopsys 等。FPGA 开发常用工具见表 7 - 2。

表 7 - 2　FPGA 开发常用工具

公　司	软　件	简 要 说 明
Xilinx	ISE	集成开发环境
	Vivado	集成开发环境
	EDK	嵌入式系统开发工具
	System Generator	数字信号处理开发软件
	ChipScope	嵌入式逻辑分析仪
Altera	Quartus Ⅱ	集成开发环境
	SOPC Builder	嵌入式系统开发工具
	DSP Builder	数字信号处理开发软件
	SignalTap Ⅱ	嵌入式逻辑分析仪
ACTEL	Libero IDE	集成开发环境

续 表

公 司	软 件	简 要 说 明
Mentor Graphics	ModelSim	仿真软件
Aldec	ActiveHDL	仿真软件
Synopsys	FPGA Compiler Ⅱ Synplify Pro	综合软件

2）辅助工具

可以采用辅助工具 MATLAB、VC 等配合 FPGA 开发。所谓辅助，就是利用辅助工具来加速浮点算法的实现和功能测试。例如，在进行 FPGA 设计之前，可以先用 MATLAB 实现浮点算法，分析算法的瓶颈所在，将程序的串行结构改造成并行结构，接着利用 MATLAB 完成定点仿真，得到满足性能需求的最小定点位宽，以及中间步骤计算结果的截取范围，然后在 ISE 中完成设计。最后利用 MATLAB 的仿真结果对设计进行功能验证。

7.1.4 FPGA 开发硬件

1）Xilinx Platform Cable

Xilinx Platform Cable 是专门用来烧写 Xilinx 器件的高性能下载线，用来烧写 Xilinx 的 PROM、CPLD、FPGA 等。Xilinx Platform Cable 一端通过 USB 口连接到桌面 PC 上，另外一端通过 JTAG 和需要烧写的器件相连接，为设计人员提供了由 PC 机配置 FPGA/PROM 器件的数据链路。Xilinx USB 下载线上使用一个双色指示灯来标示下载线目前的工作电压。这个状态指示灯是通过 2 号管脚（VREF）上的电压来点亮的，如果状态指示灯的颜色是橘红色，则表明 JTAG 线处于未正常工作状态，分为以下三种情况：

（1）JTAG 线没有和目标器件连接。

（2）目标器件没有上电。

（3）2 号管脚（VREF）上的电压小于 1.5 V。

当状态指示灯的颜色是绿色，则表明下载线处于正常的工作状态。当状态指示灯熄灭，则表明下载线处于终止状态或 USB 线没有和电脑连接。

JTAG 扫描链电路中关键信号所代表的具体含义见表 7-3。

表 7-3 JTAG 扫描链电路中关键信号所代表的具体含义

信号名	方向	描 述
VREF	输入	参考电压
GND		数字地

信号名	方向	描　　述
TDO	输入	数据输出信号,用来接收 JTAG 扫描链上最后一个器件输出的串行数据流
TDI	输出	数据输出信号,将串行数据流发送到 JTAG 扫描链的第一个器件
TMS	输出	扫描模式选择信号,用于控制 TAP 状态机的转换
TCK	输出	扫描时钟信号,为 TAP 的操作提供了一个独立的、基本的时钟信号

2) 示波器和逻辑分析仪

在 FPGA 开发过程中,逻辑分析仪和示波器成为调试 FPGA 和周边电路组成的复杂系统十分关键的测试工具。为了观察 FPGA 的内部重要活动,其内部有许多信号需要测量。在过去,由于缺乏简单易用的工具,工程师们需要把 FPGA 被测内部结点引到外部I/O 管脚上,再连接到外部的逻辑分析仪或混合信号示波器上,并对每个被测信号进行手工命名和映射。

虽然设计师大多数使用示波器,但是示波器的测量能力不能适应有些应用的需要,而逻辑分析仪却可能提供更有用的信息。一般来说,在需要高垂直或电压分辨率即需要看到信号上每一微小电压变化时,应使用示波器;在需要观察多于示波器通道数的信号线,并且不需要精密的时间间隔信息时,就应使用逻辑分析仪。逻辑分析仪在观察总线,例如微处理器地址、数据或控制总线上的时间关系或数据时,是特别有用的。逻辑分析仪还能解码微处理器总线信息,并以有意义的形式呈现。总之,当完成了参数设计阶段,开始关注许多信号间的定时关系和需要在逻辑高和低电平码型上触发时,使用逻辑分析仪更方便些。

7.2　星载计算机 FPGA 需求分析与选型参考

7.2.1　需求分析

星载计算机 FPGA 产品在需求分析、选型、代码编写之前要对系统任务的各项指标进行深入分析,正确理解设计需求,从而对 FPGA 产品设计进行系统的策划。主要内容如下:

1) 指标分析

(1) 功能、性能分析。分析各项功能、性能实现要求。

(2) 接口分析。对输入、输出各接口的指标和要求,包括供电、时序等进行分析。

(3) 分析功耗、重量、速度和工作温度等约束条件。

2）接口定义

根据接口分析的结果，对各输入、输出接口进行定义。重点考虑时钟、复位等重要信号的设计，如将时钟连接到 FPGA 芯片的专用时钟引脚、复位信号的滤波和延时处理等。

3）绘制信息流

根据功能分析的结果，绘制信息流图。信息流图要有清晰、明确的功能划分，并且要保证与系统任务一一对应。通过绘制信息流图，对设计需求进行充分分析和理解之后，再完成代码编写，减少设计的迭代和反复。

4）可靠性、安全性分析

（1）可靠性需求。包括 FPGA 芯片的抗辐射能力、抗单粒子效应分析，并进行 FPGA 产品的 FMEA 分析。

（2）安全性需求。包括 FPGA 产品各种功能对宇航的安全性影响分析。

（3）可维护性需求。分析 FPGA 产品可修改性。

7.2.2　设计预估

设计预估，用以选择合适的芯片，避免造成设计反复。主要分析系统设计的可行性、可靠性、可测性，初步确认硬件资源种类和数量。设计预估流程如图 7-5 所示。

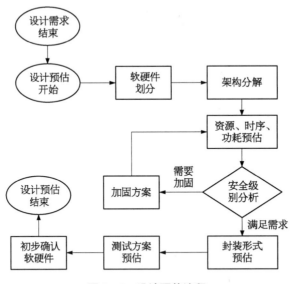

图 7-5　设计预估流程

设计预估流程说明如下：

（1）划分软硬件功能，初步确定设计架构。

（2）确定设计安全性等级。

（3）预估设计复杂度，分解设计。包括：① 预估需要使用的 IP 资源。使用成熟的 IP 核，可以降低设计复杂度，减小设计时间，提高设计可靠性与可测性；使用第三方 IP 资源时,需要对 IP 资源的可用性、可测性、可靠性及其技术支持等方面进行评估。② 预估设计类型(如同步、异步逻辑),划分全局时钟架构、复位方案;如果需要使用多时钟域,那么需要评估时钟域数量及其对应设计规模。

(4) 预估设计资源、时序、功耗。包括: ① 预估系统整体规模,确定存储资源、时序资源等数量需求,确定所需器件容量大小;② 进行初步的时序分析,明确设计速度需求,确定所需器件速度等级;③ 进行输入输出引脚分析,确定器件封装形式。

(5) 测试方案。包括: ① 确定 FPGA 产品指标与系统指标的对应关系;② 确定关键模块的测试方法及测试信号的引出。

7.2.3　选型参考

各类宇航型号的 FPGA 芯片应根据具体情况进行选型。由于宇航产品具有长寿命、不可维修、抗辐射等高可靠性要求,对 FPGA 芯片的选型需要约束。在对 FPGA 芯片选型前,需要进行设计需求分析、设计预估、选型参考、辐射能力确认和开发软件选择等,最后形成芯片选型结论。

7.2.3.1　一般选用原则

FPGA 芯片的选型,应根据设计需求分析和设计预估的结果,并综合考虑宇航器件的厂商、供货渠道、芯片主要参数、外围器件和成本等因素后完成。

1) 芯片选型原则

宇航型号用 FPGA 芯片的类型主要有反熔丝型、SRAM 型和 Flash 型三大类,一般来说,选择芯片类型时参照以下原则:

(1) 在满足需求的情况下优先选用小容量器件,优先选用反熔丝器件,加载芯片优先选用 PROM 芯片;实现安全等级较高的关键功能,建议选用反熔丝型 FPGA 芯片。

(2) 优先选用经在轨运行考核稳定的 FPGA 芯片。

(3) 反熔丝型 FPGA 芯片和配置 PROM 芯片的选型,必须同步考虑烧录设备和烧录软件的支持。

(4) SRAM 型 FPGA 建议采取一定的抗单粒子翻转措施,如三模冗余设计、全局/局部刷新。

(5) 建议采用货源充足的供应商和产品系列,以提高产品的生命周期: 反熔丝型 FPGA 推荐使用 ACTEL 公司的 SX-A 系列、AX 系列,SRAM 型 FPGA 推荐使用 Xilinx 公司的 Virtex 系列。

(6) 在产品定型和批量生产时,考虑将 FPGA 芯片设计更改为 ASIC 芯片。

2) 芯片资源选型原则

FPGA 芯片选型时,须根据设计预估的结果,综合考虑 FPGA 芯片的基本资源、附加资源、速度及封装等其他指标。FPGA 芯片的主要参数及指标见表 7-4。

表 7-4　FPGA 芯片的主要参数及指标

类　别	参　数
基本资源	(1) 逻辑单元、等效逻辑门数量 (2) 可用 I/O 数量 (3) 片内存储资源 (4) 时钟管理(PLL、DLL)
特殊资源	(1) 高速 I/O 接口 (2) 嵌入式硬件乘法器、DSP 单元 (3) 处理器硬核 (4) 其他硬、软 IP 核
参数指标	(1) 速度等级 (2) 抗辐射、抗闩锁 (3) 温度范围 (4) 体积、封装及其他

芯片资源选型原则如下：

(1) 一般降额要求：逻辑资源 70％，I/O 资源 80％，布线资源 70％，速度 80％。

(2) 输入输出(I/O)支持多种电气接口标准。

(3) 在满足应用需求的情况下，优先选用速度等级低的器件。

(4) 芯片封装优先选用低密度的 CQFP 封装器件，若产品的输入输出引脚需求超出 CQFP 封装数量时，则优先选用 CCGA 封装器件。

3) 外围器件配置原则

SRAM 型 FPGA 芯片需要根据资源特性选择合适的配置信息存储芯片，基本原则如下：

(1) 优先选择 FPGA 芯片手册上推荐的配置存储芯片。

(2) 设计开发阶段应选择与正样 PROM 配置芯片封装兼容的 EEPROM 配置芯片。

(3) 初样产品采用转接设计，采用军级的 PROM 配置芯片进行验证。

(4) 正样产品选择具有抗辐射指标的 PROM 配置芯片。

7.2.3.2　反熔丝型 FPGA 器件一般选型原则

反熔丝型 FPGA 器件一般选型原则如下：

(1) 宇航用反熔丝型 FPGA 在满足逻辑资源使用需求的情况下优先选用 SX-A 系列器件。

(2) 在满足 I/O 资源使用情况下优先选择 QFP 封装器件。

(3) 在满足运行速度要求的情况下优先选用速度等级低的器件。

(4) 优先选用在轨运行稳定的 FPGA 器件，如 A54SX32A-CQ208B、A54SX72A-1CQ208B、AX500-1CQ208M、AX2000-1CQ352M、AX2000-1CQ624M。

7.2.3.3　SRAM 型 FPGA 一般选型原则

根据型号任务的需求,SRAM 型 FPGA 一般选型原则如下:

(1) 当国产 SARM 型 FPGA 满足使用要求时,应优先选择国产 FPGA。

(2) 根据应用要求选择相应质量等级的器件。

(3) 根据宇航任务选择抗电离总剂量能力和抗单粒子效应能力满足宇航型号任务需要的器件。

(4) 根据器件研制情况,选择具有稳定生产、制造工艺成熟、具有持续供货能力的器件。

(5) 应加强 FPGA 的品种和生产厂点压缩,尽量选用以前具有使用经历的产品。

(6) 选型时要考虑开发软件的支持情况。

(7) 根据应用需求确定硬件资源,硬件资源一般包括逻辑资源、I/O 资源、布线资源、DSP 资源、存储器资源、锁相环资源、串行收发器资源和硬核微处理器资源等。

(8) 根据应用需求选取相应的速度等级。

(9) 根据应用选择适应的封装形式。

7.2.3.4　Flash 型 FPGA 一般选型原则

Flash 型 FPGA 在航天领域应用经验较少,后续应用时,选型原则参考 7.2.3.1 节一般选用原则。

7.2.3.5　兼容性验证

宇航星载计算机正样产品应选用有抗辐射能力的宇航级 FPGA 芯片,而设计开发阶段考虑降级使用。对于经飞行验证的 FPGA 型号可以参考成熟电路,可不在初样阶段进行验证。对于首次采用的 FPGA 芯片,则必须在初样阶段完成正样产品状态的兼容性验证。而对于反熔丝型 FPGA 芯片的产品,在设计开发阶段可选择管脚兼容的 SRAM型(或 Flash 型)FPGA 芯片替代,完成功能验证。初样产品建议使用与正样产品一致的高等级反熔丝型 FPGA 芯片进行功能、性能考核。反熔丝型 FPGA 产品硬件设计流程如图 7-6 所示。

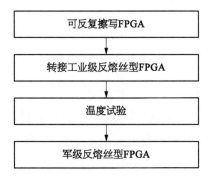

图 7-6　反熔丝型 FPGA 产品硬件设计流程

FPGA 产品硬件设计建议如下：

（1）建议调试时选用同一公司可反复擦写的 FPGA。

（2）代码编写建议采用 HDL 代码，以利用不同 FPGA 平台的移植。

（3）两种不同类型的 FPGA 布线延时参数不同，对利用器件延时参数的设计应进行适应性论证。一般情况下，反熔丝型 FPGA 延时略大。

（4）可反复擦写的 FPGA 寄存器、计数器等上电初态为 0，而反熔丝型 FPGA 上电初态为随机数，应注意初态设计。

（5）不同类型的 FPGA 上电或配置时，配置时间和配置期间 IO 状态等各不相同，设计应均能适应。

7.3 星载计算机 FPGA 设计与实现

下面将主要介绍星载计算机 FPGA 典型开发流程，主要包括硬件设计、逻辑设计、工艺实施和抗辐射加固等，并简要分析反熔丝型 FPGA、SRAM 型 FPGA、Flash 型 FPGA 的设计关键点和不同之处。

7.3.1 FPGA 典型开发流程

FPGA 的典型开发流程就是利用 EDA 开发软件和编程工具对 FPGA 器件进行开发的过程，如图 7-7 所示。FPGA 的典型开发流程包括功能定义/器件选型、设计输入、功能仿真、综合优化、综合后仿真、实现布局布线、时序仿真、板级仿真与验证及器件编程与调试等主要步骤。

1）功能定义/器件选型

在 FPGA 设计项目开始之前，必须有系统功能的定义和模块的划分；同时，需要根据任务要求如系统的功能和复杂度，对工作速度和器件本身的资源、成本及连线的可布性等方面进行权衡，选择合适的设计方案和器件类型。一般采用自顶向下的设计方法，把系统分成若干个基本单元，然后再把每个基本单元划分为下一层次的基本单元，一直这样做下去，直到可以直接使用 EDA 元件库为止。

2）设计输入

设计输入一般是指将所设计的系统或电路以开发软件要求的某种形式表示出来，并输入给 EDA 工具的过程。常用方法有硬件描述语言（HDL）和原理图输入方法等。原理图输入方法是一种最直接的描述方式，将所需的器件从元件库中调出来，画出原理图。这种方法虽然直观并易于仿真，但是效率很低且不易维护，不利于模块的构造和重用。其最主要的缺点是可移植性差，当器件升级后，所有的原理图都需要做一定的改动。

目前，应用最广的是 HDL 输入法，分为普通 HDL 输入法和行为 HDL 输入法。普通

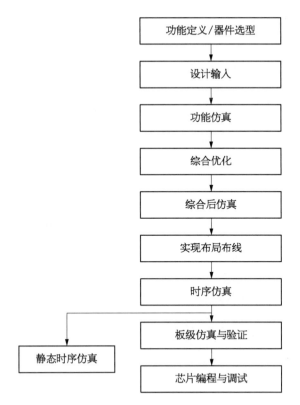

图 7-7　FPGA 的典型开发流程示意图

HDL 输入法适用于简单的小型设计，行为 HDL 输入法适用于大中型工程中，主流语言是 Verilog HDL 和 VHDL。这两种语言都是 IEEE 的标准，其共同的突出特点有：语言与器件工艺无关，有利于自顶向下设计，便于模块的划分与移植，可移植性好，具有很强的逻辑描述和仿真功能，而且输入效率很高。

实际开发中，也可以用 HDL 为主、原理图为辅的混合设计方式，以发挥两者的各自特色。

3）功能仿真

功能仿真也称为前仿真，是指在编译之前对用户所设计的电路进行逻辑功能验证，此时的仿真没有延迟信息，仅对初步的功能进行检测。仿真前，要先利用波形编辑器和 HDL 等建立波形文件和测试向量，仿真结果将会生成报告文件和输出信号波形，从中便可以观察各个节点信号的变化。如果发现错误，则返回设计修改逻辑设计。

4）综合优化

综合优化根据目标与要求优化所生成的逻辑连接，使层次设计平面化，供 FPGA 布局布线软件进行实现。综合优化将设计输入编译成由与门、或门、非门、RAM、触发器等基本逻辑单元组成的逻辑连接网表，而非真实的门级电路。真实具体的门级电路需要利用 FPGA 制造商的布局布线功能，根据综合后生成标准的门级结构网表来产生。为了能转换成标准的门级结构网表,HDL 程序的编写必须符合特定综合优化所要求的风格。

5）综合后仿真

综合后仿真检查综合结果是否和原设计一致。在仿真时,把综合生成的标准延时文件反标注到综合仿真模型中去,可估计门延时带来的影响。但这一步骤不能估计线延时,因此和布线后的实际情况还有一定的差距,并不十分准确。目前的综合工具较为成熟,对于一般的设计可以省略这一步,但如果在布局布线后发现电路结构和设计意图不符,就需要回溯到综合后仿真来确认问题之所在。在功能仿真中介绍的软件工具一般都支持综合后仿真。

6）实现布局布线

布局布线是指利用实现工具把逻辑映射到目标器件结构的资源中,决定逻辑的最佳布局,选择逻辑与输入输出功能链接的布线通道进行连线,并产生相应文件。实现是指将综合生成的逻辑网表配置到具体的 FPGA 器件上,布局布线是其中最重要的过程。布局布线将逻辑网表中的硬件原语和底层单元合理配置到器件内部的固有硬件结构上,并且往往需要在速度最优和面积最优之间做出选择。布线根据布局的拓扑结构,利用器件内部的各种连线资源,合理正确地连接各个元件。目前,FPGA 的结构非常复杂,特别是在有时序约束条件时,需要利用时序驱动的引擎进行布局布线。布线结束后,软件工具会自动生成报告,提供有关设计中各部分资源的使用情况。由于只有 FPGA 器件生产商对器件结构最为了解,所以布局布线必须选择器件生产商提供的工具。

7）时序仿真

时序仿真也称为后仿真,是指将布局布线的延时信息反标注到设计网表中来检测有无时序违规。时序仿真包含的延迟信息最全也最精确,能较好地反映器件的实际工作情况。由于不同器件的内部延时不一样,不同的布局布线方案也给延时带来不同的影响。因此在布局布线后,通过对系统和各个模块进行时序仿真,分析其时序关系,估计系统性能,以及检查和消除竞争冒险,是非常有必要的。

8）板级仿真与验证

板级仿真主要应用于高速电路设计中,对高速系统的信号完整性、电磁干扰等特征进行分析,一般都通过第三方工具进行仿真和验证。

9）器件编程与调试

设计的最后一步就是器件编程与调试。器件编程是指将产生的 Bit 类型文件下载到 FPGA 器件中。

7.3.2　FPGA 硬件设计

7.3.2.1　供电设计

FPGA 供电设计应考虑芯片各挡电源的正确性及稳定性、各挡电源间的上电时间要求、FPGA 器件的上电和掉电顺序、电源功耗及启动电流等设计。FPGA 供电设计包括如

下方面:

（1）额定电压。供电电压设计应依据 FPGA 芯片手册进行,须满足芯片实际运行要求,包括电压稳定范围、电源负载裕度等。

（2）启动电流瞬变。其受以下因素影响:开关电源周期、温度、电源爬升率、累积辐照时间、加电顺序等。对某些器件来说,这种电流可以相当大,常常高达几安培。在这种情况下,如果电源系统不给电流设置足够的稳定容限会很危险,因为启动期间如果电流不够,就会造成初始化失败、电源器件停机、陷入无限循环、系统锁定或死锁。

（3）上电/掉电顺序。一般意义上,为了实现接口信号的冷备份或避免上电时 I/O 信号的异常,建议 V_{CCA} 与 V_{CCI} 同时上电或 V_{CCA} 先于 V_{CCI} 上电。尽量避免使用具有供电顺序要求的器件,如果存在供电顺序要求,则应标出这些要求。由于 FPGA 上电过程中管脚上会存在毛刺信号,将会影响系统功能的重要输出信号如指令驱动信号,这时必须采用隔离手段,一般做法是使用 164245 芯片进行隔离,并设计 164245 芯片使能的复位延时电路,延时复位时间至少大于 2 倍 V_{CCA} 上电时间。

（4）电压上升时间。V_{CCA} 的上升时间决定了反熔丝型 FPGA 接口的激活时间。一般来说,I/O 管脚属性只有在 V_{CCA} 即将达到额定值时才会被激活为用户定义的 I/O 属性,因此缩短 V_{CCA} 的上升时间可以快速激活 FPGA 的 I/O 管脚。

（5）功耗估算及热计算。FPGA 的芯片总功耗主要由静态功耗及动态功耗构成。动态功耗与资源使用、时钟频率及输入输出相关,可根据实际设计情况来估算。同时在宇航应用中应考虑 FPGA 芯片的热设计,根据估算的芯片功耗可计算出芯片的结温,并确定能否满足热设计要求。若计算出来的芯片结温无法满足热设计要求,则需要采取相应散热措施,如增加金属导热片等。

7.3.2.2　上电复位设计

FPGA 器件初始加电时需要经过一个上电过程,上电复位才能够起作用,因为 FPGA 器件上电时间受到上电速度影响较大,所以上电复位时间表必须有设计余量。复位信号宽度必须覆盖 FPGA 的上电时间、加载时间、产生该 FPGA 系统时钟的任何振荡器或其他电路的上电时间。采用复位设计时,必须保证 FPGA 上电稳定后复位信号才能消失,否则复位无效。一般做法是在硬件上加入 RC 延时复位电路,建议延时时间不少于 200 ms,并对该信号进行滤波和整形后接入 FPGA 的普通 I/O 管脚,FPGA 内部逻辑使用该信号作为复位信号。反熔丝型 FPGA 上电复位的典型电路设计如图 7-8 所示。

7.3.2.3　I/O 接口设计

1）设计原则

FPGA 一般通过接口电路作为内部逻辑与应用环境之间的耦合逻辑使用,设计师应注意接口的输入和输出。必须遵守 FPGA 输入的电平标准,以及输入信号的上升和下降

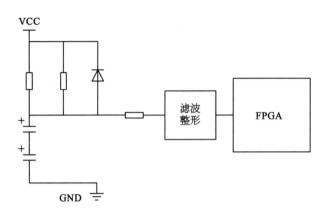

图 7-8 反熔丝型 FPGA 上电复位的典型电路设计

时间要求。FPGA 启动期间,由于各种原因会在输出上产生毛刺信号,作为一条原则,必须保证正常工作期间任何输出不会产生毛刺信号。因此,建议所有输出直接由触发器驱动,或者由在工作阶段控制信号稳定的多路选择器来驱动。

应当指出的是,三模冗余触发器的组合表决器经常会导致毛刺信号,可以通过接收端的滤波器,减轻毛刺信号的影响,但这样的设计会妨碍设计的可重用性。必须保证 FPGA 内外都不会出现总线竞争。上电和复位期间尤其要格外注意。此外,让总线节点悬空会增加功耗,应当避免。

2) 特殊管脚的处理

在电路板设计过程中需要仔细考虑 FPGA 的特殊管脚,必须确保所有未用管脚严格遵守 FPGA 制造商指南,并进行正确端接。具体包括如下:

(1) 未用用户管脚或 I/O。其应保持不与内部逻辑连接,任何未用管脚都可以通过布局与布线软件被编程为输出。标记为未连接(或 NC)的管脚应保持不连接。除非特殊情况,不允许将 I/O 或 NC 管脚直接接电源或接地。要正确记录未用管脚的状态,并纳入设计报告中。

(2) JTAG 接口。许多现代数字集成器件具有 JTAG 接口,JTAG 管脚与用户 I/O 之间不存在共用。TCK、TDI、TMS 和 TRSTB 输入在不用时应通过一个电阻接地,TDO 输出应保持不连接。

(3) 同步切换输出(SSO)。设计时应限制可以同时切换的输出引脚数量。对于切换速度快、引脚数量大、交流和直流噪声容限低的器件,地噪声可能是一个严重问题。需要考虑减小地弹的若干因素和采取相应的解决措施。

(4) 测试接口。根据具体情况处理,由于它们与测试设备相连,必须严格遵守厂家说明。

(5) 配置引脚。严格按照数据手册仔细检查每个配置引脚。某些引脚的内部上拉电阻非常高,可能会被板级高速信号翻转,需要采用保护性设计以确保这些引脚的电平是可靠的。某些配置引脚可能会偶尔漂移导致器件处于错误状态,设计中应考虑编程类特殊引脚必须适当端接。

(6) 信号端接。包括以下要求: ① 保证信号妥善端接; ② 对于时钟信号必须保证在阈值上平滑跃迁; ③ 多数厂家对于信号的走线间距有严格限制; ④ 提前对端接电阻进行规划; ⑤ 在原理图设计中确保接口端接正确。

(7) 三态总线。在主动驱动三态中不能存在任何重叠,这会浪费功率、产生不必要的噪声并增大元件应力。保证最坏情况下总线驱动器之间的关闭时间,不要让总线浮空或跃迁时间较慢,否则会增加功率和噪声,并对可靠性产生不利影响。

(8) 输入跃迁时间。部分高速或现代器件对输入跃迁时间有十分严格的限制,如果不能满足这些要求,就会产生波动、多时钟或损坏。对于具有跃迁时间的数百毫微秒的现代元件,不能采用简单上拉电阻或下拉电阻;使用总线保持或软锁电路,有助于降低功率。

(9) 短接输出。不能为了增加板上驱动而短接输出。因为若开关速度不匹配,则会损坏元件。如果短接输出,那么两个输出应来自同一集成电路。

(10) 引脚分配。引脚分配应谨慎和认真规划。注意考虑针对同步开关输出、抗噪和静音的设计。时钟和关键信号可以按最短线路在电路板上布线,使串扰最小,并可将其包围或安排在接地引脚附近。

(11) 混合电压界面、直流兼容性和噪声容限。当不同种器件甚至同一厂家不同族器件混用时,一定要保证这些器件可靠运行,并具有足够的噪声容限。目前元件一般可以具有多个输入电压,如 1.5 V、1.8 V、2.5 V、3.3 V、5.0 V。最新器件也兼容各种 I/O 标准,编程能力极强,但是由于其特点不明显,因此应对器件的 I/O 兼容性仔细验证。

(12) 电源切换与冷备份。设计具有单独供电模块的系统时,无论对于冗余模式还是节电模式,都要相当小心。许多 CMOS 器件在掉电时,通过其固有二极管或 ESD 保护二极管的阻抗较低;而其他一些具有冷备份输入的器件可能具有适合工作的较高阻抗。对于可编程器件而言,例如选择 3.3 V PCI 兼容性,因为钳位二极管的启用,所以造成冷备份器件不再具有较高的阻抗。虽然许多双极器件兼容冷备份结构,但是某些器件通过输出造成到 VCC 的潜通路。

7.3.2.4　工艺设计

FPGA 的电装工艺设计分为手工电装和回流焊两种方法,其中手工电装按照《静电放电敏感器件安装工艺技术要求》(QJ 2711A—2014)的规定进行,回流焊工艺的关键是控制温度曲线,最优化的参数才能得到最好的焊接效果。设置回流焊温度曲线的依据如下:

(1) 根据使用焊锡膏的温度曲线。不同金属含量的焊锡膏有不同的温度曲线,应按照焊锡膏生产厂商提供的温度曲线设置具体产品的回流焊温度曲线。

(2) 根据 PCB 的材料、厚度、是否多层板和尺寸大小等。

(3) 根据表面组装板搭载元器件的密度、元器件的大小及有无 BGA 等特殊元器件。

（4）根据设备的具体情况，如加热区的长度、加热源的材料、回流焊炉的构造和热传导方式等。

回流焊设置温度曲线中需要注意以下几点：

（1）器件本身最高的温度 220℃，而引线和管脚的最低温度应为 205℃。

（2）预热烘干阶段的温度爬升速度为 2～4℃/s。

（3）预热后应该在 95～180℃温度下保持 120～180 s。

对于扁平封装的反熔丝型 FPGA，必须在程序烧录后才能进行芯片管脚成型和焊接。不同封装的反熔丝型 FPGA 芯片都应该进行工艺加固设计，包括扁平封装芯片的加固工艺及 BGA（或 CCGA）封装芯片的加固工艺等。

7.3.3　FPGA 逻辑设计

FPGA 代码设计要求包含代码规范性、可综合性及通用设计准则等，一般采用硬件描述语言进行设计。设计输入是行为级或 RTL 级代码描述，从设计输入到最终门级实现之间的转换、优化、映射等工作是由综合工具完成的。综合代码可以转换为由 FPGA 内部基本库、连线资源等构成的硬件网表，所以设计师不仅要对硬件设计本身有很好的了解，同时还要了解 HDL 语言描述与硬件实现的关系。FPGA 产品的逻辑设计问题包括复位设计、时钟设计、约束设计、有限状态设计、抗噪和静音设计、防护性设计。

1）复位设计

复位设计是 FPGA 设计中一个基本且重要的环节。复位的目的是在系统启动或内部模块功能发生错误时将设计强制定位在一个初始可知状态，合理选择复位方式是电路设计的关键。目前常用的复位方式有同步复位、异步复位、异步复位同步释放、复位有效时间与器件启动、复位树。

（1）同步复位。指复位信号仅在时钟信号的有效沿对触发器进行复位。同步复位的优点为：综合出较小的触发器，能够保证整个电路设计的同步性，确保复位仅在时钟信号有效沿发生，有利于滤除高频信号的干扰，有利于进行时序分析及系统的总体同步化，易于进行基于周期的仿真。同步复位的缺点为：复位信号的有效时间必须大于时钟周期，否则无法被识别并进行复位操作，需要一个脉冲延展复位，目的是使 FPGA 内部逻辑寄存器和 IO 进入一个预先设定的状态。

（2）异步复位。指无论时钟沿是否到来，只要复位信号有效沿到来就对系统进行复位，复位信号和时钟相互独立。

异步复位的优点为：有效利用了寄存器 CLR 端口，节省了系统资源；复位信号的有效时间可以不受时钟周期的限制，确保其可控性，由于受数据通路时序的要求，不可能通过在数据通路上添加逻辑门或增加连线延迟来处理同步复位，使用异步复位就可以保证不将复位信号加载到数据通路上，且电路可以不依赖于时钟进行复位。

异步复位的缺点为：复位信号如果发生在靠近时钟沿很近的时间点，那么触发器就可能没有足够的时间维持输入端信号的值,容易造成亚稳态,从而影响设计的可靠性;复位信号容易受到毛刺信号的影响,会导致触发器的误操作,进而影响设计的稳定性;此外异步复位的可测性和 STA 的复杂性要高于同步复位。

（3）异步复位同步释放。指在异步复位信号到来的时候不受时钟信号的同步,而是在复位信号释放的时候受到时钟信号的同步。其中异步复位信号使用 FPGA 寄存器的全局异步复位端口,能够使复位信号有效时刻到达所有寄存器的时钟偏移最小,既能节约资源又能简化设计。由于异步复位信号释放时可能导致亚稳态的发生,为了解决这一问题可以采用同步释放,即先将异步复位信号用电平同步器同步后分配给其他功能模块,使得这些功能模块内寄存器在复位释放时总是满足复位恢复时间的约束,从而抑制了亚稳态的发生。

异步复位同步释放的双缓冲电路的复位方式同时弥补了同步复位和异步复位的缺陷,并很好地发挥了它们的优势。异步复位同步释放的双缓冲复位方式采用两级触发电路,第二级触发器将第一级触发信号利用时钟打一拍,异步信号同步化,有效降低了亚稳态发生概率,同时节约了系统资源,在 FPGA 逻辑设计中可以很好地提高复位的可靠性。

（4）复位有效时间与器件启动。确保复位时间对于该系统的所有电路有足够长及可靠的启动时间十分关键。例如,许多 FPGA 规定了"启动"时间,其中电荷泵必须积累电压并装载内部电容,等待延时,然后释放其输出。过早释放 POR 信号会产生不稳定的中间状态。另外,一些 FPGA 要求正确加载和释放的复位顺序。必须分析所有这些复位时序的最好和最坏情况。此外,数字逻辑电路板上的部分标准元件如晶体时钟振荡器可以具有充分的启动时间,一般为数十毫秒。比这再复杂一点,诸如 FPGA 和晶体时钟振荡器具有与电源爬升时间呈函数关系的启动时间。

（5）复位树。绘制一幅包含所有复位源的树图,常常有助于正确地定义复位逻辑。复位树图可以表明多种形式复位之间的关系,如系统复位、软件复位、看门狗定时器等。在需要时,确保完成必要的同步。同时,在复位需要快速激活情况下,复位树图有助于保证正确理解该逻辑和延时,例如防止非易失性存储器误写入,或者防止其他电路启动单次事件(如引爆火工品)。

2）时钟设计

（1）同步设计。指时钟域内的每个锁存器和触发器都应连接到相同的时钟源,其插入的缓冲器仅以增强驱动能力或使用另一个时钟沿为目的。同步设计具有航天应用所需求的稳定性,在变化的温度、电压下能工作得更好。同步设计通过使用精确设计的时钟采样信号,可以简单地解决因信号通过不同的逻辑路径而产生不同延迟所带来的问题。逻辑之间的接口通过标准的同步设计使其简化,而且同步设计的时序特性能保证数据的正确接收,而异步接口需要详细精确的握手过程等方式来确保信息的完整性。

（2）异步设计。指某信号产生和被采样位于不同的时钟域。在有信号跨越时钟域或连接输入输出管脚时,设计师就应考虑异步设计问题。因为某些异步设计在 FPGA 领域很难掌握比如异步状态机设计,因此建议不使用异步设计。假如需要异步方案,必须限制在同步方案无法实现的领域内采用。

异步信号的主要问题是它们需要与 FPGA 时钟同步。由于每个触发器可能会按不同方式采样输入信号的状态,异步输入信号在被多个触发器采样前需要被同步,作为一条经验法则,异步输入信号在传输到其他电路中需要用两级以上触发器同步。

(3)时钟信号的分配。时钟信号必须按安全和稳妥的方式在 FPGA 器件中分布。每个时钟域的时钟树都必须被平衡地设计,最好使用 FPGA 中快速连线资源实现这种平衡。

(4)非全局时钟的使用。当设计中采用非全局时钟时,器件可能或多或少地伴随一些小故障或某个区域容易受具体走线方式的影响。所以,当相邻触发器使用时钟的同一个边沿触发时必须使用全局时钟。同时,利用非全局时钟进行设计时也是可以接受的,例如,器件内部没有全局时钟资源或全局时钟资源不够的情况下,还会带来功率下降和可用时钟数量增加的优点,但是这些工作必须是在采用了耐漂移设计技术和进行了仔细分析的基础之上进行的。

(5)器件到器件定时策略。许多分析工具擅长分析单一器件内部逻辑,而对于分析系统时序或器件与器件之间的时序则显得不足。在电路板上采用低漂移时钟连接各数字器件是一种有效的简化解决办法。同时,应对时序进行适当的分析,包括分析基于时钟周期的建立时间和保持时间。

(6)时钟树。绘制一幅包含所有时钟源的树图,常常有助于正确地定义时钟之间的关系,图中每一个振荡器对应一个根节点。这些图中应该包括 DLL、PLL、同一时钟域中的所有器件和与这些器件打交道的其他所有器件。在需要时,根据对时钟树的分析,识别所有跨时钟域的逻辑模块和信号,并确定它们之间哪些需要解决亚稳态问题。此外,要确认可以接受系统中同步信号之间的延时。

3)约束设计

(1)综合约束。综合约束实现了从行为逻辑到电路的映射过程,反熔丝型 FPGA 设计中需要关注综合工具对时钟速率及信号扇出的约束。其中时钟速率约束值可适当高于实际速率值,而信号最大扇出约束值则一般不超过 10。

(2)时序约束。包括接口时序约束和内部时序约束。

接口时序约束主要是说明输入输出接口时钟与驱动信号的时序关系,包含输入端口到寄存器及寄存器到输出端口的相位关系。设计时应考虑 FPGA 输入端口及输出端口的时序要求,按上述要求来约束输入及输出信号的延迟时间。尤其是在输入及输出并行总线设计时,为确保总线信号延迟的一致性,应对组信号与时钟间的延时关系进行约束。

内部时序约束主要包含时钟约束、多周期路径约束、不关心路径约束等。对 FPGA 设计中使用的时钟应进行约束,对于时序分析不满足要求的设计应着重分析关键路径并优化设计,同时应对不关心路径或多周期路径进行分析和约束,从而提高布局布线效率及时序分析的准确性。

（3）I/O 设计约束。FPGA 设计时应充分考虑器件 I/O 接口的特性，合理配置 I/O 引脚位置、接口电平、输出驱动能力、输出摆幅及接口上下拉电阻等。

（4）布局布线约束。布局布线时，一般情况下应选择"时序驱动"选项。当存在时序不满足情况时，设置增量编译或多路径编译模式，可提升布局布线后 FPGA 的时序性能。若有时钟未使用全局网络，则可能存在建立时间不满足要求的情况，此时应在设计时尽量减小该时钟扇出，同时在布局布线约束时增加"修复最小延时冲突"选项。

4）有限状态机设计

有限状态机设计必须遵循良好的逻辑设计原则。对于关键应用，必须谨慎地对待状态机设计及其逻辑实现。有限状态机设计包括如下：

（1）锁定状态的策略和分析。对于关键状态机，分析必须覆盖所有可能的逻辑状态，证明该状态机具有确定和预期的行为。对于关键电路来说，须检查综合器的输出报告。要检查的常见事项有锁定状态、输出毛刺信号、意外的触发器复制和没有实现预期的风格。分析必须考虑非正常情况，必须保证状态机从合法状态出发，然后按预期的顺序转移。

（2）触发器复制。在瞬态故障（如单粒子翻转、ESD 事件等）情况下，电路中不同部分的逻辑可能会表示不同的信息。即根据所连接的物理触发器，复制触发器表示了不同的值。因此在高可靠性要求的应用中应谨慎。工具软件更容易生成这类电路，而不生成保证自身一致性的逻辑。

（3）纠检错要求和实现。不能通过简单增加一个海明码和纠错电路来设计可靠的状态机。例如，在 SEU 或 ESD 事件与系统时钟不同步，且无法保证逻辑网络不受毛刺信号影响的情况下，要重新考虑这种结构提供可靠工作的能力。一般情况下，必须分析产生"次态"逻辑和输入到状态寄存器的组合电路。特别是对于其中的任何电路，必须检查电路实现是否有静态冒险，以及是否会出现错误转移到某个状态。

5）抗噪和静音设计

采取以下步骤来保证足够的抗噪性能：

（1）选择差分电平传输信号，特别是在板卡之间，目前新的逻辑器件的端口都直接支持差分电平标准。

（2）使用 Serdes（串行/解串）器件或 IP Core 能够减少信号线数量，降低噪声。

（3）使用带滞回方式的输入能够有效地抵御噪声。

（4）避免使用有内部存储器的触发器或逻辑器件来驱动电缆或大容性负载。

（5）一些标称"TTL 兼容"的输入端口通常并不具备 TTL 电平兼容的阈值，特别是 VIH（高电平输入阈值）。

（6）一些输出端口，特别是对于一些 CMOS 器件，可能没有足够的驱动能力将 TTL 负载驱动到可靠的有足够抗噪声能力的逻辑 1。需要计算在最坏情况下输出端口电压与输入端口阈值的关系。

（7）TTL 接口的直流容限不能低于 400 mV，建议至少为 500 mV。

（8）对于 TTL 驱动 CMOS 的情况，使用上拉电阻加快上升时间可以提高噪声容限。但是，在时钟输入端口使用上拉电阻，会在时钟的波形中产生"驼峰"，造成寄存器多次触发。

6）防护性设计

针对一些非预期的事件，应考虑通过防护性设计来应对。最常用的方法就是进行边界和有效性检查。对于数据传输，简单的边界检查就能够检测到许多异常情况并做出适当的处理。例如，数据源断开连接会导致数据总线上全部是 F。对于浮点数来说，这样的数值格式不是合法的。最低的标准要求是假定软件失效的概率为 100%，任何可能的输入决不能损坏硬件并无法恢复。

7.3.4 FPGA 可靠性设计

FPGA 在空间中主要存在两类辐射效应：总剂量效应（total ionizing dose，TID）和单粒子效应（single event effect，SEE）。需要采取一定的 FPGA 可靠性设计，保证星载计算机在空间环境中的高可靠性。

FPGA 可靠性设计大致从以下三个方面进行考虑：整体设计加固、内部自检模块、系统监测与回读刷新。

1）整体设计加固

（1）整体屏蔽。在 FPGA 器件的外面采用一定厚度的抗辐射材料进行辐射屏蔽，屏蔽可以减少 FPGA 器件所受的辐射效应。经常采用的材料有铝、铅、钽和某些脂类化合物等，宇航领域一般采用铅皮对 FPGA 器件进行整体屏蔽。

（2）冗余设计。为当前公认的比较可靠的对付辐射效应的方法。常用的冗余设计方法是三模冗余法（triple modular redundancy，TMR）。三模冗余的基本原理是对基本的电路模块进行三重备份，将三个模块输出的结果送入判决器进行三选二的多数判决，当只有一个模块发生错误的时候并不会影响最终结果；当错误超过一个时，结果有误。三模冗余的逻辑原理如图 7-9 所示。

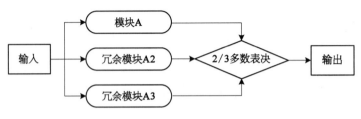

图 7-9 三模冗余的逻辑原理示意图

对于 SRAM 型 FPGA，Xilinx 公司提供了 RTL 电路级的 TMR 设计工具，即 TMR Tool。该工具不仅能够针对系统整体或部分模块进行 TMR 设计，还可以实现改进型的 TMR 设计，能够抵抗空间辐射对表决器的影响。

对于反熔丝型 FPGA，可以使用第三方软件 Synplify ACTEL FPGA 的综合工具来实现。可以通过在 Synplify 中设置属性参量 syn_radhardlevel 的值来实现三模冗余设置。通过此种方法可以灵活地在模块级、构造级和寄存器级实现三模冗余。

（3）减少 Half-latch。Half-latch 是 FPGA 中的一个隐藏状态，在 FPGA 设计工程综合之后就会出现，它就像一个电平敏感而驱动能力差的锁存器一样。例如，在正常状态下，Half-latch 的作用是产生一个常态"1"，但是在发生单粒子效应后，如果 Half-latch 的状态发生了翻转，那么后面的触发器就永远失效了。对于 Virtex 和 Virtex-Ⅱ系列的 FPGA，要尽可能减少产生 Half-latch。

（4）防止抖动。SET 在时钟电路或其他数据、控制线上容易产生短脉冲抖动，这种抖动有可能会造成电路的误触发或数据锁存的错误。为了减少这种短脉冲抖动的影响，在设计时可采用如下方法：

① 内部复位电路尽可能使用电路 SET 引起的同步复位。

② 控制线尽可能配合使能信号线使用。

③ 组合逻辑数据在锁存时尽可能配合使能信号。

也就是说，尽量在触发逻辑中配合另一个使能条件，这样就可以屏蔽由 SET 产生的大部分抖动。

（5）逻辑和算术运算的设计。FPGA 在进行信号处理时需要进行逻辑运算、算术运算和移位旋转运算。定点乘法运算由内部集成的硬件乘法器实现，加法、与/或/非等逻辑运算由内部的 CLB 实现，这些部件在受到辐射影响后，运算结果可能出现异常甚至错误。因此，在 FPGA 顶层设计时需要考虑对关键运算结果的检验，以此获得计算结果的正确性。常用的结果检验方法有 Berger 预测法、余数判断法检测法和奇偶校验等。

（6）关于 I/O。FPGA 的可编程 I/O 也容易受到辐射粒子的影响产生 SEU 和 SEL（目前只发现三态脚在发生错误时可以变成输出脚，但还没有发现 I/O 脚发生方向转换，即输入变成输出或者输出变成输入）。输入输出脚的 3 倍冗余设计方法是一种非常有效方法，尤其是对因为配置存储器发生单粒子效应的情况，但是这种方法将占用 3 倍的 I/O 资源，所以设计时需要慎重考虑。如果需要杜绝某些三态脚变成输出，那么可以在这些脚上串接二极管之类的单向器件。另外，I/O 脚的电流越大越容易受到辐射效应的影响，因此，在进行 FPGA 综合设计时，应根据需要对输出脚的驱动电流添加约束。

2）内部自检模块

自检模块由分布在 FPGA 重要布线区域附近的简单逻辑电路实现，自检模块可以是独立的，也可以镶嵌在正常功能模块当中。对自检模块输出的分析可以获得自检模块所在布线区域中辐射效应的间接估计，根据估计的结果可以按照一定的策略对 FPGA 失效概率大的区域进行局部重新配置，或者进行全局重新配置。

3）系统监测与回读刷新

采用一种"由顶到底"（top-down）的系统监控结构可以大大提高平台的可靠性，有效地抵抗各种辐射效应引起的可恢复故障。一般监控系统采用 ACTEL FPGA 作为核心对 Xilinx FPGA 进行监控,实现其回读刷新功能。

回读刷新是指使用一个抗辐照器件定期地从被加固的 SRAM 型 FPGA 中回读其位流。根据官方公布的器件位流的数据结构,开发者可以将位流中相应的配置位与预先存储于存储器内部的配置位相比较,若发现错误,则刷新 FPGA 内部配置区完成纠错,或者定期地对 FPGA 内部配置区进行刷新。

7.3.5 几种常见类型的 FPGA 设计要点

1) 反熔丝型 FPGA 设计要点

反熔丝型 FPGA 具有抗干扰性和低功耗的特点。反熔丝是一种最初电流不导通但在加压之后可以导通电流的器件。

反熔丝型 FPGA 不同于 SRAM 型 FPGA 或 Flash 型 FPGA,芯片只能一次性烧录,因此反熔丝型 FPGA 的开发流程不同于其他类型的 FPGA,需要经历转接板调试验证过程。其典型开发流程如图 7 - 10 所示。

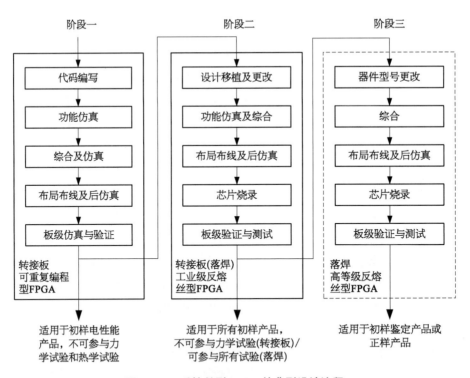

图 7 - 10 反熔丝型 FPGA 的典型设计流程

反熔丝型 FPGA 不能直接焊接在功能模块的印制板上。反熔丝型 FPGA 的典型设计流程分为以下三个阶段:

(1) 通过转接座将 Flash 型 FPGA 或 SRAM 型 FPGA 转接板与功能模块印制板连

接并在该转接板上进行调试,待调试及验证结束后即完成了第一阶段的研制工作。此阶段的状态适用于初样电性能产品,可随整星进行常温电性能测试,不可参与力学试验和热学试验。

（2）将逻辑设计移植到反熔丝型 FPGA 平台上,烧录工业级反熔丝型 FPGA 并将芯片安装于反熔丝型 FPGA 转接板上进行验证,对于初样阶段,验证完成后可将该工业级芯片落焊于功能模块的印制板上。此阶段的状态适用于初样产品,转接板状态下可随整星进行热试验,但不可参与力学试验,落焊状态下可参与整星所有试验。

（3）在高等级反熔丝型 FPGA 环境下完成设计更改并最终将高等级反熔丝型 FPGA 落焊于印制板上,完成产品的开发。该阶段的状态适用于初样鉴定产品或正样产品。阶段调试应用的器件建议如下:

① 为了保证软件平台的兼容性及器件的沿用性,建议选用 Microsemi 公司 Flash 型 FPGA 进行调试。

② 工业级反熔丝芯片的封装、速度等级应与高等级芯片一致。

2) SRAM 型 FPGA 设计要点

SRAM 型 FPGA 将配置数据存储于 SRAM 中。由于 SRAM 是易失性存储器,在没有电源的情况下无法保存数据,因此此类 FPGA 必须在启动时进行配置。配置有两种基本模式: ① 主模式,FPGA 从外部源（例如外部闪存芯片）读取配置数据。② 从模式,FPGA 由外部主设备（例如处理器）配置,通常可以通过专用配置接口或边界扫描（JTAG）接口来完成此操作。

3) Flash 型 FPGA 设计要点

Flash 型 FPGA 的开发设计主要利用如 Libero IDE 这样的 EDA 软件,将 FPGA 编程,使其达到设计所需的功能。Flash 型 FPGA 的开发流程以下概括为三个阶段: 第一阶段是创建设计阶段,主要包括器件的选型、确定电路规格、描述电路设计等;第二阶段是设计处理阶段,主要包括综合、编译、布局布线。第三阶段是板级测试阶段。

7.3.6　FPGA 在轨上注重构

近年来,卫星的智能化和网络化能力也成为现代卫星的重要指标。在卫星系统内部,星载计算机中的 FPGA 是实现智能化和网络化作战能力的主要载体之一,也需要具备随时根据需求切换功能的能力。这使得原有的一次性程序固化的工作模式难以满足需求,因而需要进行 FPGA 在轨上注重构设计。

典型的 FPGA 在轨上注重构的系统信息流如图 7 - 11 所示,主要由三部分组成,分别是测控应答机、星载计算机和上注重构用户。测控应答机负责接收地面发来的上注数据包,将相应的上注遥控指令和数据包转发给星载计算机。上注遥控指令通常由星载计算机的处理器模块或信道关口模块进行验证后,直接转发给重构用户。上注数据通常由处理器模块或数据复接与存储模块利用 NAND Flash 等固态存储器进行缓存。

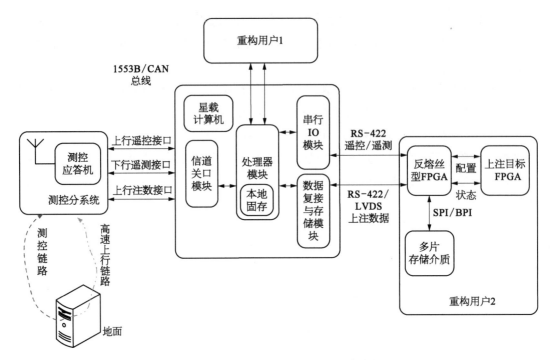

图 7‑11   FPGA 在轨上注重构的系统信息流

7.4   星载计算机 FPGA 设计的新趋势

面对空间日益复杂的工程任务,亟须开发新型星载计算机,以适应体积小、重量轻、功耗低、开发周期短、性价比高、功能密度高、隐蔽性好、机动灵活、可编队组网、完成复杂空间任务的需要。

从国外先进卫星平台不断发展的历程来看,卫星功能模块由定制化走向模块化、板卡化和通用化是航天器发展的必然结果。随着可编程的片上系统(SOPC)和高层次综合工具(HLS)开发技术的不断突破,使得在保证可靠性和安全性的前提下,实现整星集中式控制的板卡级星载计算机产品成为可能。

7.4.1   SOPC 开发

可编程的片上系统(system on programmable chip,SOPC)将处理器、存储器、I/O、LVDS 和 CDR 等系统设计需要的功能模块集成到一个可编程器件上,构成一个可编程的片上系统。SOPC 既利用了 CPU 操作的灵活性,也具有 FPGA 的并行计算及底层接口处理能力,是一种灵活、高效的 SoC 解决方案。

与 ASIC 的 SoC 解决方案相比,SOPC 系统及其开发技术具有更多的特色,构成

SOPC 的方案也有多种途径。常见的 SOPC 方案有以下三种：

（1）基于 FPGA 嵌入 IP 硬核的 SOPC 系统。该方案是指在 FPGA 中预先植入处理器。最常用的是含有 ARM32 位知识产权处理器核的器件。为了达到通用性，必须为常规的嵌入式处理器集成诸多通用和专用的接口，但增加了成本和功耗。如果将 ARM 或其他处理器核以硬核方式植入 FPGA 中，利用 FPGA 中的可编程逻辑资源，按照系统功能需求来添加接口功能模块，既能实现目标系统功能，又能降低系统的成本和功耗。这样就能使得 FPGA 灵活的硬件设计与处理器的强大软件功能有机地结合在一起，高效地实现 SOPC 系统。

（2）基于 FPGA 嵌入 IP 软核的 SOPC 系统。目前最有代表性的软核处理器分别是 Altera 公司的 Nios Ⅱ 核、Xilinx 公司的 MicroBlaze 核。Nios Ⅱ 核处理器的特点如下：① 最大处理性能提高了 3 倍；② CPU 内核面积最大可缩小 1/2；③ 32 位 RISC 嵌入式处理器具有超过 200DMIP 的性能，成本只有 35 美分；④ 可在多种系统设置组合中进行选择，满足成本和功能要求；⑤ 可延长产品生命周期，防止出现处理器逐渐过时的情况。

（3）基于 HardCopy 技术的 SOPC 系统。HardCopy 就是利用原有的 FPGA 开发工具，将成功实现于 FPGA 器件上的 SOPC 系统通过特定的技术直接向 ASIC 转化，从而克服了传统 ASIC 设计中普遍存在的问题。ASIC(SoC)开发中难以克服的问题包括开发周期长、产品上市慢、一次性成功率低、有最少投片量要求、设计软件工具繁多且昂贵、开发流程复杂等。

总之，SOPC 技术的目标就是将尽可能大而完整的电子系统在单一可编程片上系统中实现，使得所设计的系统在规模、可靠性、体积、功耗、功能、性能指标、上市周期、开发成本、产品维护和硬件升级等多方面实现最优化，而这也是 SOPC 技术发展的根本方向。

7.4.2　HLS 开发

高层次综合工具(high level synthesis, HLS)是 Xilinx 公司于 2012 年推出的，它可以将 C/C++或 System C 编写的算法转换为硬件 RTL。HLS 的出现可以让软件工程师参与到硬件开发中去，使软、硬件工程师在高级语言层面上验证算法的功能，更多关注算法的本身。通过对算法的优化和对综合工具的优化指导，生成高效的 RTL 代码。使用 HLS 的优势主要体现在以下几个方面：

（1）由于 HLS 采用 C/C++进行开发，可以快速实现函数的功能；HLS 隐藏了硬件细粒度的描述，大大缩短了开发周期。

（2）通过编写一个测试激励，除了用于 C 仿真以验证算法功能的正确性，还可以用于 RTL 代码的功能验证，无须再重新编写 C test bench，提高了功能验证的效率。

（3）采用高级语言进行开发，有利于更新和维护。一旦功能不满足要求，可以随时修改 C/C++代码，从而改变函数的功能，直至满足设计需要。

HLS 使设计者不用再局限于传统的硬件描述语言进行开发，可以用 C/C++、System C

等高级语言编写程序,通过该工具可以将 C/C++程序转换为 Verilog 或 VHDL 代码。利用 HLS 进行 IP 核的设计流程一般分为以下步骤:

(1) 新建 HLS 工程。需要添加源文件、测试文件,并根据设计需求选择时钟周期、时序裕量和目标器件。此外,必须指定每个 HLS 工程的顶层函数,以此作为输出 RTL 模块的顶层。

(2) 执行 C 仿真。根据不同算法确定所需要的函数模块以及各个模块的具体功能,编写相应的 C/C++代码和测试代码,执行 C 仿真以验证算法功能的正确性。如果没有达到要求,那么启动 Debugger 进行调试,直至满足设计的需要。

(3) 运行 C 综合。启动 C 综合,将 C/C++编写的代码转换为硬件 Verilog/VHDL 代码。综合完成后,可以通过综合报告分析系统性能、硬件资源的使用情况、逻辑接口等各项指标。然后,根据分析结果在程序中添加一些优化指令,以此提高资源的利用率和系统的吞吐量。

(4) 联合仿真。使用之前编写的测试代码对 C 综合得到的 RTL 代码进行功能验证,由于无须重新编写测试激励,因而显著提高了设计效率。

(5) 导出 IP 核。经过 C 仿真、C 综合和联合仿真后,导出 IP 核。该 IP 核包含了驱动程序、参考文档等文件,可以被其他工具进行处理。根据不同的要求,可以设置不同格式的 IP 核,包括 IP Catalog 格式、Pcore 格式和 System Generator 格式。

第8章

软 件 技 术

　　软件是一系列按照特定顺序组织的计算机数据和指令的集合。作为整星的控制核心，在特定的星载计算机硬件环境下，通过软件编程，可以满足不同的整星功能需求。星载计算机软件主要包括单机软件和操作系统软件两大类。本章将介绍星载计算机软件概念、设计，详细介绍星载嵌入式操作系统，并将结合宇航应用，描述软件技术发展趋势。

8.1　星载计算机软件简介

8.1.1　星载计算机软件分类

　　星载计算机软件即人造卫星或航天飞行器上的计算机控制软件，它是整个卫星的控制核心，主要负责卫星和航天飞行器的姿态和轨道控制、遥控遥测数据处理，对大量业务数据（如各类载荷数据等）进行传输控制；监视卫星和航天飞行器的运行状态，进行故障诊断等。

　　星载计算机软件主要由加载监控软件和对应的业务应用软件组成，其中加载监控软件负责系统启动后将应用软件目标码镜像加载到内存中运行和监控软件运行状态等功能；应用软件负责实现计算机相应的功能。根据星载计算机功能的不同，星载计算机软件分为数管计算机软件和姿轨控计算机软件等类型。

　　数管计算机是卫星数据管理的核心设备，姿轨控计算机是卫星姿态与轨道控制的核心设备，两者一起构成整星的控制核心。数管计算机软件的主要功能是整星测控通信数据管理、时间管理、能源管理和热控管理等。姿轨控计算机软件的主要功能是：采集卫星的各种姿态与轨道信息，通过外部接口将数据传输给数管计算机；接收数管计算机发来的航天器轨道要素、指令和系统配置、参数修正等信息，进行实时的数据处理和计算，控制执行机构完成卫星的姿态、轨道、制导和导航等。

　　星载计算机软件属于嵌入式软件，无人机交互界面，只能通过外部接口与各下位机进行数据传输和控制。由于计算机处理器性能的限制，以及数据处理高实时性、可靠性的要求,早期的星载计算机软件主要以单机软件为主,通过周期性的任务调度和外部数据中断交互,完成数据请求的响应和处理。随着嵌入式实时操作系统的发展,目前该操作系统也被广泛应用于星载计算机软件的设计中,实现了上层应用与底层硬件的解耦。

8.1.2　星载计算机软件的发展

8.1.2.1　单机软件技术的发展

受限于处理器的性能和早期编译器的性能,早期的星载计算机软件通常采用汇编语言编程,如 1750 汇编编程和 SPARC 汇编编程等。由于汇编语言存在难以阅读及维护、与处理器硬件资源耦合度较高、可移植性差等缺点,高级编程语言随之应运而生。高级编程语言通过编译器进行翻译,实现了对处理器硬件资源的抽象,使软件编程语言更接近人类的自然语言,易于开发和阅读,可移植性较高,因此得到了广泛、迅速的发展。目前的星载计算机软件已普遍采用高级语言编程。

1) 1750 汇编编程

MIL-STD-1750A(简称"1750A")是 16 位计算机指令集架构,除了核心 ISA 之外,还定义了可选指令,例如 FPU 和 MMU。1750A 支持核心标准的 216 个 16 位字存储器。该标准定义了一个可选的存储器管理单元,它允许 220 个 16 位字的存储器使用 512 个页面映射寄存器(在 I/O 空间中),定义单独的指令和数据空间,以及键控存储器访问控制。

1750A 计算机具有 16 位和 32 位二进制算术的指令,以及 32 位和 48 位浮点。I/O通常通过 I/O 指令(XIO 和 VIO),它们具有单独的 216 个 16 位字地址空间,并且可能具有专用总线。

2) SPARC 汇编编程

SPARC 已经逐渐发展成为一个开放的标准。SPARC 处理器架构具备精简指令集(RISC)、支持 32 位/64 位指令精度、架构运行稳定、可扩展性优良、体系标准开放等特点。SPARC 因此得以迅速发展壮大。SPARC V7/V8 是目前嵌入式控制系统常用的处理器标准版本,并在航天设备的电子系统中得到广泛应用。

SUN 公司在 1985 年发布的 SPARC V7 是世界上第一个 32 位可扩展处理器架构标准,它基于加州大学伯克利分校关于 RISC 微处理器项目的研究成果,如寄存器窗口结构。1990 年,SPARC International 发布了 32 位 SPARC V8 架构标准。它在 SPARC V7的基础上增加了乘法和除法指令,加速乘除法的处理使得用户不必使用子程序完成相同操作。为了在 21 世纪微处理器发展上仍具有竞争性,SPARC International 在 1994 年发布了 64 位 SPARC V9 架构标准。相比 SPARC V8,这一版本的显著变化在于:数据和地址的位宽由 32 位变到 64 位,支持超标量微处理器的实现,支持容错及多层嵌套陷阱,具有超快速陷阱处理及上下文切换能力。

目前使用较为广泛的 SPARC 系列处理器主要包括 SPARC V7(TSC695)、SPARC V8(AT697、S698PM、BM3803、BM3823)等。

3）高级语言编程

基于 MIL‑STD‑1750A 的处理器通常用 JOVIAL 语言编程，JOVIAL 是由美国国防部定义的高级编程语言，源自 ALGOL58 在较小程度上使用了 Ada 语言。目前在星载计算机软件开发中应用最广泛的高级编程语言主要包括 Ada 语言和 C 语言等。

（1）Ada 语言。为一种表现能力很强的通用程序设计语言，是美国国防部为克服软件开发危机，耗费巨资历时近 20 年研制成功的。它被誉为第四代计算机语言的成功代表。与其他流行的程序设计语言不同，它不仅体现了许多现代软件的开发原理，而且将这些原理付诸实现。因此，Ada 语言的使用可大大改善软件系统的清晰性、可靠性、有效性和可维护性。

从一定意义上说，Ada 还打破了"冯·诺依曼思维模式"（Von Neumann Mind-set）的桎梏，连同 Ada 语言的支持环境（APSE）一起，形成新一派的所谓 Ada 语言文化。它是迄今为止最复杂、最完备的软件工具。Ada 语言是美国国防部指定的唯一一种可用于军用系统开发的语言，中国军方也将 Ada 语言作为军内开发标准。

（2）C 语言。为一门面向过程的、抽象化的通用程序设计语言，广泛应用于底层软件开发。C 语言能以简易的方式编译、处理低级存储器。C 语言是仅产生少量的机器语言，以及不需要任何运行环境支持便能运行的高效率程序设计语言。尽管 C 语言提供了许多低级处理的功能，但是仍然保持着跨平台的特性，以一个标准规格写出的 C 语言程序可在包括类似嵌入式处理器及超级计算机等作业平台的许多计算机平台上进行编译。

8.1.2.2　单机软件到操作系统的演变

随着高性能、多核处理器技术和卫星应用需求的不断发展，在星载计算机系统平台化、型谱化、标准化基础上，采用信息化、网络化设计思想，星载计算机已逐渐往开放式信息系统架构、网络化互连、信息化交互、虚拟化资源、标准化服务、通用化终端和智能化操控等方向发展。

随着星载计算机硬件的集成度越来越高，传统模式开发的软件越来越复杂，传统的单机软件开发模式已不能满足要求，主要不足表现为：管理软件和应用软件需要联合编译和调试，软件之间的耦合性较高；软件与硬件平台相关，导致代码复用率低、可移植性较差；为了保证软件质量和可靠性，软件研制周期较长、效率偏低、成本巨大，无法适应当前快速装备的要求。

因此，为了满足星载计算机软件开发需要，大型复杂的星载计算机系统逐渐开始考虑基于操作系统进行软件开发设计。

操作系统具有以下四大基本特征：

（1）并发。操作系统的并发性是指计算机系统中同时存在多个运行着的程序，因此它应该具有处理和调度多个程序同时执行的能力。

（2）共享。它是指系统中的资源（硬件资源和信息资源）可以被多个并发执行的程序共同使用,而不是被其中一个独占。资源共享有两种方式:互斥访问和同时访问。

(3)异步。在多任务环境下,允许多个程序并发执行,但由于资源有限,进程的执行不是一贯到底,而是来回切换,各进程以不可预知的速度向前推进,这就是进程的异步性。

(4)虚拟。虚拟性是一种管理技术,把物理上的一个实体变成逻辑上的多个对应物,或者把物理上的多个实体变成逻辑上的一个对应物的技术。采用虚拟技术的目的是为用户提供易于使用、方便高效的操作环境。

通过操作系统对硬件资源进行管理和任务调度,可以屏蔽硬件差异,实现硬件对软件的透明,便于应用软件开发移植,优化资源利用。因此,发展星载嵌入式操作系统已受到航天科研院所及操作系统研发单位的高度重视,并得到了一定的发展和应用。

8.2　星载计算机单机软件设计

星载计算机单机软件通常主要由加载程序、应用程序和底层硬件驱动等组成,在特定的星载计算机硬件平台上,进行相应的软件开发。

8.2.1　软件顶层设计

星载计算机软件开发时,首先需要顶层架构分析与设计,然后根据现有的硬件资源和软件需求,合理分配硬件资源、细化软件模块组成、制定软件运行模式和规划软件运行时序等。

1) 资源配置

星载计算机软件使用的硬件资源主要包括以下几方面:

(1)处理器内部资源。通常有内部程序和数据存储器、串口、中断、定时器、Cache 和EDAC 等。

(2)处理器外围扩展设备。通常有外部 RAM、EEPROM 和 Flash 等,可以挂载在处理器外部存储扩展接口,也可以通过 I2C、SPI 总线接口等进行扩展。

(3)单机外部通信接口。通常采用 1553B 总线、CAN 总线、RS－422 总线和 GPIO 接口等。

2) 拓扑结构

不同于人机交互的桌面应用软件,星载计算机软件最重要的一点是软件跟硬件的紧密耦合特性,这样就给软件设计人员带来了极大的困难。首先,在软件设计过程中过多地考虑硬件,给开发和调试都带来了很多不便;其次,如果所有的软件工作都需要在硬件平台就绪之后进行,那么自然就延长了整个系统的开发周期。因此,星载计算机软件设计时,通常采用层次化、模块化设计的思路,将上层应用程序与底层硬件接口脱离,将各功能模块化划分。软件拓扑结构如图 8－1 所示。

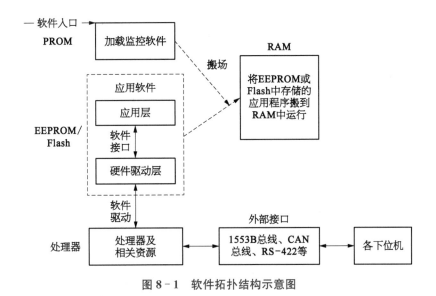

图 8 - 1　软件拓扑结构示意图

（1）加载监控软件。它是一个独立的配置项，固化在起始物理地址 PROM 中，主要负责系统启动后将应用软件目标码镜像加载到内存中运行和监控软件运行状态等功能。每台计算机都有各自的加载监控软件。

（2）应用软件。当数管计算机和姿轨控计算机合二为一时，星载计算机应用软件主要由管理软件、星务软件和姿轨控软件三大模块组成，分别负责底层硬件接口驱动、整星功能管理和卫星姿态轨道计算及控制等功能。可以三者独立开发、联合编译，最终连接成一个执行程序镜像。

当数管计算机和姿轨控计算机分离时，两台计算机由各自的管理软件和应用软件两大模块组成，联合编译成各自的执行程序镜像。

（3）软件外部接口。星载计算机软件作为整星的控制核心，通过外部硬件接口与各类下位机进行遥控遥测数据通信，实现与各下位机之间的遥控遥测数据传输。常用的外部接口包括 1553B 总线、CAN 总线、RS－422 接口和非标类的 FPGA 接口等。软件提供通用的底层数据收发等操作接口函数供上层应用程序调用。

3）时间片划分

星载计算机软件通常采用周期任务划分进行软件时序设计。首先明确任务调度周期，然后确定每个业务功能的处理顺序和时间，梳理数据中断与数据处理流程的关系，最后明确空闲任务周期时背景任务处理业务。

为了兼顾处理器性能和数据处理实时性要求，星载计算机单机软件任务调度周期通常设置为 500 ms；然后依次划分各功能模块处理时间，包括遥控数据分发、遥测数据采集、热控处理、能源管理、姿轨控处理和时钟管理等，所有功能依次处理；梳理各数据中断源，如遥控数据中断、遥测数据中断等，数据中断与周期任务处理之间通常采用数据标识、队列等方式进行交互；对于剩余的周期空闲时间，可以设置背景任务，通常用于软件可靠性措施如 EDAC 刷新等。

时间片周期轮转如图 8-2 所示。

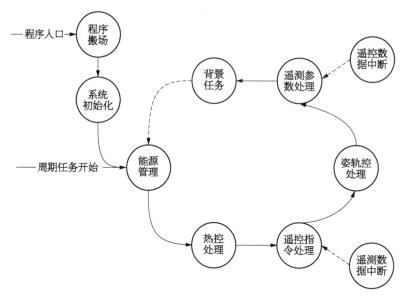

图 8-2　时间片周期轮转示意图

4）中断设计

中断是指在计算机执行期间，系统内发生任何非寻常的或非预期的急需处理事件，使得 CPU 暂时中断当前正在执行的程序而转去执行相应的时间处理程序，待处理完毕后又返回原来被中断处，继续执行或调度新的进程执行的过程。

计算机与外设之间的数据交互一般通过两种方法：一是通过 CPU 中断的方式；二是采用周期查询数据状态的方式。对于实时性要求较高的星载计算机系统，通常采用中断的方式，但是同时由于中断时序的随机性，所以在顶层时序设计时，通常需要对中断进行设计。

常用的星载计算机中断主要有 GPS 秒脉冲中断、遥控数据接收中断、遥测数据传输中断、处理器内部定时器中断和异常陷阱（如 EDAC、非法指令）中断等。软件在系统初始化时所有中断配置并绑定相应的中断服务子程序。中断服务子程序设计应遵循处理尽量简短、全局资源访问尽量少、明确中断优先级和中断嵌套等原则。

GPS 秒脉冲中断处理时，读取 GPS 时间，用于本地时钟校时操作。遥控数据接收中断处理时，从 FPGA 接口读取接收的遥控指令数据，压入指令队列，等待周期任务出列处理。遥测数据传输中断处理时，将采集好的遥测数据填入遥测发送缓存中，等待下个周期传输。处理器内部定时器中断主要用于周期任务调度，周期定时到时，暂停背景任务，开启下一个周期任务执行流程。异常陷阱中断主要用于维护系统的稳定性和可靠性，若触发的是可以修正的错误，则修正后继续执行；若是不可修正的错误，则记录错误现场（等待后续通过遥测方式下行），并主动触发软件复位重新加载程序运行。

8.2.2　软件功能设计

根据星载计算机的功能需求，在现有硬件资源的基础上，完成顶层模块分解和时序划分后，分别开展各功能模块的设计。本节以常用的星载计算机软件功能为例进行说明。

1）加载监控功能

由于宇宙空间存在高能粒子辐射，为了确保程序存储的可靠性，通常将程序目标码存储在可靠性较高的存储介质中，如 PROM、EEPROM、Flash 等。由于 PROM 芯片空间较小、价格昂贵，且 EEPROM 和 Flash 运行速度较慢，因此，通常只用于存储具备引导高能和最小安全模式的加载监控软件，而主任务程序存储在 EEPROM 或 Flash 中，并通过三模冗余备份的方式提示系统的可靠性。

加载监控软件通常主要具备以下功能：

（1）主任务程序搬场。将存储在 EEPROM 或 Flash 中的程序三取二后加载到 RAM 中运行。

（2）主任务程序监控。查看软件复位异常情况，如看门狗咬狗次数等，确认软件程序存储是否出现异常（如三取二失败等）。

（3）安全模式。当主任务程序存储出现异常时，软件进入安全模式，接管整星的基本遥控、遥测、热控和在轨编程等功能，由地面根据相应的情况对软件进行故障检测后，采取相应的补救措施。

2）能源管理

卫星能源是卫星在轨运行的动力，能源安全是卫星在轨长期安全运行的基本保障。星载计算机系统有必要在卫星执行任务前进行能源约束计算，防止卫星能源不足导致任务不能正常执行或卫星处于危险状态，优先保障关键设备的供电安全。

星载计算机软件根据太阳能电池阵发电和蓄电池充放电参数情况，对剩余能源约束进行计算，在计算完毕后向地面反馈能源约束检查结果。在能源约束计算不通过时，自动按照用户优先级和任务优先级对任务进行调整，关闭非必要的能源消耗，或者地面提前判断能源供应异常后，通过直接指令的方式关闭相应的设备。

3）热控处理

由于太空中真空低温环境的原因，需要通过加热器对设备进行加热，使设备工作在一个合适的温度范围；同时又要避免设备过热情况发生，以确保卫星电子设备运行环境的安全。

软件通过读取热敏电阻采集对应的节点温度，根据设定的热控算法，自动进行加热器开关调节。软件可自主对热控回路进行控制，通过获取热敏电阻采集的温度值，与设定的热控阈值进行比较，根据比较结果发送加热器开关控制指令。地面也可以根据卫星下行的温度量遥测参数，进行地面人为干预，启动或关闭相应的加热器，或者调节加热器控制参数。

4）遥测数据采集

通过传感器测量卫星内部各个工程分系统、卫星的姿态、外部空间环境和有效载荷的工作状况,通过无线电方式,将这些参数传到地面站,供地面的科研人员进行分析研究,用来判断卫星的工作状况。遥测是一种用来监督、检查卫星上天后工作状况的唯一手段,也是判断故障部位、原因的唯一措施。

卫星各分系统需要采集的遥测参数包括两类:一类是采集设备通过终端设备硬件接点进行采集的硬件参数,如模拟量、温度量及双电平量等;另一类是采集设备通过串口或总线进行采集的软件参数,如数字量、串口参数和软件参数等。

遥测数据处理系统处理的下行数据主要是国际空间数据系统咨询委员会(CCSDS)标准格式的遥测数据帧,这些数据以数据流的形式发送给遥测数据处理软件。数据处理软件接收到这些数据后进行解包处理,得到最终的遥测参数数据。

由于卫星遥测参数的种类和数据量较多,将遥测参数按遥测参数速率分为固定区遥测和分包区遥测,固定区遥测随每帧遥测下传,分包区遥测源包下传速率可根据参数类别调整。

软件通常周期地采集下行遥测参数,根据遥测速率的不同设置相应的采集和下行周期。星载计算机软件周期的汇总和通过外部接口从各下位机采集的遥测参数,按照协议要求组包,通过 FPGA 接口传给信道关口处理,最终下行地面。

5）遥控数据分发

地面通过遥控指令控制卫星在轨运行状态,包括正常的业务工作指令和设备控制指令等。如当地面维护人员通过对遥测参数、姿态和轨道参数的研究和分析,发现航天器的轨道、姿态、某个工程分系统或有效载荷工作状况异常或出现故障,判断出故障部位和做出决策,地面向卫星发出有关命令修正轨道和姿态,调整分系统和有效载荷的运行参数。

卫星通过测控天线接收地面站发送的上行载波信号和下行载波信号。应答机解调出上行载波中的遥控副载波,将遥控副载波信号送中心遥控机进行处理。根据执行方式和功能的不同,遥控指令分为直接指令、间接指令、内部指令、注数指令和程控指令等。

（1）直接指令。主要控制卫星上各分系统加断电、开关机、复位等操作,由中心遥控机输出指令脉冲,以直接指令帧形式发送,不经过 CPU 软件的处理。

（2）间接指令。与直接指令互为备份,间接指令、内部指令和程控(载荷工作方式)指令可在星载数管计算机队列中缓存并按时序执行。

（3）注数指令。以遥控注数帧形式发送,遥控注数帧结构由引导码、地址同步字、方式字、帧数据域和帧差错控制组成。遥控注数的帧数据域部分采用 CCSDS 规范的遥控源包格式,帧差错控制采用循环冗余(CRC)检错码。

星载计算机软件通过中断响应遥控指令,在收到地面上注的间接指令、内部指令、程控指令等遥控指令后,解析 CCSDS 规范的遥控源包格式,确定指令的执行设备,然后通过外部接口将指令转发给各机构执行。

6) 姿轨控处理

姿态和轨道控制系统(attitude and orbit control system)简称"姿轨控系统",负责完成卫星姿态和轨道的控制任务,是卫星平台最重要的组成部分,也是整星中最重要的组成部分。作为实现控制功能的主体,姿轨控软件是整个姿轨控系统的核心。

姿轨控软件的主要功能是完成卫星姿态和轨道的控制,为卫星应用系统提供高精度和高可靠度的平台。卫星姿轨控软件功能通常包含敏感器数据采集处理、姿态计算、姿态机动控制、轨道计算、轨道控制、执行机构指令处理、电池阵驱动机构控制、软件状态监控、遥测遥控数据处理、系统故障诊断与重构与数管软件通信等。姿轨控软件组成如图 8-3 所示。

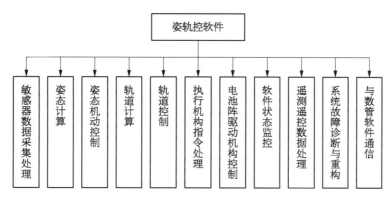

图 8-3　姿轨控软件组成示意图

7) 时钟管理

随着卫星载荷功能、性能的不断提升,系统对时间精度和稳定度的要求越来越高,特别是 GEO 发射-LEO 接收的双基地合成孔径雷达(SAR),对时间要求更为严格。

星载计算机主机通常需要产生和维护平台统一时钟,周期性地通过总线广播给各终端使用。由于晶振时钟的准确度和稳定度有限,长期积累后容易产生时钟偏差,因而需要时钟校正维护,控制误差在一定范围内。

目前,卫星星上时钟维护有授时和校时两种常用方式。授时有遥控授时和导航授时,是读取外部完整时间格式作为星上系统时钟的基点,仅在地面测试或在轨飞行中系统时钟切换、复位等非正常时操作。

校时有集中校时、均匀校时、GPS 总线校时和 GPS 秒脉冲校时等方法。集中校时是指当星地时差超过限定范围由地面测控系统对星上注入时差值进行校时。均匀校时是指地面遥测根据时钟漂移规律,计算星上时钟变化率,周期性地进行一定补偿。GPS 总线校时是指利用总线用户广播的时间,对星上时钟进行校时修正。GPS 秒脉冲校时是指利用 GPS 秒脉冲信号,对星上时钟进行校时修正。

8）健康管理

由于卫星在大部分飞行时间内属于地面不可见状态，如果卫星在轨出现问题且不能自主恢复，那么只能等到入境时才能发现。等待地面诊断、确定处理措施、实施操作、观察效果直到故障排除，往往需要多轨的时间才能完全解决。

20世纪90年代，资源一号卫星首次采用基于计算机系统的自主健康管理设计，具备了一定的自主故障检测及重构能力。国内航天器经过30余年的发展，已经从原来单一的由各分系统（如电源、控制、推进系统、数管等）配置的故障诊断系统，向系统级状态监测、故障预测和故障修复发展，逐步形成航天器集成健康管理系统，从保障任务完成的系统顶层实现对航天器的故障综合检测与重构。近年来，星载计算机运算能力的大幅提升使得各分系统的数据处理和管理能力得到较大提高，这为星上数据自主管理的智能化提供了良好的硬件基础。此外，随着遥感卫星任务能力的大幅提升带来的卫星系统复杂性的增加，以及对于卫星"一重故障保业务连续、二重故障保航天器安全"的目标要求，对卫星自主健康管理能力的要求也提升到新的高度。

卫星自主健康管理的工作内容主要包括以下几个部分：

（1）健康管理参数配置及开关设置。各项健康管理功能的阈值、判决时长、判决逻辑和当班机等参数均存储在健康管理参数配置表中，并可通过地面上注修改；所有健康管理功能均各自独立并可由地面进行使能禁止控制。

（2）健康数据生成。数管软件汇集采集的硬通道遥测和各下位机传输的遥测并进行判断，当遥测不满足判读条件时生成对应的健康事件报告，同时生成反映卫星工作状态的健康字遥测。

（3）故障诊断与自主管理。由数管软件依据健康遥测自主判读结果进行故障的识别、诊断，并在地面使能的条件下，对明确处置措施且处置措施无风险的故障进行自主处理，并形成对应的事件报告。

（4）健康数据下传。将形成的卫星健康状态字、事件报告进行汇总，在通过实时信道立即下传的同时放入存储遥测中。卫星入境后，用最短的时间完成存储的健康数据下传。

9）容错设计

考虑卫星在轨运行的复杂空间环境和长期在轨运行不可维护性，星载计算机软件作为整星的控制核心，需要采取必要的容错设计措施保障系统长期在轨运行的稳定性。目前主要的软件容错设计包括如下：

（1）错误检测与纠正（error detection and correction，EDAC）设计。在空间电磁环境比较恶劣的情况下，一些大规模集成电路常常会受到干扰，导致不能正常工作。特别是像RAM这种利用双稳态进行存储的器件，往往会在强干扰下发生翻转，使原来存储逻辑发生翻转跳变，可能导致控制程序跑飞、存储的关键数据出错等。

可以采用EDAC电路来有效地减少或避免上述情况的出现。根据检错、纠错的原理,主要思想是在数据写入时,根据写入的数据生成一定位数的校验码,与相应的数据一起保存起来;当数据读出时,同时也将校验码读出,进行判决。如果数据出现一位错误则自动纠正,将正确的数据送出,同时将改正以后的数据回写覆盖原来错误的数据;如果数据出现两位错误则产生中断报告,通知 CPU 进行异常处理。

目前主流的星载计算机处理器均自带 EDAC 功能。软件在系统初始化时,须设置并启用 EDAC 纠错功能,并设计相应的异常处理函数,对 EDAC 一位错误和多位错误异常进行处理。对于处理器不具备 EDAC 功能的数据存储器,通常采用 FPGA 设计相应的 EDAC 纠错功能。在这种情况下,由于出现一位错误时 FPGA 自动纠正且缺乏通知 CPU 的机制,因此通常需要软件在背景任务中自主刷新维护,避免出现多位错误累计。

(2) 在轨编程设计。软件在轨编程功能是用于卫星缺陷修复、功能变更和扩展、实现系统重构容错最重要的手段。在轨编程通常分为全局在轨编程、局部在轨编程和指定任意数据存储位置在轨编程。全局在轨编程即完成的执行程序镜像替换;局部在轨编程即函数模块在轨编程;指定任意数据存储位置在轨编程即指定任意数据存储地址数据内容修改。

① 全局在轨编程。当程序存储出现大面积错误或者需要完整的重构时,可以采用全局在轨编程的方式进行替换。通过遥控的方式将新的执行程序镜像上注到内存中运行并确认无误后,写入指定的程序存储介质中,并由遥控指令指定使用新上注的程序运行。

② 局部在轨编程。当发现个别函数出现错误时,地面可以通过局部在轨编程的方式进行函数修复。为了确保原始出厂版本程序存储的可靠性,局部在轨编程时通常不对原始程序存储进行修改,而是采用修改 RAM 后跳转的方式执行。具体步骤为:将上注的函数目标代码存储在内存中;修改函数入口程序,跳转到新上注的函数入口处执行;确认无误后,将其写入在轨编程专用的程序存储区;当系统发生复位后,地面可以指定采用原始的出厂版本,或者采用在轨编程的函数版本运行。

③ 指定任意数据存储位置在轨编程。当出现个别存储或程序参数错误时,可以通过指定任意数据存储位置在轨编程的方式修复。在执行时需要特别注意的是,指定任意数据存储位置在轨编程时,当前修复的数据或程序不能被 Cache 缓存,否则可能出现 Cache 异常。

10) 星箭分离处理

通常卫星发射前在地面就会提前加电运行,但其他设备通常保持关机状态,因此在发射入轨前(包括发射过程中),星载计算机软件只做一些简单的数据处理。在发射入轨收到星箭分离信号后,星载计算机软件才正式进入在轨运行模式,首先执行太阳能电池阵帆板展开及对日定向、卫星姿态和轨道调整、各下位机与载荷单机依次开机等流程。

星载计算机通常采用 GPIO 电平信号的方式通知软件星箭分离状态,由于星箭分离信号为安全关键参数,因此需要采取防抖动、三模冗余等可靠性措施。同时,为了避免星箭分离信号在发射过程中由于火箭抖动误触发,通常软件还需要结合发射过程时间等多种信息综合判断当前是否真正触发了星箭分离信号,例如,必须同时满足星箭分离信号有效并且发射时刻的若干时间后才执行星箭分离信号后续流程,或者收到星箭分离信号之后延迟若干时间执行,或者加电运行若干时间后若尚未收到星箭分离信号则强制执行等。

8.2.3　软件外部接口设计

星载计算机通过外部接口与各下位机进行数据通信,包括采集遥测参数、转发遥控指令及注入参数等。目前星载计算机常用的外部接口主要有 1553B 总线、CAN 总线和RS‐422 总线等。

8.2.3.1　1553B 总线接口设计

1553B 总线是 MIL‐STD‐1553 总线的简称,MIL‐STD‐1553 总线是飞机内部时分制指令/响应式多路复用数据总线。1553 总线能挂 31 个远置终端。1553B 总线采用指令/响应型通信协议,它有三种终端类型:总线控制器(BC)、远程终端(RT)和总线监控器(BM);信息格式有 BC 到 RT、RT 到 BC、RT 到 RT、广播方式和系统控制方式;1553B 总线为多冗余度总线型拓扑结构,具有双向传输特性,其传输速度为 1 Mbit/s,传输方式为半双工方式,采用曼彻斯特码进行编码传输。

1553B 总线的三种终端简介如下:

(1) 总线控制器。指总线上唯一被安排为执行建立和启动数据传输任务的终端。

(2) 远程终端。指各下位机子系统到数据总线上的接口,它在 BC 的控制下提取数据或接收数据。

(3) 总线监控器。"监控"总线上的信息传输,完成对总线上数据源的记录和分析,但本身不参与总线的通信。

1) 1553B 总线高层通信协议简介

在整星方案设计时,由卫星总体设计和约定整星的 1553B 总线高层通信协议,通常主要包括以下内容:

(1) 分配各下位机 RT 地址。

(2) 明确各下位机各类数据传输的 RT 子地址、数据长度、数据格式和传输周期等。

(3) 明确消息间隔约束、可靠性要求等。

2) 星载计算机 1553B 总线接口软件设计

星载计算机软件作为整星的控制核心,通常有权机作为 BC 端,无权机与各下位机作为 RT 端。在软件设计时,1553B 总线接口功能通常需要提供以下接口函数供上层应用软件使用:

(1) 1553B 总线缓存、寄存器数据读写接口函数。

(2) 1553B 总线 RT 子地址配置接口函数。

（3）BC 向指定 RT 地址、RT 子地址、传输通道、长度和数据缓存的发送数据接口函数。

（4）BC 从指定 RT 地址、RT 子地址、传输通道、长度和数据缓存的接收数据接口函数。

8.2.3.2　CAN 总线接口设计

CAN 是 controller area network 的缩写，是 ISO 国际标准化的串行通信协议。CAN 的高性能和可靠性已被认同，并被广泛地应用于工业自动化、船舶、医疗设备和工业设备等方面。现场总线是当今自动化领域技术发展的热点之一，被誉为自动化领域的计算机局域网。CAN 总线的出现为分布式控制系统实现各节点之间实时、可靠的数据通信提供了强有力的技术支持。

CAN 总线采用多主站竞争式总线结构，通信介质可以是双绞线、同轴电缆或光导纤维，通信速率最高可达 1 Mbit/s，具有多主站运行和分散仲裁的串行总线及广播通信的特点。CAN 总线上任意节点可在任意时刻主动地向网络上其他节点发送信息而不分主次，因此可在各节点之间实现自由通信。

1) CAN 总线高层通信协议简介

一些国际组织定义了应用层，如 CIA 组织的 CANopen、ODVA 组织的 DeviceNet 等，也有一些用户根据需求自行设计应用层。

一个数据帧传输的数据量为 0~8 个字节。CAN 协议支持两种报文格式，其唯一的不同是标识符（ID）长度不同，标准格式为 11 位，扩展格式为 29 位。在 CAN 总线高层通信协议设计时，往往通过识别符约定各单机类型及其传输的各种数据类型。各单机软件根据协议设计相应的屏蔽码和掩码进行数据过滤，选择性地接收与自身相关的数据帧并进行相应的处理。

2) CAN 总线接口软件设计

由于 CAN 总线通信往往是一对多机制，为了确保 CAN 总线通信的时序正常，通常采用主从式握手机制，由星载计算机软件发起数据传输或请求，各下位机根据识别码判断数据传输目的地址，做出相应的回复。CAN 总线接口软件提供给上层应用的接口函数主要包括：

（1）CAN 总线寄存器读写接口函数。

（2）指定 CAN 总线、数据帧 ID、传输类型、长度、数据缓存的发送接口函数。

（3）指定 CAN 总线、数据帧 ID、传输类型、长度、数据缓存的接收接口函数。

8.2.3.3　RS‐422 总线接口设计

RS‐422 时钟规定采用四线、全双工、差分传输、多点通信的数据传输协议。RS‐422 四线接口由于采用单独的发送和接收通道，因此不必控制数据方向，各装置之间任何必需的信号交换均可以按软件方式（XON/XOFF 握手）或硬件方式（一对单独的双绞线）。RS‐422 的最大传输距离为 4 000 英尺（约 1 219 m），最大传输速率为 10 Mbit/s。其平衡双绞线的长度与传输速率成反比,在 100 kbit/s 速率以下,才可能达到最大传输距离。只有在很短的距离下才能获得最高速率传输。一般 100 m 长的双绞线上所能获得的最大传输速率仅为 1 Mbit/s。

受限于 CPU 内部 RS-422 接口数量,星载计算机与下位机数据传输的 RS-422 串行接口通常采用 FPGA 实现。

1)RS-422 高层通信协议简介

RS-422 通信通常采用点对点的方式,由星载计算机作为控制端,通过特定的串口与相应的下位机进行数据通信。常用的通信协议约束主要如下:

(1)RS-422 底层传输协议约束,如波特率、数据位长、结束位长和校验位等。

(2)由于 RS-422 通信缺乏数据同步措施,因此通常需要约定数据同步头。

(3)数据传输的响应、握手机制。

(4)数据传输长度和格式。

2)RS-422 总线接口软件设计

通常 RS-422 接口供应用层使用软件提供给上层应用的接口主要包括如下:

(1)指定的 RS-422 接口初始化接口函数,包括波特率、奇偶校验等。

(2)指定 RS-422 接口、数据长度、数据缓存的发送接口函数。

(3)指定 RS-422 接口、数据长度、数据缓存的接收接口函数。

8.2.4 软件可靠性与安全性设计

不同于普通的消费类计算机电子产品软件,考虑卫星在轨长期稳定运行的需求和不便维修等原因,在软件开发过程中各环节都需要进行安全性分析和可靠性设计,避免潜在的可靠性风险,对识别的安全性关键和可靠性薄弱的环节采取特定的可靠性措施。

8.2.4.1 软件安全性分析方法

星载计算机软件通常采用基于故障树分析(FTA)和失效模式及影响分析(FMEA)的方式开展安全性分析。软件安全性活动贯穿星载计算机软件研制的全流程。

1)系统需求分析阶段

进行初步危险分析,提出软件安全性需求。

2)软件需求分析阶段

基于软件功能的故障树分析和失效模式及影响分析,得出软件安全关键功能,提出软件设计约束。主要从电源失效防护、系统加电检测、电磁干扰防护、空间单粒子防护、系统不稳定防护、接口故障防护、干扰信号防护和防止错误操作等方面进行考虑。

3)软件设计阶段

进一步开展基于软件模块的故障树分析和失效模式及影响分析,得出软件安全关键部件和单元,制定或选择软件设计参考准则,对安全关键功能的设计采取相应的软件可靠性设计措施,并提出软件安全性测试要求。主要从模块化设计(高内聚、低耦合)、资源余量设计、时序余量设计、参数检查和数据隔离等方面进行考虑。

4)软件编码实现阶段

根据设计阶段明确的安全关键部件和单元及其设计约束,开展安全关键部件和单元的安全性、可靠性设计,使软件安全性问题得到缓解或解决。

5)软件测试验证与确认

对软件安全关键单元和部件开展安全性单元和部件测试,验证软件设计安全性措施正确有效。对软件安全关键的功能开展安全关键性各项测试,确认软件安全关键功能得到保证。

8.2.4.2　软件可靠性设计要求

为保证软件长期在轨运行的稳定性,星载计算机软件需要采取必要的可靠性设计措施进行约束。软件可靠性设计要求包括通用类要求、中断设计要求、数据处理要求、与结构有关的程序设计要求、说明类要求、输入输出类要求、与高级编程语言有关的程序设计要求。

1)通用类要求

通用类要求适用于各类型处理器平台的软件,主要目的是避免在软件开发过程中的不良习惯导致软件设计中存在风险,主要包括:

(1)软件编码应当清晰易懂,不要为了"效率"而牺牲清晰。

(2)尽可能使用库函数,应注意硬件差异可能带来的影响。

(3)在编码前先设计,先用易于理解的伪码语言编写算法并分析评估。

(4)在设计前做好模块划分,并尽量做到各功能模块高内聚、低耦合。

(5)进行防错性程序设计,尽可能多地检测操作过程中的错误。

(6)要特别注意参数边界检查。

(7)软件源代码编译过程中出现的警告信息也要当成错误予以消除,除非在技术上确实有必要;无法回避的,在源代码中给出注释。

2)中断设计要求

中断处理要求约定了软件在中断设计时的注意事项,避免软件中断响应或处理异常,主要包括:

(1)未屏蔽的中断与绑定操作一一对应。对于软件未使用的中断,设置中断服务子程序陷阱,一旦误操作时,执行相应的可靠性措施,如主动咬狗复位。

(2)分析中断嵌套时对共享数据访问的影响,避免自身的中断嵌套。

(3)检查中断优先级的设置是否合理,注意实时性要求高的中断不能被处理时间长的中断打断。

(4)主流程关闭中断保护后,避免其他中断处理时,又把该中断打开。

（5）处理器端和外部中断产生端设置相同的脉冲触发或电平触发方式，以免丢失中断。

3）数据处理要求

数据处理要求规范了软件编码时对具体的业务数据处理时应注意的事项，避免软件设计出现潜在的逻辑缺陷，主要包括：

（1）无符号数做减法运算时，应当确保被减数大于等于减数，避免减出一个超大数。

（2）防除零设计，进行连续乘除运算时，尽量保证除法在前、乘法在后，确保不会溢出。

（3）对于影响软件控制流程的缓变的状态参数如电压参数等，进行多个软件周期连续条件判断成立，才切换相应的状态或执行相应的应急操作，避免状态来回抖动或误操作。

（4）判断数据计数到位尽量避免＝＝判断，而采用＞＝或＜＝判断；判断浮点数相等时，不能采用 a＝＝b，而应当采用(a＞＝b)＆＆(a＜＝b)。

（5）安全关键信息必须使用强数据类型表示。不得使用一位的逻辑"0"或"1"来表示，建议使用 4 位或 4 位以上，既非全"0"又非全"1"的独特模式来表示，以确保不会因无意差错而造成的危险。

（6）对于接收的遥控指令、注入数据等，需要进行累加和、数据一致性、数据范围校验通过后才执行，否则丢弃不执行，并下行相应的遥测状态参数。

（7）对于周期性处理的数据，当出现异常情况导致节拍错位错误时，要及时进行数据节拍同步、及时修正错误，避免后续节拍出现连续错误。

（8）长期驻留的、参与重要流程控制的参数应当识别为关键参数，并定期进行三取二维护；可以按字节或按位的方式进行三取二处理，通常首先按字节三取二，按字节三取二失败再按位三取二；对于安全关键参数，按位三取二之后还应当做参数范围判断，避免三取二失败出现错误结果引起系统安全性问题；除 EEPROM 操作外，比对两份数据一致后，应当回写第三份数据。

（9）配对处理：禁止同一组配对出现在不同的模块中；若同种配对所在模块分布在多任务或多线程中，则必须进行时序同步设计和同步分析；禁止无嵌套机制的配对性操作嵌套。配对性操作包括禁中断、开中断，禁 EDAC、开 EDAC，堆栈入栈、堆栈出栈等。

（10）对于安全关键的系统控制流程，可以通过设置关键路径参数来避免错误传递，判断前一个流程已执行才执行当前流程，否则认为是发生了飞程序，自主咬狗复位，避免故障扩大；对重要错误处理流程分别进行计数并设置关键遥测，一旦发生错误，通过遥测可以对错误处理路径和原因进行准确定位。

4）与结构有关的程序设计要求

与结构有关的程序设计要求主要对程序分支语句的设计加以约束，避免出现潜在的软件逻辑错误，主要包括：

（1）尽量简化逻辑设计，避免重复冗余的不必要的分支。

（2）使用括号以避免运算表达式因结合顺序而产生的二义性。

（3）判定条件中的逻辑组合个数不宜超过 7 个。

（4）各模块间的耦合逻辑应尽量简单。

（5）避免因节省空间而把多个语句写在一行。

（6）过程和函数的输入输出参数个数不宜超过 7 个。

（7）在对同一个标志型变量进行判断时，软件前后应当采用统一的判断标准，避免出现非真非假时导致前后逻辑不统一。

5）说明类要求

说明类要求主要对程序编码时变量命名和注释加以约束，避免对软件功能设计产生误解，主要包括：

（1）使用有意义的、不易混淆的变量名，如 index、temp、count 等，避免使用 i、j 之类的变量名。

（2）保持注释和程序一致，在修改代码时同时更新注释。

（3）注释应当简单明了且精炼，起到辅助理解程序代码的目的。

（4）程序的格式安排应有助于理解，括号应对齐。

6）输入输出类要求

输入输出类的要求主要是对程序的输入输出参数的处理加以约束，避免外部数据错误导致程序出现不可预知的错误，主要包括：

（1）在设计时应检查输入参数的合法性和无二义性。

（2）对外部接口输入的参数应当按照接口协议约定从严判定其有效性，采取如比较特定值、限幅等措施。

（3）识别错误的输入，并尽可能地纠正错误；若不可纠正，则应当立即终止后续处理流程。

7）与高级编程语言有关的程序设计要求

以目前最常用的高级编程语言 C 语言为例，对编码规范加以约束，主要包括：

（1）注意区分 == 和 =，与常数比较时使用"数值 == 变量"的形式。

（2）尽可能减少使用指针数据类型，使用前必须检查其有效并在合理范围内。

（3）访问数组前必须检查下标范围。

（4）尽可能减少使用全局变量作为模块间通信手段；如果使用，就必须分析是否需要互斥访问。

（5）调用函数后应检查函数的返回值，获取函数实际的返回结果。

（6）if 语句后的语句块、循环语句的循环体，必须用花括号包围。

（7）++ 或 -- 运算符不得与其他运算符混合使用。

（8）逻辑运算符 && 或 || 的右操作数不得带有副作用，如 ++、-- 等操作。

（9）所有非空的 Switch 子句都应该以 break 语句结束。

（10）Switch 的最后一个子句必须是 default 子句，如果 default 中没有包含任何语句,那么应该有注释来说明为什么没有进行任何操作。

(11)禁止使用 goto 语句,慎用 continue 语句;如果使用,就必须注明期望退出到哪里。

(12)除非特别需要,函数禁止递归调用;如果由于技术上的需要必须使用递归算法完成迭代时,那么必须有措施保证迭代深度不超过必要限制。

8.2.4.3 自测试设计

在软件上电启动时,为避免硬件接口错误导致软件功能异常,通常会在初始化流程中加入硬件资源和外部接口等自测试功能,并将测试结果通过遥测参数反馈地面。若涉及设备安全的功能测试失败,则应禁止相关功能操作,由地面决策,确认无误后可通过指令的方式重新启动相关功能。

软件在轨运行时,也可以通过地面发送遥控指令的方式启动自测试流程,软件依次遍历相关硬件状态,通过遥测参数反馈自检结果,便于地面维护人员进行故障诊断。

8.3 星载嵌入式操作系统

8.3.1 操作系统简史

操作系统是管理和控制计算机硬件和软件资源的计算机程序,是为应用程序提供支持,直接运行在"裸机"上的最基本的系统软件。操作系统是用户和计算机的接口,同时也是计算机硬件和其他软件的接口。操作系统的功能包括管理计算机系统硬件、软件及数据资源,控制程序运行,改善人机界面,为其他应用软件提供支持等。操作系统能够使计算机系统资源最大限度地充分发挥。

操作系统种类众多,从简单到复杂,可分为批处理操作系统、分时操作系统、实时操作系统、网络操作系统及分布式操作系统。从应用领域划分主要有三种:桌面操作系统、服务器操作系统及嵌入式操作系统。其中嵌入式操作系统是指运行在嵌入式设备上的操作系统,可裁剪,适应系统对功能、可靠性、成本、功耗严格的要求。

1) 国外星载嵌入式操作系统的发展

美国 ISI(Integrated Systems Inc.)公司研发的 pSOS,应用程序完全与硬件无关,中断和异常处理更快、确定性更高。加拿大 QNX 软件系统有限公司开发的实时操作系统 QNX,建立在微内核和完全地址空间保护基础之上,具有实时、稳定、可靠、模块化程度高、剪裁自如和易于扩展等特点。德国宇航中心(DLR)已经在双向红外光谱探测(BIRD)小卫星上成功使用的实时操作系统 BOSS,功能简单、实现高效,容易进行形式化的功能确认。OAR(On-Line Applications Research)公司为美国军方开发高质量的实时操作系统 RTEMS,提供了强大的系统配置能力及对多处理器支持。美国国家航空航天局(NASA)

对 Linux 的实时改造而形成的 Flight Linux,采用大容量的 RAM 以实现文件系统,因此对硬件资源的要求较高。欧洲航天局组织的一个面向空间应用开发的开放源码的实时操作系统 GNAT/ORK,使用 Ada95 语言编写,提供了 Ada 语言与 C 语言的两套调用接口,已在 2003 年发射的"猎兔犬-Ⅱ型"火星探测器上得到初步应用。

2)国内星载嵌入式操作系统的发展

中国航天科技集团公司五院研制的星载嵌入式操作系统 SpaceOS,实时性高,可靠性强,能够做到快速、有序存储。目前,研究人员设计的内存管理方法和调度方法,从功能、效率上来讲,已经可以和国际上最先进的类似产品相媲美。中国电子科技集团第三十二研究所(华东计算技术研究所)自主研制的嵌入式实时操作系统 ReWorks,提供与 VxWorks 兼容的接口,在应用层实现源代码级兼容,在驱动层实现目标代码级兼容,便于现有应用系统的移植和二次开发,并可充分利用原有的应用系统,减少用户改用 ReWorks 操作系统的工作量。

上海航天电子技术研究所研制开发的风云翼辉自主操作系统,为源于全自主内核开发、支持 SMP 的一款大型实时嵌入式操作系统,其开发环境集设计、开发、调试、部署、仿真、测试于一体,使用非常便捷,同时支持 POSIX 标准接口的 92%,符合《军用嵌入式实时操作系统应用编程接口》(GJB 7714—2012),同时也兼容 80% 左右的 VxWorks 应用程序接口。该系统作为基于嵌入式操作系统的宇航软件,有利于嵌入式软件的产品化,有利于软件模块的可移植性,有利于使用现有的、丰富的技术资源支持。

国外航天领域已经普遍使用像 VxWorks 这样的大型实时操作系统,而国内航天领域操作系统的使用仍在起步阶段,只有少数系统使用像 SpaceOS、ReWorks 这样只提供简单调度功能的操作系统。目前,风云翼辉(AIC-OS)嵌入式操作是卫星系统上唯一相互兼容的基于统一内核的自主大型实时操作系统。几种操作系统对比见表 8-1。

表 8-1 几种操作系统对比

产　品	特　　　性	技　　　术	研　　保
VxWorks	支持内核抢占; 支持 RTP 进程; 支持动态加载; 支持异步 IO; 支持 MMU 管理; 支持内核跟踪器; 较符合 POSIX 标准	采用微内核的体系结构设计; 支持分时分区; 提供支持多任务安全子集的 Ada 运行库	WindRiver 公司帮助用户以高速度、低成本的方式开发制造可靠、复杂的智能化实时应用系统
SpaceOS	支持 Sparc 多核 CPU; 支持快速、顺序存储	具有基于抢占式高实时调度技术,但是不具备分离编译、动态加载功能	中国航天科技集团公司五院后续研发适应多核 CPU 的操作系统,研发分离编译、动态加载技术

产　品	特　　性	技　　术	研　保
ReWorks	支持内核抢占； 兼容 VxWorks； 支持优先级抢占和轮转调度算法； 任务间通信、消息队列、时间、信号量和异步信号； 支持区域和分区内存管理机制； 支持高精度时钟； 符合 POSIX 1003.1B 实时扩展标准	具有基于抢占式高实时调度技术，但是不具备分离编译、动态加载功能	华东计算技术研究所开发的集编译、调试、目标系统仿真、诊断分析、第三方工具集成于一体的开发环境支持
AIC‐OS	支持内核抢占； 支持 RMS 调度； 支持动态加载； 支持异步 IO； 支持 MMU 管理； 支持内置热插拔； 支持脚本（Lua，python）； 支持高度定时器； 支持内核跟踪器； 支持 CAN、1553、SPW 等； 为航天常用接口； POSIX 兼容率 92%； 兼容 VxWorks 接口	高性能‐强实时内核技术； 分离编译与动态加载技术； 内核加固技术； 航天专用服务组件库技术	上海航天电子技术研究所建有航天智能计算（AIC）实验室，建有综合电子测试验证平台、接口总线类测试验证平台、快响联盟卫星测试验证平台、微纳卫星测试验证平台、八院软件评测中心等

8.3.2　操作系统软件架构

8.3.2.1　操作系统总体架构

星载嵌入式操作系统是运行在星载计算机中的系统软件，它是管理星载计算机的硬件和软件资源的计算机程序，是直接运行在"裸机"上的最基础的系统软件。星载计算机上的任何其他软件接口必须在星载嵌入式操作系统的支持下才能运行。星载嵌入式操作系统是软件与计算机硬件平台的接口，也是星载计算机与星上其他单机设备之间通信的支撑平台。

基于航天多年的星载嵌入式软件设计经验，结合风云翼辉嵌入式操作系统的内核 IP 授权，上海航天电子技术研究所孵化出了适用于宇航领域的星载嵌入式操作系统——风云翼辉（AIC‐OS）嵌入式操作系统。AIC‐OS 是一款内核 100% 自主可控、大型实时、国产化嵌入式操作系统。其系统架构如图 8‐4 所示，整个操作系统架构从下到上分为硬件平台、操作系统 BSP 层、操作系统内核层、操作系统服务层，以及应用层。

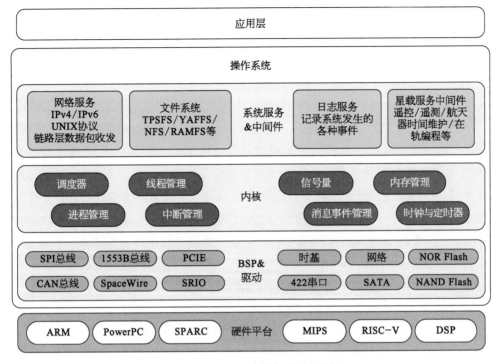

图 8 - 4 AIC - OS 操作系统架构图

8.3.2.2 操作系统 BSP 层

星载计算机系统由硬件环境、星载嵌入式操作系统和应用程序组成,硬件环境是星载嵌入式操作系统和应用程序运行的计算机硬件平台,星上不同的应用需求会对硬件环境提出不同的要求。因此,对于星载计算机系统来说,其运行的硬件平台具有多样性。为了能够给星载操作系统提供统一的运行环境,在星载嵌入式操作系统架构设计时,特别在计算机硬件平台和操作系统之间提供一层硬件相关层,来屏蔽不同星载计算机之间的硬件差异。这种硬件相关层就是星载嵌入式操作系统中的板级支持包(board support package,BSP)。

1) BSP 层的功能

从图 8 - 4 中可以看出,基于软件分层设计思想,将操作系统中和硬件相关的部分提取出来,形成 BSP 层,连接硬件平台和嵌入式操作系统,实现了上层软件和硬件的无关性。BSP 和嵌入式操作系统内核之间采用了统一硬件抽象接口,不会因硬件平台的不同而有所改变。但是,对于不同的硬件平台,设计出的 BSP 肯定有所不同,即使硬件的处理器相同,但是外围硬件不同的话,依然会影响 BSP 的实现。

BSP 层的功能主要包括初始化和驱动程序两个方面。初始化功能主要实现从上电到操作系统内核和系统任务启动的执行过程,是目标系统启动时的硬件初始化及操作系统引导历程,只在系统启动过程中执行一次;驱动程序就是设置某个硬件完成其固有功能的程序,其本身直接和硬件交互。驱动程序对上层操作系统内核需要提供一套规范抽象化的接口,对下层硬件就需要驱动硬件设备进行工作,它起到一个中间转换的作用,移植BSP 的主要工作就是对目标板特定硬件设备的驱动程序进行编写。

2) BSP 层次结构

BSP 层次结构的设计初衷是为在各种不同星载计算机硬件平台上的嵌入式操作系统内核开发提供统一的硬件平台的相关功能,这就要求 BSP 层本身能够易于扩展和移植到不同的硬件平台之上,才能为相应的星载计算机硬件平台上的操作系统开发提供支持。与硬件平台相关的软件分为体系结构相关软件和外围设备端口寄存器操作相关部分。体系结构相关软件部分能够用于与 CPU 内核系统结构兼容的不同星载嵌入式微处理器上,而对外围设备端口寄存器的操作,则每种嵌入式微处理器都不相同。因此,BSP 层功能实现设计的 3 个层次结构是通用硬件驱动层、体系结构层及外围设备驱动层。BSP 层次结构如图 8-5 所示。

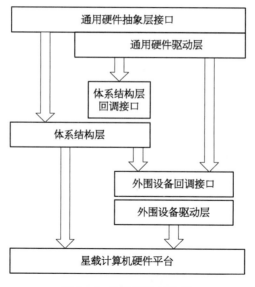

图 8-5   BSP 层次结构图

(1) 通用硬件驱动层。为 C 语言所编写,不涉及体系结构及外围端口寄存器具体操作,能够通用于各种硬件平台。通用硬件驱动层包括对统一的与编译器无关的数据类型、抽象设备的数据结构定义,以及提供给星载嵌入式操作系统内核抽象设备的各种统一操作服务接口的通用实现部分。

通用硬件驱动层分为两部分:一部分存在于操作系统内核中,为抽象设备通用实现部分;另一部分为具体体系结构和外围设备实现的回调接口,这部分存在于 BSP 层中,主要涉及对 CPU 内核寄存器的操作以及对外围 I/O 端口寄存器的操作。在不同平台之间移植或扩展时,主要修改的就是这些回调接口部分。

(2) 体系结构层。针对各种星载嵌入式微处理器 CPU 内核的系统结构,体系接口层需要分别设计实现。体系结构层对体系结构中具体的寄存器上下文保存格式、中断异常向量的起始地址、各种微处理器异常及中断处理入口偏移等进行定义。体系结构层还需要负责实现通用硬件驱动层对体系结构的回调部分功能,主要包括对微处理器内核中各个寄存器的访问、对中断向量表的操作,以及对底层中断和异常的处理。另外,星载微处理器中除了 CPU 内核外,还有各种外围硬件的控制器需要软件驱动,这部分驱动是通过外围设备回调接口在外围设备驱动层实现的。

（3）外围设备驱动层。它是针对各种星载嵌入式微处理器以及外围硬件设备而分别设计实现的,主要包括对外围 I/O 接口和设备属性的定义（包括中断控制器连接的外围硬件设备个数、定时器个数等）,并且负责对各个外围 I/O 设备端口寄存器的访问操作。外围设备驱动层需要严格按照上层定义的接口实现。

外围设备驱动层必须提供对存储控制、总线控制、中断控制器、定时器控制及 UART等基本 I/O 端口寄存器的访问操作功能。外围设备驱动层是与各种星载微处理器和外围硬件设备一一对应的,在采用不同星载微处理器的硬件平台之间,外围设备驱动层是无法通用的。因此,针对新的星载计算机硬件平台的 BSP 移植或扩展,外围设备驱动层都需要重新设计实现。

外围设备驱动层中的设备驱动按照设备类型大致分为以下几类:

① 字符设备驱动。字符设备是能够像字节流一样被访问的设备。字符设备驱动程序通常至少要实现 open、close、read 和 write 等系统调用。字符设备可以通过文件系统节点进行访问,这些设备文件和普通文件之间的唯一差别在于对普通文件的访问可以前后移动访问位置,而大多数字符设备是一个只能顺序访问的数据通道,如星上各种 422 串口、CAN 设备等驱动。

② 块设备驱动。块设备能够容纳文件系统,其也是通过设备节点来访问。在操作系统中,进行 I/O 操作时块设备每次只能传输一个或多个完整的块,而每块包含 512 字节（或 2 的幂字节倍数的数据）,如星上的 NOR Flash、NAND Flash 及固态存储器等驱动。

③ 网络设备驱动。网络设备不同于字符设备和块设备,它是面向报文而不是面向流的,它既不支持随机访问,也没有请求缓冲区。内核和网络设备驱动程序间的通信,完全不同于内核和字符以及块驱动程序之间的通信,内核调用一套和数据包传输相关的函数来实现对网络设备的控制。

④ 总线子系统。主要包括星上常用的 1553B 总线和 CAN 总线,另外还有 SPI 总线、PCIE 总线等。总线子系统主要实现了总线管理适配器和总线传输接口,这样总线上的设备能够调用统一的系统接口,实现其对应的功能。

8.3.2.3　操作系统内核层

操作系统内核层是整个星载嵌入式操作系统的核心,系统其他部分必须依赖于这部分软件提供的服务,例如提供设备管理、分配系统资源等。通常一个内核层由负责响应中断的中断服务程序,负责多个线程分享处理器时间的调度程序,负责管理进程地址空间的内存管理程序,以及线程、进程之间通信等系统服务程序共同组成。对于提供保护机制的现代操作系统来说,内核独立于普通的应用程序,它一般处于系统状态,拥有受保护的内存空间和访问硬件设备的所有权限。

1) 任务管理模块

星载嵌入式操作系统内核中的任务管理模块主要包含了实时任务的调度器管理、线程管理及进程管理。

(1) 调度器管理。调度程序负责决定将哪个线程任务投入运行、何时运行及运行多长时间,调度程序可以看作在可运行状态的线程之间分配有限的处理器时间资源的内核子系统。星载嵌入式操作系统的实时性主要由内核调度管理的策略决定,只有通过调度程序的合理调度,系统资源才能够最大限度地发挥作用,对外体现出多线程、多进程的并发执行的效果。

任务的调度分为非抢占和抢占两种基本方式。在非抢占的情况下,一旦任务处于运行状态,就会不断执行直到终止,任务要么是因为等待系统 I/O 资源或请求某些操作系统服务而阻塞,要么是因为任务主动放弃 CPU 使用权,否则将一直占用 CPU 资源;在抢占的情况下,当前正在运行的任务可能被操作系统中断,并转换为就绪态。一个新任务到达时,或者中断发生后把一个阻塞态的任务置为就绪态,或者出现周期性的时间中断,就需要进行抢占决策。目前,绝大多数的操作系统都采用了抢占的方式,其抢占原则包括优先级原则、时间片原则和短作业优先原则。

任务调度的策略是将 CPU 占用时间作为系统中的一种资源,进行调度时应考虑的主要原则有:

① 公平,即每个任务合理地获得 CPU 的运行时间。

② 有效,即尽量使 CPU 百分之百地处于忙碌状态。

③ 周旋时间,即用户等待输出的时间尽可能短。

④ 响应时间,即交互用户的响应时间尽可能短。

⑤ 吞吐量,即单位时间内处理的作业数尽可能多。

实时系统是实时应用,程序结果的正确性不仅与计算结果有关,还和计算结果的响应时间有关,数据必须在一定的截止期限内完成,否则产生的结果毫无意义。宇航应用的场景基本都是实时应用,所以调度策略还应考虑实时性,保证实时任务在截止期限内完成。

在宇航应用的场景下,广泛采用的调度策略是基于优先级抢占的调度机制。当一个优先级更高的任务到达时,允许将当前正在运行的任务暂时挂起,而令高优先级的任务立即投入运行,这样便可以满足实时系统对任务截止时间的要求。另外,对于同一优先级的任务采用了先来先服务和时间轮转的策略。

(2) 线程管理。线程又称为任务,指某个单一顺序的指令流,是操作系统调度的最小单位。一个标准的线程由线程句柄(或 ID)、当前指令指针(PC)、CPU 寄存器集合和线程栈组成。每一个线程都是操作系统调度的单位。线程的管理包括线程的创建、调度、退出和取消等。

一个 CPU 在一个时刻只能运行一个线程,如果系统中存在多个线程,则 CPU 需要在几个线程之间切换运行,从宏观上来看相当于多个线程并发执行。CPU 什么时刻运行哪一个线程是由操作系统调度器策略决定的。实时操作系统中每一个线程都拥有自己的优先级,当优先级高的线程需要执行时,操作系统会立即切换当前 CPU 去执行更高优先级的线程,这样的调度算法满足航天器电子系统中对实时信号的响应需求。

进程或内核中的多个线程之间可以并发执行。但由于线程之间的相互制约,致使线程在运行中呈现出间断性。线程包括运行、就绪、阻塞和挂起四种基本状态。线程状态切换如图 8-6 所示。四种状态含义如下:

① 运行:线程已被操作系统调度(操作系统将一个 CPU 分配给线程用于执行线程代码)。

② 就绪:线程已经拥有使其运行的一切资源,等待操作系统调度。

③ 阻塞:线程缺少使其运行的条件和资源,必须等条件满足后方可进入就绪态。

④ 挂起:当线程被挂起时,该线程不会被 CPU 所运行。

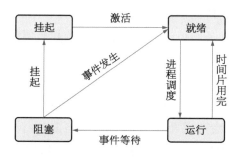

图 8-6　线程状态切换

每个线程都有自己的属性,包括线程的优先级、栈信息和线程参数等。

(3)进程管理。进程是操作系统中资源的容器,管理程序的代码、数据、线程和信号量等资源;所有程序都必须依附于进程运行。当一个进程销毁时,所有属于该进程的资源也会被销毁,如文件句柄、socket 套接字和线程等。

进程管理主要包括进程状态机、进程调度、进程控制。进程状态反映进程执行过程的不同阶段,其随进程的执行和外界条件的变化而转换。进程状态转换如图 8-7 所示。存在以下四种状态的进程:

① 初始态:进程尚在初始化过程中,正在执行程序加载、内存初始化等操作,尚不具备运行条件。

② 运行态:进程正在运行,进程中的线程或参与调度,或处于阻塞状态。

③ 退出态:进程已经结束运行,进程在进入退出态时会发送信号给其父进程,由父进程适时回收子进程残余资源。

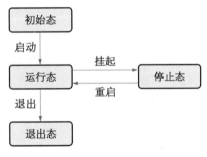

图 8-7　进程状态转换

④ 停止态：部分进程在运行过程中会进入停止态，在停止态下，进程所有线程停止运行，不参与调度。如在调试进程时，调试器会经常让进程进入停止态而观察进程数据。

进程是系统资源分配的基本单位（可以看作资源的容器），线程是调度的基本单位，因此对进程的调度是指对进程的主线程进行调度。可以设置满足条件的所有线程的调度优先级、进程亲和度（主要应用于多核）等。

2) 任务同步与通信模块

星载嵌入式操作系统内核中的任务同步与通信模块主要分为线程和进程之间的同步和通信。任务同步主要用于协调多任务系统中任务的执行顺序和共享资源的互斥访问。通信模块主要用于在不同任务间传递数据。任务同步和通信的机制主要包括信号量、互斥量、消息队列、信号、条件变量及读写锁等。

(1) 线程间的同步和互斥。一个可供线程访问的变量、设备或内存块等类型的实体被称为资源，可供多个线程访问的资源被称为共享资源。如果线程在访问共享资源时不独占该共享资源，那么可能会造成资源异常（如变量值混乱、设备出错或内存块内容不是期望值等），进而导致程序运行异常甚至崩溃。线程间通信就是对多个线程访问共享资源时，采用互斥访问，也即同一时间只允许一个线程访问共享资源。实现互斥有多种方法：关中断、禁止任务调度等。而对于实时性要求较高的航天器系统中，关中断和禁止任务调度所带来的风险更大，所以，应用于航天器电子系统的嵌入式实时操作系统需要有较完整的信号量机制确保资源的共享安全。线程间同步和互斥的手段主要包括以下几项：

① 二进制信号量。取值限定于 FALSE 和 TRUE，允许线程访问的一个资源，使用二进制信号量作为互斥手段，初始值为 TRUE；通过线程或中断通知另一个线程事件发生，初始值为 FALSE。

② 计数型信号量。通常用于多个线程共享使用某资源，主要应用在有允许线程访问的 n 个资源中，使用计数型信号量作为资源剩余计数，初始值为 n；通过线程或中断通知另一个线程事件发生，使用计数型信号量作为事件计数，初始值为 0。

③ 互斥信号量。用于共享资源需要互斥访问的场合，可以理解为初始值为 TRUE 的带优先级天花板和优先级继承机制的二进制信号量，适用于两个线程以上的共享资源互斥访问。

（2）进程间通信。它是指两个或两个以上的进程之间传递数据或信号的一些技术或方法。进程是计算机系统分配资源的最小单位，每个进程都有自己的一部分独立的系统资源，彼此是隔离的。为了能使不同的进程互相访问资源并进行协调工作，需要进程间通信机制。进程间通信方式包括：

① 管道。为进程间通信的一种方式。和现实世界的传输管道类似，管道有两个端口，即读端和写端，并且只允许数据从写端流向读端，所以管道是一种流式设备。其包括匿名管道和命名管道。

② 消息队列。用于在不同进程间传输数据，消息以队列的形式存储。接收消息的进程按照先进先出或优先级原则排除接收消息。在按优先级次序排队的情况下，相同优先级的接收进程按照先进先出原则排队。接收消息的进程排队原则在消息队列创建时定义。

③ 共享内存。用于进程间大数据量的传输。为了避免有多个写者进程对同一块共享内存进行写操作，通常需要使用一个命名信号量作为共享内存的写锁。同时为了让读者进程能够及时知道写者进程已经修改共享内存的内容，通常需要使用一个命名信号量作为该共享内存的读通知信号。

3）时钟与定时器模块

嵌入式实时操作系统内部记录了自系统启动后所产生的时钟节拍（称作 TICK）计数，该计数即代表系统时间。时钟节拍以一个固定的频率产生，用于操作系统中实现调度、通信和定时管理。

4）中断管理模块

中断是计算机系统中一个十分重要的概念，现代计算机毫无例外地都采用中断机制。在计算机执行程序的过程中，由于出现某个特殊情况（或称为"事件"），使得 CPU 中止现行程序，转去执行该事件的处理程序（俗称中断处理或中断服务程序），待中断服务程序执行完毕，再返回断点继续执行原来的程序，这个过程称为中断。

（1）中断向量。一般系统将所有的中断信号统一进行了编号（例如 256 个中断信号：0～255），这个编号称为中断向量。在中断响应前，中断向量与中断信号的对应关系已经定义好。中断向量和中断服务程序的对应关系由中断向量表描述，操作系统在中断向量表中设置好不同中断向量对应的中断服务函数，待 CPU 查询使用。

CPU 在执行完每一条指令后，都会去确认在执行刚才的指令过程中，中断控制器是否发送中断请求。如果有中断请求，CPU 就会在相应的时钟脉冲到来时从总线上读取该中断请求的中断向量。

（2）中断处理。当中断产生时，CPU 执行完当前指令后，PC 指针将跳转到异常向量表的相应地址去执行。该地址处是一句跳转指令，PC 指针继续跳转到系统定义的总中断服务函数里面去执行，然后系统进行任务上下文的保存、中断向量号的获得、具体中断服务函数的执行等，执行结束后，恢复被中断任务的上下文，继续执行任务。中断处理过程如图 8-8 所示。

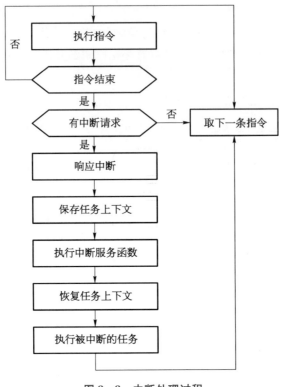

图 8-8 中断处理过程

5）内存管理模块

内存管理包括定长内存管理和变长内存管理。在支持虚拟内存管理的电子系统中，有内核空间和用户空间之分。内核线程、驱动程序和内核模块均存在于内核空间，应用程序（即进程）和动态链接库均存在于用户空间。

（1）定长内存管理。定长内存是指每次分配获得的内存大小是相同的，即使用的是有确定长度的内存块。同时，内存块总的个数也是确定的，即整个内存总的大小也是确定的。使用这样的内存有两大优点：一是由于事先已经分配好了足够的内存，可极大地提高关键应用的稳定性；二是对于定长内存的管理通常有更为简单的算法，分配/释放的效率更高。

（2）变长内存管理。变长内存相对于定长内存，最大的不同就是每次分配的内存可能大小是不同的。同时，在使用上它和 malloc/free 类似，唯一的区别是所使用的内存由用户提供。

8.3.2.4 操作系统服务层

星载嵌入式操作系统在服务层提供网络通信服务、文件系统服务及日志系统服务等功能。

1）网络通信服务

AIC - OS 支持 BSD 标准的 socket 通信接口，这些接口包括 socketpair、socket、

accept、bind、shutdown、connect、getsockname、getpeername、setsockopt、getsockopt、listen、recv、recvfrom、recvmsg、send、sendto、sendmsg 等,同时由于 socket 也是 I/O 系统的一部分,所以 AIC‐OS 支持 read、write、ioctl、select、fcntl 等标准 I/O 的操作 API。

AIC‐OS 的 socket 支持四类域,它们分别是:

(1) AF_INET IPV4 协议。

(2) AF_INET6 IPV6 协议。

(3) AF_UNIX UNIX 域协议(socketpair 仅支持 AF_UNIX 域)。

(4) AF_PACKET 链路层数据包收发接口。

AIC‐OS 系统网络架构如图 8‐9 所示。

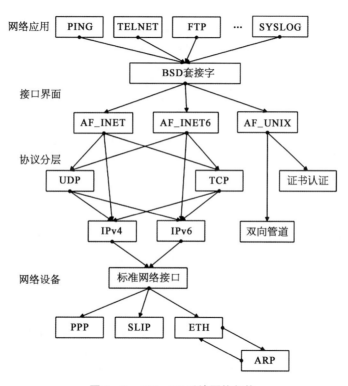

图 8‐9　AIC‐OS 系统网络架构

AF_INET 和 AF_INET6 可以用作互联网通信,例如浏览网页、发送电子邮件、传输文件和网络可视电话等。

在 AF_INET 和 AF_INET6 下支持的 socket 类型有 SOCK_STREAM、SOCK_DGRAM 和 SOCK_RAW,它们分别称作流式套接字、用户数据报套接字和原始套接字。其中,流式套接字使用 TCP 协议进行通信,它提供面向连接的、可靠的全双工管道通信;用户数据报套接字使用 UDP 协议进行通信,它提供非连接的、不可靠的通信;原始套接字可以让用户自行操作一些更加底层的通信,例如 ICMP 数据包等。

AF_UNIX 可以用作本机进程间双向管道通信,例如,在 POSIX 系统中大多数支持多进程的图形系统,进程间都是使用 AF_UNIX 进行双向管道通信。最为著名的是 X Windows(X11 或 X)系统,这个系统使用非常广泛。在它之上运行着很多大型的图形界面,例如 GTK+。同样在嵌入式系统里面 Qt 的 QWS 也是借助 AF_UNIX 实现多进程间通信的。

2) 文件系统服务

AIC‐OS 提供了多种标准的文件系统,方便用户使用,这些文件系统是 AIC‐OS 内建的,如果需要更多的文件系统如 NTFS,则可以通过内核模块的形式加入。AIC‐OS 的文件系统实际上是一组虚拟的设备驱动,它提供两组 API 接口,对上符合 I/O 系统标准,对下要求设备驱动符合块设备标准。文件系统在 I/O 系统中的结构如图 8‐10 所示。

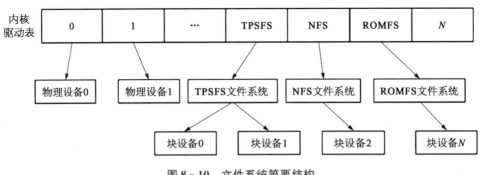

图 8‐10   文件系统简要结构

AIC‐OS 文件系统使用 I/O 系统提供的标准接口进行挂载,然后通过标准 I/O 操作函数进行访问,换句话说,操作一个普通文件与操作一个设备文件没有任何区别。

目前 AIC‐OS 内建的文件系统包括 TPSFS 文件系统、ROOT 文件系统、PROC 文件系统、RAMFS 文件系统、FAT 文件系统、YAFFS 文件系统、NFS 文件系统和 ROMFS 文件系统。

其中,ROMFS 文件系统是只读文件系统,系统的关键性文件都可以放在此文件系统中确保安全。如果通过 mount 挂载 FAT、NFS 文件系统,那么 YAFFS 文件系统也都可以挂载成只读文件系统。

PROC 文件系统是保存操作系统信息和进程信息的文件系统,这个文件系统对应的文件实体都在操作系统内核中,是内核反馈出来的运行参数和信息,例如每一个进程的进程号都有一个对应的目录,里面存放着进程当前运行的信息,如进程对应的可执行文件、进程打开的文件描述符表、进程消耗的内存信息和进程内部的动态链接库信息等。AIC‐OS 内部所有的设备(包括文件系统)都必须挂载到根文件系统上,根文件系统的设备名称非常特殊,为"/"。所有的设备或文件绝对路径都是以根符号起始,也就是说,操作系统查询一个设备总是从根文件系统开始。

3) 日志系统服务

为了能够实时记录系统发生的各种事件,AIC‐OS 加入了日志管理功能,用户通过分析日志文件可以及时发现和处理系统运行过程中的问题。

在实际应用中日志系统根据具体情况分为不同的等级,AIC‐OS 日志等级与 Linux 日志等级兼容。AIC‐OS 提供以下宏来表示不同的日志等级:

(1) KERN_EMERG:会导致主机系统不可用的情况。

(2) KERN_ALERT:必须马上采取措施解决的问题。

(3) KERN_CRIT:比较严重的情况。

(4) KERN_ERR:运行出现错误。

(5) KERN_WARNING:可能会影响系统功能的事件。

(6) KERN_NOTICE:不会影响系统但值得注意。

(7) KERN_INFO:一般信息。

(8) KERN_DEBUG:程序或系统调试信息等。

日志等级从上到下依次变低,通常对于系统来说,如果发现等级 KERN_EMERG 的日志,则代表发生了严重的问题导致系统不可以再运行。等级 KERN_DEBUG 通常被用于一些调试信息的打印,在 AIC‐OS 驱动的开发中,经常使用等级 KERN_ERR 来打印一些错误信息,使用等级 KERN_INFO 来打印一些普通信息。

8.3.3 操作系统可靠性设计

星载软件不同于地面软件,一方面星载软件出现问题后,无法现场直接修复;另一方面其运行的空间环境存在各种宇宙射线和高能粒子,容易引发软件运行崩溃问题。所以相对于地面软件设计而言,星载软件的可靠性设计尤为重要。

8.3.3.1 软件存储布局设计

非易失存储器划分为两部分,即物理区和文件系统区。物理区是指不带文件系统,需要存储的软件当作数据处理;文件系统区是指所有的软件和库文件,以文件的形式组织,存储在非易失存储器中。星载软件可以划分为两种类型,一种是维护整星稳定运行的基础软件,如操作系统软件、综合电子软件及姿轨控软件等;另一种是整星需要实现用户需求的业务软件,如自主任务规划软件等。

1) 物理区软件存储设计

在非易失存储器上设计三个物理区,每个物理区中固化同样的一份操作系统镜像和采用静态编译的整星基础软件。每个软件数据存储时,在其头部存放该软件数据的 CRC 值和数据长度信息。当系统需要从物理区加载软件时,可以利用写入的长度读取数据,并利用实时计算的 CRC 同存储的 CRC 值比较,用以判断该数据的正确性。

2) 文件系统区软件存储设计

在非易失存储器上设计两个文件系统区,分为主分区和冗余分区。每个文件系统分区中存储采用动态方式编译的基础软件和相应的动态库文件,同时还需要存放采用动态方式编译的业务软件和依赖的动态库文件。每个软件或库文件在存放时,同时生成一个伴随的 MD5 文件,存储伴随对象文件的计算出 MD5 值。系统在轨时,通过实时计算出文件的 MD5 值和伴随着 MD5 文件中存储的 MD5 值比较,用来确认文件的正确性。

为了增强数据存储的可靠性,物理区和文件系统区存储位置间隔分布,即物理区—文件系统区—物理区—文件系统区—物理区。无论是从物理区还是文件系统区加载软件,都须先将软件数据或文件读写拷贝到内存文件系统中,然后从内存文件系统中启动运行基础软件或业务软件。

8.3.3.2　系统冷热启动设计

操作系统的启动模式分为冷启动和热启动。断电后再加电的那一次启动称为冷启动,冷启动后运行的系统称为冷启动系统;除此之外,其他情况的启动都称为热启动,热启动后运行的系统称为热启动系统。

1) 冷启动设计

系统冷启动时,操作系统挂载非易失存储器的文件系统和内存文件系统,并读取物理区程序数据至内存文件系统形成文件,然后由操作系统启动内存文件系统中的基础软件,如由操作系统启动管理软件,由管理软件分别完成综合电子软件和姿轨控软件的启动。冷启动流程如图 8-11 所示。

由加载监控软件通过"冗余+三取二"策略(第一份镜像 CRC 正确,直接启动第一份;当第一份不正确时,读取判断第二份,正确则启动;否则读取判断第三份,正确启动;三份镜像 CRC 都不正确时,进行按位"三取二")读取操作系统镜像至 SDRAM 空间,并加载启动操作系统。

操作系统启动后,挂载非易失存储器的文件系统和内存文件系统。当由关键数据区中读取相关标识,判断为冷启动时,按读取操作系统镜像相同的方法,由物理区分别读取管理软件、综合电子软件和姿轨控软件数据至内存文件系统,拷贝形成文件后,还要对形成的文件进行一次 CRC 校验。

形成文件后,操作系统开始启动运行管理软件(操作系统将内存文件系统中文件数据加载至内存运行空间)。管理软件运行后,完成基础软件运行所需共用资源、硬件资源的初始化,开始启动运行综合电子软件和姿轨控软件。

首次加电时,只能从非易失存储器的物理区读取以静态编译方式生成的基础应用程序数据,至内存文件系统中形成文件,并加载运行。此时,只运行如管理软件、综合电子软件以及姿轨控软件一类整星运行控制的基础类软件,不涉及业务软件。因为整星运行控制的基础类软件是经过充分验证的,而且不会轻易改变。原则上,物理区中的程序数据在轨时不会变动,而且加载时采用"冗余+三取二"的策略,所以冷启动系统是一个可靠安全的系统。另外,在冷启动系统下,可以通过在轨编程修改文件系统区中的文件,实现冷启动系统对热启动系统的系统重构和维护功能。

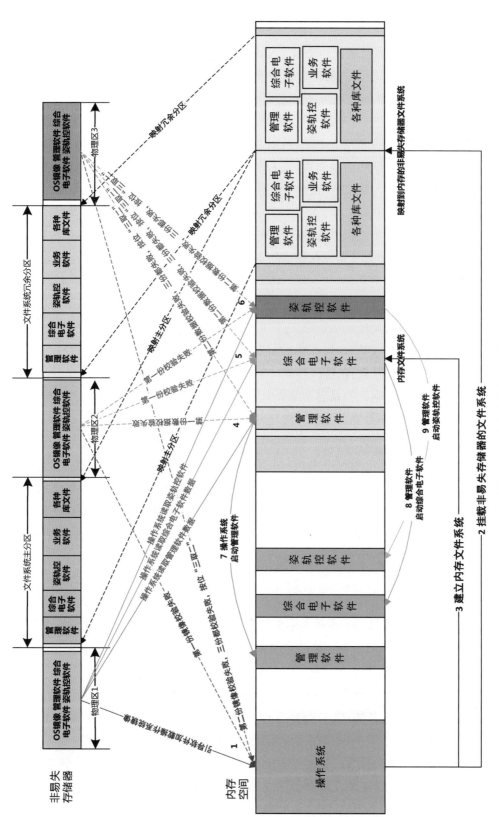

图 8-11　冷启动流程示意图

2) 热启动设计

在冷启动系统下,通过遥控指令复位系统可以进入热启动系统工作。在发送系统软件复位前,可以通过"本次热复位后程序文件来源"和"本次热复位后加载执行位置"确定应用软件的来源和运行来源。通常可以通过显示的发送"选择加载软件来源"和"选择文件系统加载软件执行来源"遥控指令,用以指明本次热启动时,是从主分区还是冗余分区拷贝应用程序文件和动态库文件,以及是从内存文件系统主份目录还是备份目录启动运行应用程序。默认热启动流程,从非易失存储器文件系统的主分区加载应用程序文件和动态库文件,从内存文件系统主份目录启动应用软件。热启动流程如图 8-12 所示。

当接收到系统软件复位指令后,操作系统重新开始运行。无论冷启动还是热启动,只要操作系统运行,都会挂载非易失存储器的文件系统和内存文件系统,并将内存文件系统挂载结果通过遥测反馈出来。

操作系统根据遥控指令,决定从非易失存储器文件系统的主分区还是冗余分区中,拷贝基础软件、业务软件、相应的动态库文件和伴随的 MD5 文件至内存文件系统的主份目录和备份目录中。拷贝成功后,操作系统将管理软件加载至内存空间开始运行。管理软件负责加载启动综合电子软件、姿轨控软件和业务软件运行。

当由内存文件系统主份目录启动综合电子软件和姿轨控软件失败时,在"准禁自主跳转至内存备份运行"状态为准自主的时候,会重新启动内存文件系统备份目录中的综合电子软件和姿轨控软件。

热启动系统中,整星运行了业务软件,可以执行整星业务功能。随着整星的业务变化,通过在轨编程,业务软件得到不断的升级维护。为了减少非易失存储器的读写次数,在轨编程时先更改内存文件系统中的软件,通过对应进程的重启,直接从内存文件系统中加载运行升级后的软件。通过充分验证后,可由地面遥控指令将内存文件系统中升级后的软件同步到文件系统区中。

8.3.3.3 文件扫描流程设计

文件扫描流程主要是针对物理区中的数据、非易失存储器的文件系统主分区及冗余分区中的文件进行校验,以此判断数据或文件的正确性,扫描结果会通过遥测下传,供地面进行决策。

文件扫描作为一个线程任务存在于操作系统管理进程中,任务优先级是整星软件中最低的。文件扫描任务使能时,每隔 1 min 遍历文件系统区中文件,读取文件数据,计算文件的 MD5 值,然后和保存在文件系统中对应文件的 MD5 值进行比较。当出现不一致时,判断此文件为异常。针对物理区的数据,进行 CRC 计算并和数据头部保存的 CRC 值比较。异常的文件或数据信息通过遥测下行反馈。文件扫描流程如图 8-13 所示。

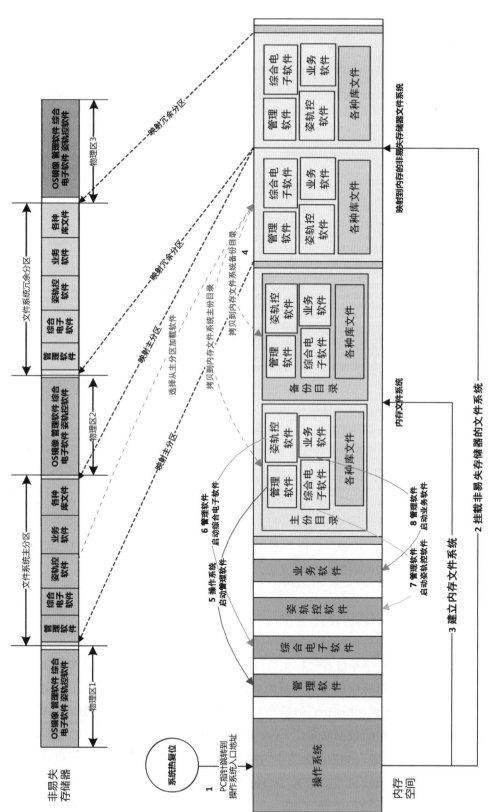

图 8-12 热启动流程示意图

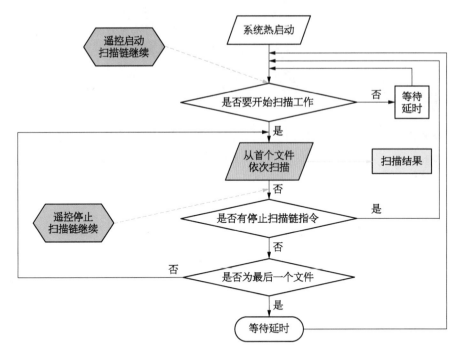

图 8 - 13　文件扫描流程

文件扫描功能默认禁止,通过遥控指令可以控制文件扫描流程的使能和禁止。特别需要注意的是,在进行在轨编程或文件同步等涉及文件系统写操作时,需要禁止文件扫描功能。文件扫描功能使用场景包括如下:

(1) 在手动加载软件后,通过文件扫描功能确定加载软件的正确性。

(2) 在冷启动系统下,切换热启动系统前,通过文件扫描功能确定文件系统中文件的正确性,确保热启动系统能够正常启动运行。

(3) 在热启动系统下,需要复位操作系统之前,通过文件扫描功能确定文件系统中文件的正确性,确保系统复位后能够重启成功。

8.3.3.4　系统特权模式设计

单机上电后,首先会运行加载监控软件,然后由加载监控软件读取物理区中的操作系统镜像数据到内存,最后将系统控制权交给操作系统,即将 PC 指针指向操作系统入口地址,启动操作系统。系统特权模式指的是加载监控软件的一个工作模式。正常情况下加载监控软件直接引导操作系统启动,但是当物理区中的数据出现异常时,就需要进入系统特权模式,进行物理区中的数据修复。

系统特权模式根据进入的方式分为串口特权和遥控特权。有权机通过双机通信串口发送特权码给无权机,无权机重启进入串口特权模式;或者处理器检测到系统在短时间内(如 9 min)内连续三次看门狗咬狗,系统会进入遥控特权模式。无论是串口特权模式还是

遥控特权模式,其主要功能包括如下:

(1) 非易失存储器的物理区中的数据巡检,校验物理区中操作系统镜像、基础软件如管理软件、综合电子软件及姿轨控软件数据的正确性。

(2) 针对物理区中操作系统镜像和基础类软件的修改。

(3) 针对非易失存储器任意位置数据写入,实现非易失存储器任意位置的软件重构。

(4) 指定物理区任意位置软件启动。

其中,串口特权模式通过双机通信串口接收有权机转发的遥控指令。遥控特权模式能够接收地面遥控指令,同时采集综合电子计算机中相关硬件的遥测信息(如信道关口、综合接口板、应答机等),下传到地面。遥控特权模式维护了星载计算机的一个最小系统模式。

1) 串口特权模式

串口特权模式是指无权机从 PROM 中启动 100 ms 内,接收到有权机通过串口发送的特权指令,加载监控软件进入的特权状态模式。其功能如下:

(1) 握手功能。无权机发生异常无法启动后,进入特权状态。有权机通过双机通信串口持续发送特权指令。然后无权机冷启动,启动 100 ms 内通过双机通信串口收到特权指令后,进入特权状态,并向有权机持续发送特权状态字。

(2) 特权状态标识功能。地面判断无权机进入特权状态后,向有权机发送停发特权指令,并转发给无权机。无权机收到停发特权指令后,停发特权状态字。

(3) 巡检功能。接收巡检指令后,读取物理区 CRC,读取镜像并计算 CRC,检查两个 CRC 值是否相等,若相等则向有权机发送巡检校验正确遥测,若不相等则发送错误遥测。

(4) 接收镜像上注功能。具体如下:

① 启动上注第 N 份镜像。有权机接收地面发送的上注第 N 份镜像指令并转发无权机,无权机收到后反馈指令接收状态。

② 接收镜像 CRC 和长度。有权机接收地面发送的注数开始包,转发给无权机,无权机收到后校验是否正确,反馈指令接收状态。

③ 接收注数包。有权机接收地面发送的注数包,转发给无权机,无权机收到后反馈当前注数包是否正确接收,正确则将数据包写至内存。

④ 校验及存盘。有权机接收到地面发送的结束上注指令,转发给无权机,无权机收到后对文件进行 CRC 校验:若 CRC 校验通过则自动将文件写入第 N 份镜像对应非易失存储器地址;若 CRC 校验不通过则不进行写操作,并将结果发给有权机。

(5) 特定位置重构 NOR Flash 功能。操作系统及基础软件镜像的默认存储位置是定义好的,重构功能是指改变操作系统及基础软件镜像位置。包括如下:

① 接收重构非易失存储器的首地址。有权机接收地面发送的重构指令,含非易失存储器首地址信息并转发给无权机。无权机收到后反馈首地址是否正确,若通过,进入反馈状态;若不通过,反馈错误遥测。

② 接收镜像 CRC 和长度。有权机接收地面发送的注数开始包,转发给无权机,无权机收到后校验是否正确,反馈指令接收状态。

③ 接收注数包。有权机接收地面发送的注数包,转发给无权机,无权机收到后反馈当前注数包是否正确接收,正确则将数据包写至内存。

④ 校验及存盘。有权机接收到地面发送的结束上注指令,转发给无权机,无权机收到后对文件进行 CRC 校验:若 CRC 校验通过则自动将文件镜像写至对应非易失存储器地址;若 CRC 校验不通过则不进行写操作,并将结果发给有权机。

(6) 接收从非易失存储器镜像启动命令。从非易失存储器启动操作系统功能,接收有权机转发的从非易失存储器启动操作系统指令,支持从第 0、1、2 份操作系统镜像地址启动。

(7) 接收直接从内存中启动命令。根据接收镜像在内存的位置,启动操作系统及管理软件。

(8) 从非易失存储器指定位置启动。无权机先进入特权状态,输入非易失存储器中操作系统的位置,然后从该位置搬运至内存中运行。

2) 遥控特权模式

遥控特权模式是指星载计算机从 PROM 加载软件启动时,如果最近三次看门狗复位发送在 9 min 内,那么加载监控软件进入的特权模式。其功能包括:

(1) 标识功能。PROM 启动过程中,先读取看门狗复位计数器,若最近三次复位发生在 9 min 内,则进入遥控特权模式,同时向双机通信串口和信道关口发送遥测。如果最近三次看门狗复位的时间间隔超过 9 min,再从双机通信的通信串口查询串口数据,若 100 ms 内有特权指令,则进入串口特权模式;若没有,则进入正常启动流程。

(2) 遥控特权模式状态标识功能。地面判断单机进入遥控特权模式状态后,向其发送停发标识指令,单机收到停发标识指令后,向双机通信串口和信道关口停发遥控特权模式状态字。

(3) 巡检功能。接收巡检指令后,读取物理区 CRC,读取镜像并计算 CRC,检查两个 CRC 值是否相等,若相等则向双机通信串口和信道关口发送巡检校验正确遥测,若不相等则发送错误遥测。

(4) 接收镜像上注功能,功能和串口特权模式一致,只是上注的数据包直接来自遥控指令,而非有权机的转发。遥测反馈信息同时发送给双机通信串口和信道关口。

(5) 特定位置重构 NOR Flash 功能,操作流程和串口特权一致。

(6) 接收从非易失存储器镜像启动遥控命令。从非易失存储器启动操作系统功能,单机接收从非易失存储器启动操作系统指令,支持从第 0、1、2 份操作系统镜像地址启动。

(7) 接收从内存启动遥控命令。根据接收镜像在内存的位置,启动操作系统及管理软件。

(8) 从 NOR Flash 指定位置启动遥控指令。单机接收非易失存储器地址,然后从该位置搬运操作系统至内存中运行。

系统特权模式作为系统最后的保障措施，一般是在系统非易失存储器出现故障之后才会启用的拯救手段。因为在系统特权模式下修复物理区中数据耗时长久，为了保证整星运行的稳定性，在非易失存储器中物理区数据失效后，先让星载计算机切权，保证在无权的状态下进入系统特权模式。

8.3.4　操作系统功能应用

8.3.4.1　应用软件的动态加载

动态加载技术可以让程序的设计者脱离复杂的导入表结构，在程序空间中构造类似于导入表的调用引入函数机制。该机制能够实现多个应用软件独立开发、分离编译，改变传统星载软件集中开发编译的模式。

1) ELF 文件格式

ELF(executable and linking format)文件是由编译器和链接器生成，用于保存二进制程序和数据以方便处理器加载执行的文件格式。最初是由 UNIX 系统实验室(UNIX System Laboratories，USL)开发并发布作为应用程序二进制接口(application binary interface，ABI)的一部分。ELF 文件格式分为三种：

(1) 可重定位文件(relocatable file)。包含可以与其他目标文件链接来创建可执行文件，或者共享目标文件的代码和数据。

(2) 可执行文件(executable file)。包含可以执行的一个程序，此文件规定了 exec 函数如何创建一个程序的进程映像。

(3) 共享目标文件(shared object file)。包含可以在两种上下文中链接的代码和数据。首先链接器可以将它和其他可重定位文件一起处理，生成另外一个目标文件。其次动态链接器(dynamic linker)可以将它与某个可执行文件以及其他共享目标一起组合，创建进程映像。

2) AIC‐OS 中的 ELF 文件

AIC‐OS 中的 ELF 文件有以下几种：

(1) 内核模块文件(.ko 结尾)。由源文件编译得到的目标文件链接生成，属于"可重定位文件"。

(2) 可执行文件。由编译得到的目标文件链接生成，是一种位置无关的"共享目标文件"，应用程序文件必须指定程序入口(通常为 main 函数)。

(3) 动态链接库文件(.so 结尾)。由编译得到的目标文件链接生成，是一种位置无关的"共享目标文件"，但是没有程序入口。

(4) 静态链接库文件(.a 结尾)。根据编译得到的目标文件使用归档命令(ar)生成，用于程序链接。

AIC‐OS 应用程序源码编写完成后，首先要使用 gcc 将源文件编译成中间目标文件，然后根据实际情况链接成内核模块、应用程序或库文件，其文件生成流程如图 8‐14 所示。

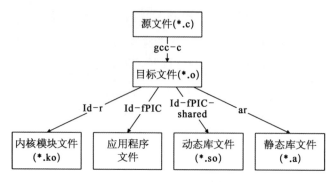

图 8‑14　AIC‑OS ELF 文件生成流程

3）AIC‑OS 动态加载器功能

AIC‑OS 动态加载器具备以下功能：

（1）支持内核模块、位置无关的可执行程序以及动态库的加载。

（2）支持加载应用程序时自动加载应用程序所依赖的库文件并且自动解决依赖关系。

（3）支持程序运行过程中通过操作系统接口手动加载。

（4）支持 C++ 全局对象自动构建、析构等操作并且支持 C++ 异常处理。

8.3.4.2　多线程/多进程应用软件开发

基于操作系统的多线程、多进程机制能够最大限度地利用硬件平台资源。基于星载操作系统多进程、多线程开发，一般包括操作系统管理（OS）进程、数管（DM）进程、姿轨控（ZGK）进程三方面。星载操作系统首先启动 OS 进程，由 OS 进程在完成必要的初始化工作后，分别启动 DM 进程和 ZGK 进程，如图 8‑15 所示。

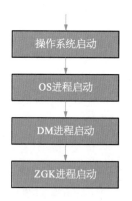

图 8‑15　星载软件启动流程

多进程/多线程开发模式中，需要利用操作系统内核提供的进程间通信或线程间通信服务保证数据的有效性和一致性。多个星载应用软件之间不可避免地需要交互信息，这些进程间通信方式有：命名消息队列（用于 DM 进程向 OS 进程和 ZGK 进程广播时间信息）、命名信号量（用于 OS 进程在收到遥控命令后分别通知 DM 进程和 ZGK 进程）、共享内存(用于三者共享各自心跳、遥控和遥测信息)。每个星载应用进程内涉及的线程间通信方式有信号量(用于实现线程间的同步)、互斥量(用于实现临界资源的保护)、消息队列(用于发送遥测)。星载应用进程之间的信息流交互如图 8 - 16 所示。

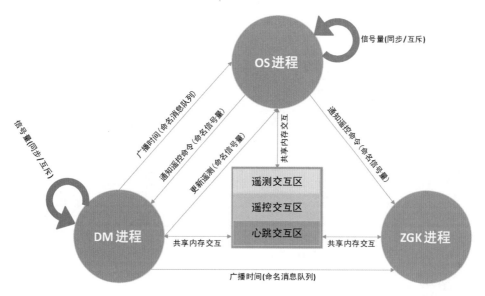

图 8 - 16　星载应用进程之间的信息流交互

星载操作系统的管理进程负责启动 DM 进程和 ZGK 进程,收集解析由地面发送的遥控命令(如果是在轨编程命令,那么接收动态链接库文件,并存储到文件系统的合适位置)并主动通知 DM 进程和 ZGK 进程,接收来自 DM 进程消息队列发来的时间广播信息并更新自己的时间等功能。OS 进程软件设计如图 8 - 17 所示。

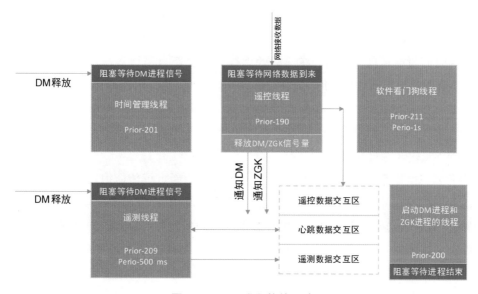

图 8 - 17　OS 进程软件设计

数管进程负责时间的管理、遥测的收集组织和发送、遥控命令的获取解析和执行、热控管理、能源管理、程控管理、总线管理、安全管理和自主规划管理。其中的热控管理、能源管理、程控管理、总线管理和自主规划管理等线程仅仅是作为一个功能线程去执行，没有实际的具体任务。DM 进程软件设计如图 8‐18 所示。

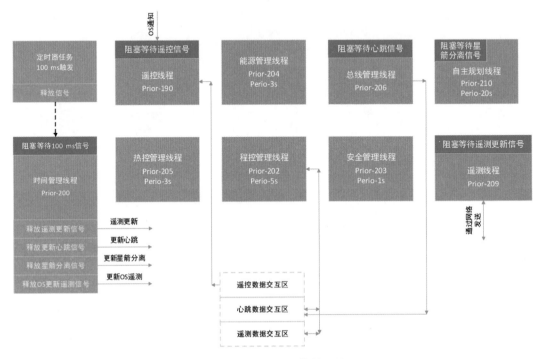

图 8‐18　DM 进程软件设计

姿轨控进程结构相对较简单，主要是执行自身进程时间管理、遥测处理、遥控执行、主任务、次任务及软件看门狗工作等。其中，时间管理接收来自 DM 进程的时间广播，利用该广播的时间值更新自身时间。在遥测处理线程中更新自身计数，写入共享内存区。收到 OS 发来的遥控更新信号量时，读取共享内存区消息，执行遥控命令，ZGK 进程软件设计如图 8‐19 所示。

8.3.4.3　软件在轨升级技术

基于星载操作系统的软件在轨升级支持数据包的断点续传能力，针对在轨无法上注完成的大规模的软件能够实现多轨分段上注，最终重新组装完成大规模软件在轨更新换代；利用星载嵌入式操作系统的分离编译和动态加载的特性，采用动态链接的方式实现星载软件自主链接到升级后的可执行模块，无须操心待替换模块地址信息；另外，基于动态链接实现软件在轨升级后，无须重启整个星载软件，只需针对性地重启对应的线程，保证整个星载软件系统功能不中断的执行。

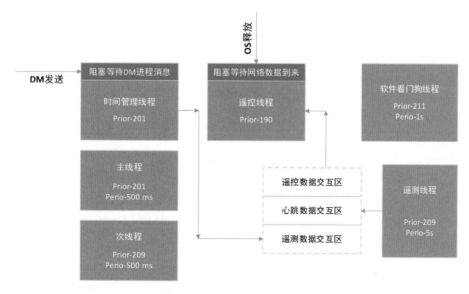

图 8-19　ZGK 进程软件设计

1）基于动态链接库的任务级更新

动态链接库为软件开发过程中提高复用率和降低软件模块耦合性提供了可能，即将公共的模块提取出来，做成动态链接库以供应用程序中直接调用。

动态链接库在使用过程中有以下两种方式：

（1）载入时动态链接。指在编译链接应用程序时，通过"-1"参数方式指定，即在编译链接时已经将该动态链接库的信息添加到该应用进程中。但是该种方式有不足之处，即当应用程序在运行过程中，需要更新动态链接库，并在完成后，还需要重新启动应用程序一次。因为在应用程序第一次启动时，已经将动态链接库的信息都读到该进程的内存空间中，更新的是文件系统中的动态链接库，要想使用被更新过的动态链接库中的信息，必须重新启动相应的应用程序。

（2）运行时动态链接。指在编译链接时不指定使用的动态链接库文件，而在程序中利用 dlopen() 系统调用打开动态链接库文件，利用 dlsym() 系统调用，将需要使用的动态链接库中函数进行映射一次，即可使用返回的函数指针进行函数调用。这样的使用方式有个好处：即使将该动态链接库文件进行更新替换，再次 dlopen() 和 dlsym() 进行映射对应的函数，操作的动态链接库包含一个函数，影响范围小，且运行中的进程不需要重新启动。而且，对动态链接库的关闭和函数映射时间极短，通过相应的机制可以保证函数调用的正确性。

2）系统级动态更新升级

系统级重构主要通过嵌入式操作系统镜像文件数据上传，接收完整数包后，进行镜像文件数据完整性的校验，当完整性校验通过后，将本次接收到的镜像数据存入外部存储介质——Flash 中。为保证写入数据过程的正确性，针对内存缓冲区中的数据计算 CRC 和

MD5 校验码,在完成对 Flash 存储介质的写入后,进行读取校验一遍,同前述计算得到的 CRC 和 MD5 校验码进行比较。如果两者一致,那么表明本次的写操作有效,发送嵌入式操作系统重启信号;否则,放弃本次的更新升级过程。

更新升级过程同任务级更新过程相同。通过上注工具,选择需要更新的嵌入式操作系统镜像文件,格式为 elf 或 lzo 文件。系统运行过程中,动态更新模块在阻塞监听发送的数据包,对接收过程和接收数据进行监视判断,完成系统级动态更新升级。

8.3.4.4　星载服务中间件技术

航天器电子系统应用软件领域的特殊性决定了其与普通嵌入式应用软件的独特性。航天器专用服务组件用于支撑航天器电子系统软件常用功能,将专用功能模块化后集成至操作系统中。星载服务中间件技术包括如下:

(1) 航天器时间维护服务。提供星上系统时钟服务,支持主、备时钟切换,对外提供时钟授时、拨快/拨慢校时接口。另外,时间服务中间件还支持遥测中断时间和 GPS 时间锁存功能,并对外提供锁存时间的接口操作。

(2) 在轨编程服务。提供星载计算机平台中软件在轨编程功能,对外提供在轨编程包接收缓存池,文件加压缩、MD5 校验操作,支持对内存、非易失存储器等不同位置应用软件和库文件的在轨编程功能。

(3) 遥控数据服务。提供整星上行遥控数据的接收缓存功能。遥控数据服务中间件,作为一个高优先级的线程运行在后台中,实时接收 BSP 层传送的遥控数据包。星载软件在应用层通过遥控接收队列的出口,一个一个处理遥控数据包。

(4) 遥测服务。提供符合 CCSDS 标准的遥测组帧和发送遥测数据帧的服务。遥测服务中间件通过信号量定时唤醒应用层软件,获取最新的遥测数据,然后按照 CCSDS 格式组帧,下传给信道关口模块。

(5) 数据缓冲服务。提供中小数据量的数据缓存服务,为应用层软件提供可靠的数据缓存功能和便捷的调用接口,提高应用软件的开发效率。

(6) 飞行事件管理服务。飞行时间管理服务中间件技术提供一种飞行事件服务的管理框架,用户向该服务框架注册具体的飞行事件和飞行参数,利用成熟的飞行事件服务框架管理注册的具体飞行事件,提供服务的可靠性。

(7) 总线服务。提供包括 RS-422 总线、CAN 总线和 1553B 总线等的接收和发送服务,对于 CAN 总线和 1553B 总线实现了整星控制总线通信协议栈,应用软件只需关心具体的数据内容,对于数据组帧,解析全部由总线服务中间件完成。

第 9 章
元器件应用与抗辐射加固技术

星载计算机作为卫星的核心控制单元,其空间环境的抗辐照能力、长时间在轨寿命和不可维修性等应用需求,对宇航元器件的选择与应用提出了特殊要求。本章将分别对元器件选择应用和抗辐射加固技术进行介绍,对元器件选择要求、应用要求、空间辐射环境、常见辐射效应、常用芯片的辐射效应及加固技术等进行全面介绍。

9.1 元器件选用

9.1.1 元器件选择要求

9.1.1.1 元器件选择需求

星载嵌入式计算机选用宇航元器件的可靠性是由其固有可靠性和应用可靠性组成的,前者主要由元器件研制方在元器件设计、工艺、原材料的选用等过程中的质量控制决定;后者则主要由元器件应用方在元器件研制完成后,对元器件的选择、采购和使用等过程的质量控制决定。历史上宇航元器件失效分析的统计数据表明,由于固有缺陷导致元器件失效(固有失效或本质失效)与选择、采购或使用不当造成元器件失效(误用失效)几乎各占 50%。因此,在提高元器件固有可靠性的同时,必须提高元器件的应用可靠性。

从 20 世纪 70 年代开始,我国国防工业领导部门就采取措施提高宇航元器件的固有可靠性。例如,20 世纪 70 年代末期实施的"七专"(专人、专机、专料、专批、专检、专技、专卡)质量控制;20 世纪 80 年代中期开始准备,20 世纪 90 年代逐步实施的贯彻国家军用标准(简称"国军标");中国航天科技集团公司五院、中国航天科技集团公司八院均形成院级宇航电子元器件优先选用目录(CAST、SAST),对宇航元器件的选用、采购、监制与验收、筛选与复验、失效分析进行统一管控;"十三五"以来,宇航标准(简称"宇标")的建立、推广到逐步开始实施,都对提高宇航元器件的可靠性起了积极的作用。

国产元器件的固有可靠性提高后,如何保证其应用可靠性就显得更为重要和迫切。1996 年以后在航天系统推广的元器件"五统一"(统一选用、统一采购、统一监制与验收、统一筛选与复验、统一失效分析)管理,就是元器件应用方为提高元器件应用可靠性所采取的管理措施。保证元器件的应用可靠性,必须从源头抓起,"五统一"管理将"统一选用"放在首位,说明对元器件应用方来说,元器件应用可靠性的源头是元器件的选择与应用。元器件选用控制的目标在于正确选择和使用元器件,并采取其他控制措施,保证元器件在航天产品的全寿命周期内满足航天产品的可靠性要求。

9.1.1.2 元器件选择原则

1)最大限度压缩品种与研制单位

宇航元器件具有品种多、用量少和质量要求高等特点,必须尽可能优选压缩元器件品种(型号、规格)和研制单位,以便于相对集中地投资,加强管理,保证质量。

2)优先从"选用目录""优选目录"中选择

通过宇航元器件长期的应用实践,总体院根据各自型号任务特点,已制定了院级选用目录或按基于型号的元器件优选目录。另外,中国航天标准化研究所统筹各院情况,已逐步建立、形成宇航元器件标准目录并推广应用。这些优选目录对宇航元器件的选用具有极大的指导作用,因此开展星载嵌入式计算机的元器件选型工作时应优先从目录中选择。

3)选择通过认证的品种和研制单位

我国军用、宇航元器件采用鉴定的方式开展品种、产线认定。通过各级宇航标准鉴定认证的元器件品种(型号、规格)和研制单位,能够证明元器件的质量符合宇航应用要求,其生产单位具备生产高质量宇航元器件的能力。

4)优先选择工艺成熟元器件

星载嵌入式计算机应优先选择工艺成熟、已成功使用、工艺先进的元器件。尽量避免使用新研制的(新品种)元器件。当使用新品种元器件时,应经过严格的考核,并按航天元器件质量控制的规范或采购文件要求,鉴定合格方能用于航天正样产品或试样产品。

5)优先选择国产元器件

为避免受制于人、"卡脖子"等被动局面,自主可控已成为宇航型号装备的必然要求。"十一五"以来,我国通过核高基科技重大专项实施及相关持续投入,国产宇航元器件的产品谱系已得到较大完善、核心技术自主可控能力大幅提升。星载嵌入式计算机的研制,应优先选用国产元器件开展设计。

9.1.1.3 元器件选择方法

1)元器件功能性能的选择

基于星载嵌入式计算机的各项功能、性能、可靠性指标进行分解,形成对元器件的指标要求。随着时间、环境的变化,应考虑最恶劣工作条件与寿命末期对元器件指标参数的要求,确保元器件各项指标可支撑星载嵌入式计算机可靠工作。

2）元器件抗辐照能力的选择

星载嵌入式计算机工作于空间环境,在进行宇航元器件选择时须重点考虑空间环境单粒子、总剂量等效应,梳理对元器件的单粒子、总剂量等抗辐射能力要求,作为元器件选型的关键指标。

9.1.1.4　元器件质量等级

宇航元器件的质量等级是表征元器件固有质量的重要指标之一,宇航领域选用国产、进口元器件的主要质量等级介绍如下。

1）国产元器件质量等级

国产元器件质量等级是元器件标准体系的重要组成元素,规定了一类元器件通用的设计和工艺要求、质量等级要求、质量保证规定、检验和试验方法等,是元器件生产、采购和保证的重要依据。

宇航领域国产元器件质量等级包括企标、企军标、国军标、宇航院标和宇航标准等,见表 9 - 1。

表 9 - 1　国产元器件质量等级

序号	层 级	质 量 等 级	适 用 场 景
1	企标、企军标	QB、QB+、QJB、QJB+	电性件、鉴定件等初样产品
2	国军标	GB、GJB、G	电性件、鉴定件等初样产品; 低成本、商业型号正样产品
3	宇航院标	CAST、SAST	宇航型号正样产品
4	宇航标准	YA、YB、YC	

2）美军标元器件质量等级

美军标元器件针对不同大类分别设置质量等级,见表 9 - 2。

表 9 - 2　美军标元器件质量等级

序号	层 级	质 量 等 级	备 注
1	集成电路	S级、V级	宇航级
2		Q级、B级	标准军级
3		M级	军级
4		T级、N级	企标级
5	半导体分立器件	JANS、JANJ、JANTXV、JAN	企标级

9.1.1.5 宇航元器件具体选用

根据现有宇航型号中各类星载嵌入式计算机的设计状态,选用的宇航元器件具体可分为八大类,即 CPU 处理器、DSP 信号处理器、FPGA、存储器、总线控制器、接口电路、AD/DA 转换器、DC/DC 转换器及配套 EMI 滤波器。

1) CPU 处理器

CPU 处理器在各类星载嵌入式计算机中应用广泛,主要完成星务管理、遥测遥控、信息处理等功能,多应用于控制数管计算机、综合电子计算机、管理扩展单元等产品上。

目前 CPU 处理器常用型号主要包括 8 位 80C32、16 位 1750、32 位 SPARC V7 和 V8 系列 CPU,同时我国已有相应抗辐照 CPU 产品,包括抗辐照 80C32、抗辐照 SPARC V8。国产化航天用 CPU 产品的设计研发水平能满足目前型号应用需求,已逐步在型号中实现国产化替代。

2) DSP 信号处理器

在星载嵌入式计算机中,DSP 信号处理器主要完成数字信号处理、图像处理和视频压缩等功能。目前航天应用主要分布于载荷处理器、图像处理器和高性能计算机等产品中。

星载嵌入式计算机主要选用 TI 和 ADI 的 DSP 器件。TI 公司的 DSP 目前应用性能指标较高的为 C64XX 系列;典型 DSP 型号有 TI 公司的 C6455,其主频为 1.2 GHz,运算性能 9 600 MIPS。

国内 DSP 研制单位已完成 6701、6672、6678 等高性能 DSP 处理器的国产化研制,总体来说,我国 DSP 产品的设计研发水平正逐步提高,将逐步实现在宇航型号的应用。

3) FPGA

宇航领域星载嵌入式计算机选用 FPGA 分为反熔丝型 FPGA、SRAM 型 FPGA 两大类,反熔丝型 FPGA 用于平台管理和控制,SRAM 型 FPGA 用于数据处理、高性能计算等场景。

反熔丝型 FPGA 主要用于实现星载嵌入式计算机的总线控制、接口管理等功能,目前主要选用美国 ACTEL 公司 3.2 万门级、7.2 万门级、50 万门级和 200 万门级等进口产品。SRAM 型 FPGA 主要用于实现星载嵌入式计算机存储控制、数据处理和高速传输等功能,选型涵盖 Xilinx 公司十万、百万门级 Virtex、Virtex Ⅱ,千万门级 Virtex Ⅳ、Virtex Ⅴ,亿门级 Kintex 7、Virtex 7 等系列产品。

对于 SRAM 型 FPGA,我国多个研制厂家已逐步完成抗辐照 Kintex 7、Virtex 7 产品研制,正在逐步开展应用验证与型号推广工作。而由于反熔丝型 FPGA 工艺较为复杂,目前已完成国产 7.2 万门级反熔丝型 FPGA 研制,正在开展 50 万门级、200 万门级产品攻关。

4) 存储器

星载嵌入式计算机选用的存储器主要分为非易失性存储器与易失性存储器两大类。

星载嵌入式计算机选用非易失性存储器,主要包括 PROM、EEPROM 及 NOR Flash。

PROM 主要存储小容量引导、监控程序,应用程序主要存储在 EEPROM 或 NOR Flash 中。目前,我国厂家已完成 28F256、17V16、6664 等 PROM 存储器研制,并在各类型号计算机产品中广泛应用。国产 16 Mbit、32 Mbit 容量 JFM29LV160、JFM29LV320 型 NOR Flash 也已在部分型号中使用。

对于易失性存储器,目前星载嵌入式计算机用 SRAM 型 FPGA,主要包括 9Q512、9Q512K32 系列 SRAM 和 3D PLUS 的 3DSR4M08、3DSR16M32 等。对于 SDRAM 存储器,当前主要选用 3D PLUS 的 3DSD1G32、3DSD4G08 等。随着我国元器件厂家研制、工艺水平的不断提升,多个国内厂家已逐步实现国产 SRAM、SDRAM、DDR 等存储器的自主研发,后续将在宇航领域逐步推广应用。

5）总线控制器

星载嵌入式计算机目前选用的总线接口类器件主要包括 1553B、RapidIO、PCIE、CAN 总线和以太网等。其中,1553B 主要作为平台总线;而载荷总线则以 RapidIO、PCIE、以太网为主;CAN 总线一般用于微纳卫星、商业卫星。

目前航天型号用总线接口类器件已具备国产自主可控能力。1553B 总线芯片方面,国产控制芯片技术指标与对标产品相当,已应用于现有型号。RapidIO 总线主要面向高速数据传输的机内互连,主要解决大数据吞吐量等机内数据互连的应用问题。目前高速 RapidIO 交换芯片的种类较少,较为常用的是 IDT 公司的 CPS‐1848。该芯片采用 48 路双向 RapidIO 端口组成 Switch 结构,单通道最大速率可达 6.125 Gbps,峰值交互吞吐量可达 240 Gbit/s。

6）接口电路

航天型号目前选用的接口电路元器件主要包括指令驱动器件、内部接口器件、RS‐422 器件、LVDS 器件,已基本实现国产化自主可控。

指令驱动芯片后续将逐步向更高集成度发展,极大地提升了单芯片内的指令驱动路数。高速差分驱动芯片主要由现有 LVDS 芯片向更高速的 TLK2711、TLK3118 发展,并逐步实现国产化。

7）AD、DA 转换器

目前 AD、DA 转换器的应用主要分为两大类,即低速 AD、DA 转换器用于模拟量采集、模拟量控制,高速 AD、DA 转换器用于数字化中频处理等测控通信领域。现阶段航天型号选用的 AD/DA 转换器主要以 AD、ST、E2V 公司的产品为主;我国目前在高速、高精度 AD/DA 转换器方面开展的研究与国外相比还有较大的差距,但低速器件已研制出多款相对应的产品,主要集中在少数几家单位。

由于星载嵌入式计算机处理能力和复杂性的提高,测控通信用器件主要发展趋势向更高速、高精度方面发展,而低功耗的特性要求其工作电压由现在的 5 V/3.3 V 逐步降低到 3.3 V/2.5 V。同时 AD 转换速率将由现有的 16 bit/50 M 提升到 16 bit/500 M,DA 的转换速率也将由现有的 14 bit/400 M 提升到 16 bit/500 M,从而满足了航天型号不断发展的需求。

8）DC/DC 转换器及配套 EMI 滤波器

DC/DC 转换器及配套 EMI 滤波器在星载嵌入式计算机中被广泛使用,接收卫星直流 28 V、42 V 一次母线电源,并转换为 3.3 V、5 V、12 V 等二次电源,为星载嵌入式计算机内部各功能模块、电子元器件进行供电。

目前宇航领域选用的 DC/DC 转换器及配套 EMI 滤波器主要为 INTERPOINT 公司和 VPT 公司的产品。在实际应用层面,各航天院所选用的产品主要为 28 V/42 V 中低压 DC/DC 转换器,输出功率主要涵盖 5～120 W,输出电压覆盖 3.3 V、5 V、12 V 等电平。EMI 滤波器须与 DC/DC 转换器配套应用,根据工作电流可分为 1 A、1.5 A、2 A、3 A、5 A、15 A 等系列产品。

目前,我国厂家已完成各系列抗辐照中低压 DC/DC 转换器、EMI 滤波器研制,可与 INTERPOINT 和 VPT 对标产品进行插拔替换,已在多个型号中完成地面验证与在轨飞行,满足型号应用要求。

9.1.2　元器件应用要求

星载嵌入式计算机主要应用场景为空间环境,对于宇航元器件的应用,须在力学加固、热学散热和抗辐照加固等方面开展针对性、可靠性设计,以满足宇航应用的高可靠要求。

1）力学加固要求

星载嵌入式计算机应用于卫星等航天器中,须经历运载火箭主动段、航天器变轨等复杂、高强度力学环境,在单机、分系统、整星等各阶段均须开展力学环境适应性试验,具体包括正弦振动、随机振动、冲击和加速度等试验。

针对大重量、大尺寸元器件的应用,在星载嵌入式计算机的研制过程中须开展特殊的力学加固设计,确保单机产品的力学可靠性。

2）热学散热要求

一方面,星载嵌入式计算机在宇航领域的应用面临热真空、热循环等复杂空间环境,星载嵌入式计算机布局于航天器舱内,工作环境温度要求通常为−15～＋40℃。根据宇航型号环境适应性的通用要求,星载嵌入式计算机通常须开展热真空、热循环和全温度梯度等热学环境适应性试验考核。

另一方面,宇航领域的特殊应用环境决定星载嵌入式计算机难以通过风冷、水冷等地面常见方式进行冷却,因此针对星载嵌入式计算机选用的大功率、高热量元器件,须针对性开展散热设计,确保单机的热学可靠性。

9.2　抗辐射加固技术

星载计算机必须满足长寿命、高可靠和适应空间环境等要求。在空间环境中,辐射带中的俘获粒子、太阳耀斑质子和银河宇宙射线能在元器件中诱发多种因素辐射,如总剂量效应、单粒子效应等。星载计算机设计时须抗辐射加固,并与电子系统设计有机融合起来,保证星载计算机在轨运行时是有效的和可用的。

9.2.1　空间辐射环境

大气层外的空间中存在着很强的自然辐射环境,这些辐射环境的来源主要包括宇宙射线、太阳辐射(主要由太阳辐射和太阳耀斑两部分组成)、围绕地球的范艾伦辐射带、X射线和电磁辐射等。卫星内部的电子元器件主要受电子和离子的累积辐射引起的损伤,在飞行体内部的电子元器件主要受贯穿辐射粒子在半导体材料中引起的累积电离或位移、宇宙射线单粒子引起瞬时效应的损伤,分别如图 9-1、图 9-2 所示。

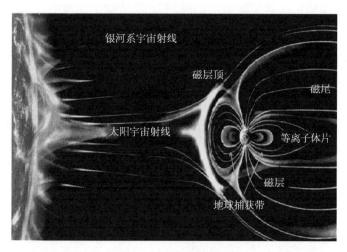

图 9-1　空间辐射环境

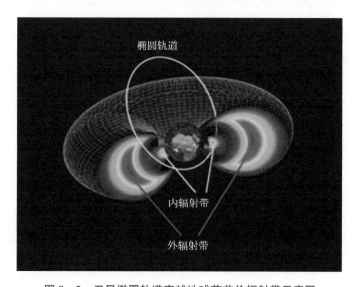

图 9-2　卫星椭圆轨道穿越地球范艾伦辐射带示意图

空间辐射环境来源主要有三种,分别是宇宙射线、太阳风和范艾伦辐射带(Van Allen Belt)。下面对这三种空间辐射环境做简要介绍。

1) 宇宙射线

宇宙射线是指来自宇宙空间环境的极高能量粒子的辐射,其大部分来源于银河系或其他星系,也有少部分来自太阳。宇宙射线分为初级宇宙射线和次级宇宙射线。

从宇宙外层空间进入地球大气层的宇宙射线成为初级宇宙射线。其主要成分是高能质子(约占90%)和α粒子(He-4,约占10%)。此外,还有少量的重粒子、电子、光子和中微子。质子的能量范围分布在$1\sim10^{14}$ MeV,其峰值出现于300 MeV的粒子处,一般认为高于100 MeV的质子主要来源于银河系。较低能量的主要来源是太阳。能量大于100 MeV的初级宇宙射线的空间分布是各向同性的,粒子注量率约为$1\ \mathrm{cm^{-2}\cdot s^{-1}}$。

在地球附近,受到地球磁场作用的影响,会产生所谓的纬度效应,即能量越低的粒子越向地球极区集中,进而造成宇宙射线的强度随纬度的变化而变化。纬度效应使得赤道附近的能量强度要比高纬度地区小约14%。此外,由于地球自转的影响,宇宙射线还存在东、西效应,即从西方来的宇宙射线强度稍大于来自东方的宇宙射线强度。

除此之外,还有由太阳活动喷发的高能带电粒子,也被称为太阳宇宙射线。特别是在太阳耀斑大爆发时,太阳宇宙射线十分严重。太阳宇宙射线的主要成分为质子,此外还有少量的α粒子和其他核子。太阳宇宙射线的能量略低于银河系宇宙射线的能量,约为30 MeV,但其注量率可达到$106\ \mathrm{cm^{-2}\cdot s^{-1}}$。由于太阳宇宙射线的能量比银河系宇宙射线的能量要低,因而其受到的地球磁场影响会更大,在纬度上的能量分布会更不均匀。

太阳耀斑的爆发是有周期的。它每年发生数次,每隔11年会大爆发一次。而在宁静期,太阳宇宙射线是很微弱的,如图9-3所示。

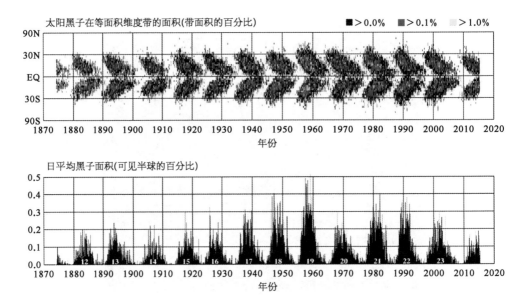

图9-3 太阳耀斑的爆发周期

2）太阳风

在星际空间还存在太阳风，即由太阳发出的一股恒定的带电粒子（质子和电子）流。彗星的气态长尾巴点背离太阳方向就是受到太阳风的影响。太阳风在地球平均距离处的风速约为 400 km/s，注量率可达 10^9 cm^{-2}·s^{-1}；粒子的能量约为 $2×10^3$ eV（质子），2 eV（电子）。风云三号 E 星在太空中记录的太阳风如图 9-4 所示。

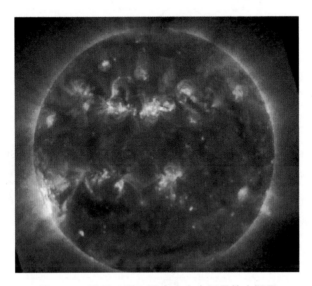

图 9-4　风云三号 E 星在太空中记录的太阳风

太阳风引起的增强紫外辐射和 X 射线辐射使电离层中的电子浓度急剧增大，引发电离层突然骚扰，可导致短波无线电信号衰落甚至中断。增强的紫外辐射被地球大气层直接吸收后加热大气，大气的温度和密度升高，从而使卫星等空间飞行器的轨道发生改变；紫外辐射的增强还使得原子氧的密度突然增加，从而加快了原子氧对航天器表面的剥蚀作用。在被扭曲的磁层中，地球背向太阳一侧存在一个长尾巴即等离子体带，虽然它不太可能造成电子系统的损伤，但是会产生噪声，影响电子系统的信号接收性能。

3）范艾伦辐射带

对围绕地球运行威胁最大的是位于地球赤道上空的范艾伦辐射带，它是被地磁场所捕获的带电粒子辐射区域。

范艾伦辐射带分为两个同心环的辐射粒子区，即内、外范艾伦辐射带。内范艾伦辐射带主要由 30 MeV$<E_p<$100 MeV 的质子组成，位于 600～8 000 km 高度之间并向地球赤道两侧伸展约 40°的位置，辐射强度随高度变化，注量率最高达 $3×10^4$ cm^{-2}·s^{-1}。外范艾伦辐射带主要由 0.4 MeV$<E_e<$1 MeV 的电子组成，位于 4 800～35 000 km 高度之间，并向地球赤道两侧伸展大约 60°的位置，电子注量率也是随高度变化，最高达 10^{11} cm^{-2}·s^{-1}。地磁场俘获带示意图如图 9-5 所示。

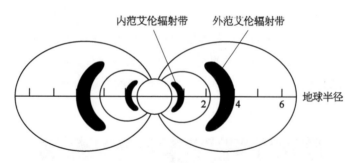

图 9‑5　地磁场俘获带示意图

9.2.2　常见辐射效应

卫星运行在空间辐射环境中,电子系统中的半导体器件受辐射粒子作用会产生总剂量效应(total ionizing dose,TID)、单粒子效应(single event effects,SEE)、充放电效应和位移损伤等。2001 年,美国宇航公司统计了由空间环境效应造成的 298 颗卫星在轨故障原因,如图 9‑6 所示,从图中可以看出,空间辐射带来的总剂量效应、单粒子效应、充放电效应等造成的卫星故障已超过环境诱发故障总数的 78%。

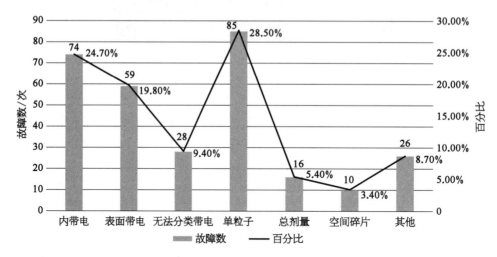

图 9‑6　空间环境效应造成的卫星在轨异常原因分布统计

9.2.2.1　总剂量效应

总剂量效应是辐射效应的一种,是指器件主要受到高能质子、电子等辐射会造成与时间积累有关的辐射损伤的效应。不同种类的物质,其吸收辐射能量的能力不同,因此,针对半导体器件,早前使用总剂量单位为 rad(Si),表示每克硅材料的物质上淀积 100 尔格(erg,1 erg=10^{-7} J)的辐射能量。现在总剂量单位常用 Gy 标识,1 Gy = 100 rad。

金属‑氧化物半导体场效应晶体管(metal-oxide-semiconductor field-effect transistor,

MOSFET)(简称"MOS 器件"),也分为 PMOS(P 沟道型)管和 NMOS(N 沟道型)管,属于绝缘栅场效应管。其总剂量效应的物理过程是带电粒子(如电子、质子等)、X 射线入射到 MOS 器件的氧化层时,会在氧化层中激发出电子空穴对。由于电子的迁移率比空穴的迁移率高得多,在电场的作用下,这些电子空穴对中一部分在氧化层中直接复合,另一部分电子被很快移出氧化层。相应地会有很多空穴留在氧化层中,留在氧化层中的这部分空穴会被氧化层陷阱所俘获形成氧化层陷阱电荷,而另一部分空穴在电场的作用下会移动到 SiO_2-Si 的界面处,被界面处陷阱俘获形成界面态陷阱电荷。氧化层陷阱电荷和界面态陷阱电荷的积累将会导致 MOS 管阈值电压的漂移及器件参数的变化,在空间辐射环境中虽然辐射剂量率非常低,但是随着陷阱电荷长时间的累积,MOS 器件的性能也会不断降低甚至失效。总剂量效应在 MOS 器件的作用示意图如图 9-7 所示。

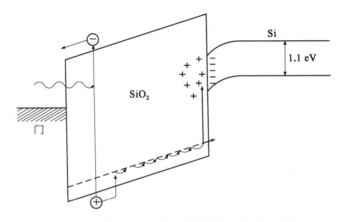

图 9-7 总剂量效应在 MOS 器件的作用示意图

总剂量效应主要是在 MOS 结构的氧化层中引起。MOS 器件的总剂量效应可以分为四个物理过程:电子空穴对的产生与复合、正电场下空穴的迁移、氧化物陷阱电荷的生成和界面处陷阱电荷的生成。具体如下:

(1) 电子空穴对的产生与复合。总剂量辐射在 SiO_2 材料中通过与原子核或核外电子相互作用而沉积能量,最终将转化为电子空穴对,然后产生的部分电子空穴对将很快发生复合,由于电子比空穴的迁移率高很多,通常在 1 ps 秒内电子就被扫出氧化层,向栅极运动并在那里复合掉。

(2) 正电场下空穴的迁移。由于空穴的迁移率很低,未被复合的空穴在正电场的作用下向 Si 材料方向迁移,这个输运过程受许多变量的影响,主要包括氧化层厚度、栅极所加的电场、温度等。

(3) 氧化物陷阱电荷的生成。当空穴迁移到 Si-SiO_2 界面附近时,一部分会被氧化层陷阱所俘获,形成氧化层陷阱电荷。

(4) 界面处陷阱电荷的生成。到达 Si-SiO_2 界面的空穴将被界面态陷阱所俘获,在界面处造成不饱和键的积累,形成界面态陷阱电荷。

总剂量效应的结果就是在 Si - SiO$_2$ 界面附近的 SiO$_2$ 中形成氧化层陷阱电荷,同时在界面处形成界面态陷阱电荷。这将会使 MOS 管的阈值电压相应减小,沟道更容易开启,导致漏电流增加。Si - SiO$_2$ 系统中的电荷与陷阱如图 9 - 8 所示。

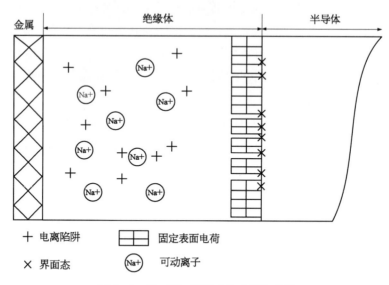

图 9 - 8 Si - SiO$_2$ 系统中的电荷与陷阱

宇宙外层空间辐射对电子系统的影响主要是累积的剂量效应,绕地球运行的卫星受到的辐射主要来自范艾伦辐射带,飞行一年的累积照射量可高达 $2.6×10^3 \sim 2.6×10^4$ C·kg^{-1}(在飞行体内部约低一个量级)。总剂量效应对器件最主要的影响就是阈值电压漂移,这主要是由于在空间辐射环境下,器件受到电子及带电粒子的照射,会产生电子空穴对,影响 MOS 器件结构中氧化层的电荷属性,从而产生器件阈值电压漂移。总剂量效应对 NMOS 和 PMOS 的影响不同,但总的阈值漂移都是负漂。

在电离辐射环境中,器件除了阈值电压漂移外,漏电流增加也是总剂量效应明显的特性。尤其 NMOS 管的阈值电压本来就相对较小,总剂量效应使得其阈值电压进一步减小,则 NMOS 管的亚阈值漏电将会非常明显。互补金属氧化物半导体(complementary metal oxide semiconductor,CMOS)器件漏电主要由栅氧漏电、场氧漏电及亚阈值漏电等几部分组成,由于 NMOS 管的阈值下降到接近 0 V 左右,此时的亚阈值漏电流非常明显,也是器件漏电流的主要部分。总剂量实验系统必须具有监测器件漏电流的能力。

9.2.2.2　单粒子效应

单粒子效应(single event effects,SEE)是一种突发性的粒子辐射效应,是指高能粒子(质子、重离子、α 粒子等的能量>30 MeV)入射到半导体器件后,在粒子径迹上聚集的电荷量超过临界值,改变原有的工作状态,最终导致整个芯片或电路的宏观行为发生各种难以预料的变化。SEE 过程中电荷的产生称为电荷沉积,产生电荷的总量称为沉积电荷。

图 9-9 给出重离子电荷沉积的示意图,高能粒子射入靶材料后,能量被靶材料吸收,电子从价带跃迁至导带,同时留下空穴,最终导致轨迹上有大量电子空穴对产生。

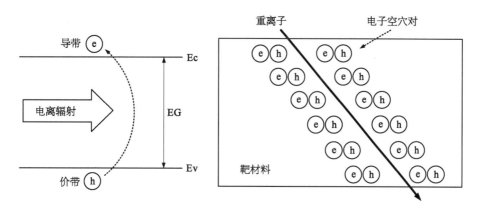

图 9-9 重离子电荷沉积示意图

单粒子效应通常分为两类:一类是单粒子效应所引发的软错误,它并不会造成电路的损伤,而仅仅是在一定的时间段内改变了电路上原有的逻辑状态,这类故障是非永久的,如经常在组合电路中发生的单粒子瞬态(single event transient, SET)效应和在存储电路中发生的单粒子翻转(single event upset, SEU)效应等,其中,SEU 是发生频率最高的软错误;另一类是单粒子效应所引发的硬错误,该类错误会造成器件或电路不可逆的永久损伤,例如单粒子栅穿(single event gate rupture, SEGR)效应、单粒子烧毁(single event burnout, SEB)效应、单粒子锁定(single event lock, SEL)效应等,其中,SEL 是发生频率最高的硬错误。

SEB 是一种破坏型的 SEE,在 NMOS 管中极易发生。SEB 通常由重离子辐射引发,但也可以在其他能够产生高瞬态电流的辐射源中触发。单粒子烧毁一般发生在具有寄生双极结型晶体管(bipolar junction transistor, BJT)结构的器件中,寄生 BJT 正向导通时器件内部瞬态电流急剧增大,最终导致器件烧毁是否触发由许多因素决定,其中最重要的影响因素是线性能量传输(linear energy transfer, LET)值、粒子入射轨迹和器件偏压条件。寄生 NPN 双极晶体管具有比寄生 PNP 双极晶体管更高的电流增益,所以 N 沟道型器件对 SEB 更为敏感。粒子入射和电离过程如图 9-10 所示。

SEGR 是另一种破坏型的 SEE,该效应只由重离子辐射源引起,并发生在功率 MOS 管关闭状态下。当一个重离子射入器件内部后,大量电子空穴对在栅氧化层下的硅体中产生,其中空穴在栅氧化层界面积累,栅氧绝缘介质上会产生一个极高的电场,如果栅氧绝缘介质发生击穿,SEGR 就会被触发,导致器件永久性失效。如果栅氧漏电流增加幅度较小,就说明栅氧绝缘介质发生局部损坏,器件的基本性能会受到严重影响。如果栅氧击穿电流比正常栅漏电流高出几个数量,就说明栅氧绝缘介质受到严重损坏,导致器件发生灾难性损坏。

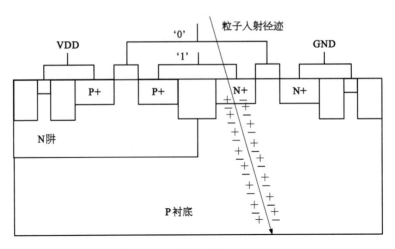

图 9 - 10   粒子入射和电离过程

SEU 是集成电路中最常见的 SEE。SEU 是指单个带电粒子(如高能重离子或质子)在集成电路中引起输入或输出节点逻辑状态翻转。快速转换的逻辑电路依赖时间和电流脉冲的精确控制,SEU 可以导致数据频繁出现错误。器件和电路设计者并不能消除 SEU 引发的电流脉冲,但可以通过电路版图加固、工艺流程改进和逻辑纠错等方式消除对电路的影响。

1) 单粒子闩锁(SEL)效应

单粒子闩锁效应是指由于电路的输入端或输出端输入外来的噪声电压、电流,而导致寄生的双极型晶体管(也称"寄生可控硅")形成闩锁导通,所引起的从电源到地之间流过大电流的现象,这种骤然增大的电流会使电路和器件无法正常工作甚至电路烧坏。P 肼 CMOS 反向截面图如图 9 - 11 所示。

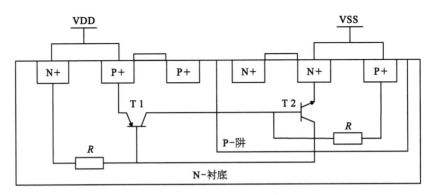

图 9 - 11   P 肼 CMOS 反向截面图

以图 9 - 11 为例,发生 SEL 的过程可分为四个步骤:

(1) 空间高能粒子入射到 CMOS 器件并沉积在衬底或肼中。

(2) 在器件中,沉积能量产生电子-空穴对,随着电子-空穴对的漂移和扩散产生微电流。若电流经过衬底或肼的电阻,则在电阻两端产生压降。

(3) 由于任意一个晶体管的集电极与另一个晶体管的基极相连构成正反馈回路,正常情况下寄生可控硅处于高阻关断状态,若在第(2)步产生的压降使其中任意一个晶体管导通,则另一个晶体管也随之导通。

(4) 此时寄生两个双极型晶体管都处于导通状态,并且两个晶体管增益的乘积大于 1,由于寄生可控硅的正反馈效益,电流持续增大,等效于电源和地直接相连,发生闩锁效应。

对于 CMOS 器件而言,产生单粒子闩锁效应须具备如下三个条件:

条件一:寄生的两个双极型晶体管中任何一个发射极因外来干扰信号获得正偏,就有可能触发单粒子闩锁。

条件二:两个双极型晶体管的共发射极电流放大系数乘积大于 1:

$$\beta_{PNP} \times \beta_{NPN} > 1 \tag{9-1}$$

条件三:电源能提供的电流应大于或等于单粒子闩锁的维持电流。

单粒子闩锁效应的发生必须同时满足上述三个条件,缺一不可。CMOS 电路中的寄生双极型晶体管闩锁模型如图 9-12 所示。

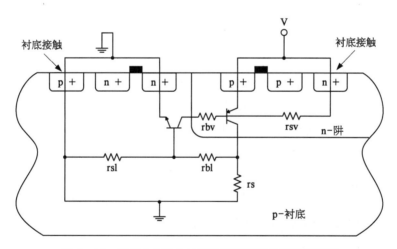

图 9-12　CMOS 电路中的寄生双极型晶体管闩锁模型

2) 单粒子翻转(SEU)效应

单粒子翻转是指粒子撞击半导体器件,在运动径迹周围产生的电荷被灵敏电极收集,形成瞬态电流,使得存储节点状态发生变化导致存储电路发生翻转,从而产生错误,这种错误是软错误。高能带电粒子入射半导体材料之后,会使半导体材料电离,在其运动径迹上淀积电荷。电荷的淀积方式有两种:一种是通过入射重离子的直接电离,较轻的粒子如质子一般无法通过直接电离产生足够大的电荷使得存储电路发生翻转;另一种是轻离子如质子,它和半导体硅材料相互作用,产生次级带电粒子导致间接电离。当重离子入射到器件中,和半导体材料相互作用,发生弹性散射、非弹性散射、辐射俘获等。由间接电离产生次级带电粒子,在器件内部的运输过程中会在其运动轨迹周围产生电离能量沉积。

入射粒子对器件的损伤程度可以用现行能量传递 LET 来表示,LET 表示的是单位长度上半导体材料沉积的能量,通常除以半导体材料的密度将其归一化。用公式可以表示为

$$LET = \frac{1}{\rho}\frac{dE}{dx} \qquad (9-2)$$

式中,ρ 为半导体材料的密度;dx 为沿着粒子轨迹的直线距离;dE 为粒子损失的能量;通常 LET 的单位是 MeV $\cdot$ mg^{-1} $\cdot$ cm^{-2}。

在硅材料中由单粒子入射产生的电子-空穴对可以表示为

$$\frac{dN}{dx} = \frac{dP}{dx} = \frac{\rho}{3.6 \text{ eV/pair}} \cdot LET \qquad (9-3)$$

单粒子效应截面的定义如下:

$$\sigma = N/\varphi \qquad (9-4)$$

式中,σ 为单粒子效应截面(cm^2);N 为器件发生单粒子效应的次数;φ 为单位面积的入射粒子数(cm^{-2})。单粒子效应截面越大,器件和电路的抗单粒子效应的能力越差。在试验中,可以通过测量翻转截面随有效 LET 值的变化情况来表示器件抗单粒子的能力。有效 LET 值定义为,粒子的 LET 值除以入射粒子的径迹方向与器件表面夹角的余弦值。翻转阈值定义为,当翻转截面迅速增大时对应的那个有效 LET 值。饱和截面定义为,随着有效 LET 值的增加,单粒子效应截面不再增加时的截面大小。

9.2.3 芯片级辐射效应及加固技术

9.2.3.1 集成电路的辐射效应及加固技术

1)集成电路的辐射效应

目前,CMOS IC 仍然占集成电路的主导地位。芯片未来将向集成度更高、功耗更低、运算速度更快、存储空间更大和更加智能等方向发展。这导致未来芯片线程更小,所遭受空间辐射并产生损伤效应的概率也越大。集成电路受空间辐射所产生的效应主要包含总剂量效应和单粒子效应。

(1)总剂量效应。空间辐射主要引起 MOSFET 的阈值电压 V_{tn} 漂移、平带电压 V_{FB} 漂移、漏电流增加、跨导下降和可靠性下降等。N 沟道型与 P 沟道型 MOSFET 阈值电压随辐照的变化具有不同趋势。受辐照的 N 沟道型、P 沟道型 MOSFET 阈值电压与总剂量的关系表明:P 沟道型 MOSFET 阈值电压随辐照剂量的增加而增大;N 沟道型 MOSFET

的阈值电压在初始时随辐照剂量的增加朝负向漂移,主要是氧化物陷阱电荷的贡献,随着辐照剂量的增加,界面态电荷的不断增加,阈值电压的漂移反而减小,甚至朝正向漂移,出现反弹(rebound)现象。

(2) 单粒子效应。集成电路的单粒子效应分为产生软错误的单粒子翻转和产生硬错误的单粒子闩锁。

单粒子翻转效应一般由重电离粒子(如 α 粒子)引起。α 粒子是氦核粒子($z=2$),α 粒子穿透硅片的深度与它的能量有关。随着集成电路集成度的提高,元器件尺寸也需要进一步减小,人们发现陶瓷管壳中存在的微量放射性同位素产生的 α 粒子也能引起存储器瞬时损伤(如 64 Kbit 动态随机存储器)。一般从陶瓷管壳中产生的 α 粒子,能量为 5 MeV,穿透深度为 25 μm,产生电子-空穴对数目为 10^6 量级。α 粒子在灵敏区产生的大量电子-空穴对,由扩散和漂移运动分别被 P 区和 N 区收集,这种由电荷运动引起的电流能使半导体器件产生软错误。α 粒子能量不同引起的软错误率也不同,能量在 4 MeV 左右的 α 粒子引起的软错误率最大。α 粒子的注入角度不同,引起的软错误率也不同,其中 60°注入角引起的软错误最多,因为这样的注入角度在灵敏区内穿透的路径最长。

在 CMOS 电路中固有的 PNPN 结构,以及其内部存在的寄生晶体管,瞬时密集的电子/空穴电荷流动形成的电流使寄生晶体管导通,可产生闩锁现象。若闩锁时通过器件的电流过大,则可将器件烧毁。单粒子闩锁效应可使电路"死机",但断开电源并重新加电后,能恢复电路功能,属于特殊的软错误。而单粒子烧毁及单粒子栅穿效应导致器件损坏,不能恢复,故称"硬错误"。

2) 集成电路的加固技术

为利用当前发展的商业工艺技术,以提供良好的电学性能,也不需要附加的工艺步骤,以便能和当代标准商业 CMOS 工艺兼容,降低成本和增加可靠性,人们提出了电路加固的设计方法。冗余电路设计 DICE 技术能获得很好的抗单粒子翻转效果,并且在晶体管尺寸上没有特定的要求,因此也并没有因为晶体管尺寸比例的设计引起对总剂量的敏感。这个单元适用于代替分布在 CMOS、ASIC 中的锁存器和触发器,也可以用来作为加固的 SRAM。

9.2.3.2　MOS 场效应晶体管的辐射效应及加固技术

1) MOS 场效应晶体管的辐射效应

MOS 器件属于多数载流子导电的表面效应器件,故以体效应为主的中子辐射对其影响不大,但它对 γ 射线之类的电离辐射却比双极型器件敏感得多。电离辐射会使 MOS 器件的阈值电压 V_T 和平带电压 V_{FB} 发生漂移。大多数情况下,V_T 漂移是朝着负电压方向进行的,而且漂移量的大小与所加栅压的极性和量值有关,正栅压下的漂移比负栅压下要大,栅压为零或略负时,漂移量近乎为零。这种漂移是由辐射诱生氧化层电荷效应引起的,由于电离辐射诱生的氧化层电荷总是正电荷,所以只呈现 V_T 的负向漂移。在高电离辐射剂量下,有时可观察到 N 沟道型 MOS 器件中的 V_T 正向漂移,这种漂移可能是由辐射诱生界面陷阱效应引起,因为 Si–SiO$_2$ 界面陷阱更多地起着电子陷阱的作用,会导致氧化层中正电荷的减少。

电离辐射诱生界面陷阱效应还将导致 MOS 器件沟道迁移率、跨导、来阈区电流和 $1/f$ 噪声的变化及 MOS 电容 C–V 曲线的畸变等。此外,电离辐射会引起 CMOS 电路上升时间和下降时间增加,影响电路的工作速度。电离辐射还会使逻辑电路的低电平噪声容限减小、高电平噪声容限增大,从而降低了电路的抗干扰能力。中子辐射对 MOS 器件的影响远不如电离辐射的影响显著,主要是使界面陷阱密度和衬底掺杂浓度增加,沟道电子技术载流子迁移率减少,从而导致阈值电压漂移、跨导退化和漏极电流下降。

2) MOS 场效应晶体管的加固技术

辐射对 MOS 器件的影响主要体现在电离辐射对栅介质膜的破坏作用,因此栅介质材料和工艺改进是 MOS 器件辐射加固的重点。具体措施如下:

(1) 采用优质抗辐射栅介质膜。干氧氧化的纯净 SiO$_2$ 膜中含有的电离缺陷最少,仍然是目前抗辐射栅介质膜的首选材料。Al$_2$O$_3$、Si$_3$N$_4$ 等薄膜本身具有高抗辐射能力,但因存在其他问题,如 Al$_2$O$_3$ 膜的稳定性差、Si$_3$N$_4$ 膜与硅的匹配性差,不宜直接用作栅介质膜。

(2) 改进栅氧化方法和优化工艺条件。工艺改进的目标是使栅介质膜中引发电离的缺陷最少。在目前普遍采用的 SiO$_2$ 介质膜中,引发电离的缺陷主要包括不饱和 Si—OH 键、饱和悬挂键 SiS—H 和间隙原子 O。改进工艺的目的就是使制备出的 SiO$_2$ 膜中含有的这些缺陷最少,具体方法有:采用 1 000℃ 干氧氧化工艺制备;氧化后在 N$_2$ 气氛中退火,退火温度为 850～950℃,不宜过高;栅氧化前用三氯乙烯或氯化氢净化炉管等。在 SiO$_2$ 中掺入 Al、Cr、P 或 Mo 等,可以引入大量的电子俘获中心,减少正电荷的积累和界面陷阱密度,从而提高耐辐射的能力。

(3) 减少栅氧化层厚度。由于辐射引起的阈值电压漂移与栅氧化层的厚度成正比,故减少栅氧化层厚度对提高加固强度有利;MOS 器件按比例缩小可以提高其抗辐射能力。例如,早期 CMOS/Si 电路采用的氧化层厚度为 100～150 mm,现在的辐射加固 CMOS/Si 电路则可低至 50～70 nm。

(4) 管壳上涂敷抗辐射涂层。一种方法是在管壳上镀一层铅或钽,可以起到辐射屏蔽作用;另一种方法是将钨片烧结在陶瓷管壳的外表面,将合金片烧结在管壳的内表面,可以大大提高器件的抗电子辐照的能力。

(5) 采用真空封装。为了避免管壳内气体的辐射电离效应对器件表面的影响,最好采用抽真空封装(真空度一般为 $1 \times 10^{-1} \sim 1 \times 10^{-2}$ mmHg),不采用充惰性气体封装。

9.2.3.3 双极型晶体管的辐射效应及加固技术

1）双极型晶体管的辐射效应

中子辐射引起的 PN 结电流-电压特性的变化,主要是由中子辐射的位移效应造成的。首先,它使多数载流子浓度降低和迁移率减少,从而 PN 结正向动态电阻增加;其次,它引起电阻率增大,使 PN 结反向辐射导致的表面损伤又会使 PN 结表面漏电流增大。

由于电压调整二极管的掺杂浓度较高而且少子寿命较短,因此其抗中子辐射能力优于整流二极管。隧道二极管的工作依赖于从导带到价带的电子隧穿效应,与少子无关,因此其抗辐射能力比普通的二极管至少要高一个数量级以上。

中子辐射和 γ 射线辐照都会引起双极型晶体管电流放大系数 hFE 的下降和漏电流的增加,但中子辐射的影响程度更大,而且两者的作用机理不同。中子辐射引起的位移损伤主要是复合作用,它使少子寿命下降,基区复合电流增大,hFE 减少。γ 射线辐照使氧化层正电荷 Si－SiO₂ 界面陷阱和氧化层表面可动离子等表面复合加强,从而造成 hFE 下降,严重时还会形成表面反型沟道,使漏电流激增。

对于具有低浓度收集区的器件和电路,中子辐射引起的收集区电阻率的增加,会对其性能产生显著影响。对于功率晶体管,衬底电阻率增加和电流增益降低会导致饱和深度减小,使其饱和压降明显增大;对于开关晶体管,少子寿命的降低及电阻率的增加,会使其上升时间增加,存储时间和下降时间减少。此外,中子辐射还会造成微波截止频率下降,双极型逻辑集成电路的低电平阈值升高。

中子辐射对双极型器件性能的影响程度与器件的工作电流、工作频率、基区宽度及低掺杂区掺杂浓度大小等都有密切的关系。在小注入条件下,少子复合作用对 hFE 起主要支配作用,所以辐射对双极型晶体管工作在小电流下的电流增益影响较大。在相同的辐射条件下,功率晶体管因有源区体积大而且掺杂浓度低,所以其抗辐射能力远逊于小信号晶体;高频晶体管因基区宽度窄,辐射诱生复合变化的使用体积小,故比低频晶体管更耐中子辐射;开关晶体管因其少子寿命短,故其损伤程度比放大晶体管小。在双极型模拟集成电路中,横向 PNP 管的基区较宽,基区掺杂浓度较低,因而抗中子辐射的能力比纵向 NPN 管和衬底 PNP 管要差得多。

电离辐射给双极型器件带来的一个重要影响是产生瞬时光电流。由于电离辐射诱生光电流只能产生于反偏 PN 结,而且其大小正比于 PN 结空间电荷区的体积,所以,双极型晶体管的瞬时光电流在截止状态下出现,而且主要产生于反偏收集结。辐射初始时在收集结产生的光电称为一次光电流。

2）双极型晶体管的加固技术

提高电子系统抗辐射能力的重点是提高电子元器件的抗辐射能力,而微电子器件最容易受到辐射损伤,所以微电子器件的辐射加固是电子系统辐射加固的核心任务。

中子辐射引起的少子寿命的降低,以及材料电阻率的增大和瞬态电离辐射引起的光电流效应,是双极型器件的两个主要辐射失效机理。因此,双极型器件辐射加固的目标就是设法减少或消除这两种效应的影响。可采取以下几方面的措施：

（1）采用薄基区、浅结、重掺杂和小面积扩散。对于基于少子导电机构的双极型器件，少子寿命越长或少子复合率越低，则中子辐射对这种器件的影响就越弱。因此，在双极型辐射加固器件的结构和工艺设计中，应采取各种方法降低少子复合率，提高少子寿命。基区复合对双极型晶体管的电流放大系数 hFE 影响很大，所以，在实现器件性能的前提下，应适当减小基区宽度，提高基区掺杂浓度，采用基区掺金工艺，发射区采用浅结扩散或陡的扩散曲线，减小发射区周长和扩散窗口面积。这些方法都可以减小基区和发射区的体积，缩短少子在基区和发射区的渡越时间，从而削弱复合对 hFE 的影响，有效提高双极型晶体管抗中子辐射的能力。

不过，减薄基区和浅结扩散往往会对器件的其他性能产生不良影响，应该采取相应的对策。例如，收集结结深的减小以及薄基区引起的基区穿通效应，会使集-射极击穿电压 BVCEO 下降，故可采用外基区重掺硼（高硼环结构）的方法。又如，基区宽度减小会使基区电阻提高，将导致提前出现发射极电流集边效应，使 hFE 下降，频率特性变坏。为了削弱此效应，必须尽量压缩发射极条宽，提高发射极周长与收集极面积的比值。

（2）采用高掺杂材料。在保证击穿电压满足要求的前提下，尽可能降低收集区电阻率。采用外延集电极结构等方法，降低饱和压降，在版图设计上，应尽量采用小的发射区面积和收集区面积。

（3）采用抗辐射表面钝化膜。在芯片表面，采用抗辐射能力强的表面钝化层，如 Al_2O_3、Si_3N_4 和磷硅玻璃膜，以及它们与 SiO_2 的多层复合膜，对减小辐射效应有明显作用。Al_2O_3 膜的抗电离辐射能力比 SiO_2 膜高一个数量级以上，其原因在于：一是 Al_2O_3 膜中含有大量的电子陷阱，辐照产生的电子和空穴之间的复合概率大；二是 Al_2O_3 的介电常数约为 SiO_2 的 2 倍，等量的辐照诱生电荷导致的阈值电压漂移只是 SiO_2 的一半。Si_3N_4 的抗电离辐射的能力也可达到 SiO_2 的 3 倍。

9.2.4 系统级抗辐射加固设计

星载计算机由不同功能的部件、元器件组成，须对系统功能、部件到元器件选用进行分析。在充分了解各个元器件抗辐射性能的基础上，分析产品在抗辐射效应方面存在的问题和薄弱环节，然后有针对性地开展抗辐射加固设计，并对防护设计措施的有效性进行验证。通过抗总剂量、抗单粒子翻转、抗单粒子闩锁和系统级抗辐射等加固设计，提高系统抗辐射能力，满足星载计算机在轨抗辐射要求。

9.2.4.1 辐射敏感器件选型

根据不同类型宇航元器件的空间辐射环境敏感性，针对性地开展抗辐照加固设计。

1）元器件空间辐射环境敏感性

宇航元器件辐射效应类型见表 9-3。

表 9‑3　宇航元器件辐射效应类型

分类	小类	细类	辐射效应类型
单片集成电路	数字集成电路	TTL 电路、CMOS 电路	TID、SEE
	模拟集成电路	运算放大器电压调整器、模拟开关、时基电路、脉宽调制电路、调制/解调电路	TID、SET
	微型计算机与存储器	存储器、CPU 处理器、微处理器、微控制器、DSP、FPGA	TID、SEL、SEU、SEFI
	接口集成电路	电压比较器、接口电路、AD 转换器、DA 转换器	TID、SET、SEL
混合集成电路	通用混合集成电路	DC/DC 转换器	TID、SET、SEB/SEGR
		功率放大器	TID
二极管	普通二极管	整流二极管、开关二极管、电压调整二极管、电流调整二极管、电压基准二极管、瞬态电压抑制二极管	TID
		肖特基二极管	—
晶体管	场效应晶体管	PMOS 管、NMOS 管	TID、SEB、SEGR

2）抗单粒子设计

单粒子效应是指单个带电粒子运动时接触了器件的灵敏区导致器件的状态发生损伤或其他改变的效应,这种改变一般是令器件性能恶化的。而对于星载嵌入式计算机产品的单粒子效应一般是宇宙空间中的高能质子、高能电子及一些高能射线造成的。

（1）不同器件类型的单粒子效应。根据带电粒子使器件发生不同种类的改变来分类,单粒子效应主要可分为单粒子翻转、单粒子闩锁、单粒子烧毁和单粒子栅穿等。不同单粒子效应发生在不同种类元器件中,主要由元器件工艺特性决定。包括：① 单粒子翻转主要发生在 SRAM、DRAM 等存储阵列中；② 单粒子闩锁主要发生在 CMOS 器件中；③ 单粒子瞬态脉冲引起的暂时性翻转及扰动在锁相环等模拟电路中引起的问题较常见,而在数字电路中发生时,单粒子瞬态脉冲就转化成单粒子翻转；④ 单粒子功能中断是指当单粒子翻转发生在控制寄存器时,引起电路功能故障。

（2）单粒子效应防护设计。针对星载嵌入式计算机在轨工作时,由于空间恶劣辐照环境引起的单粒子翻转、单粒子闩锁等问题,须在元器件应用阶段采取针对性防护措施,避免计算机出现长时间功能中断。包括如下：

① 原始文件、配置文件等重要数据,须确保不因空间单粒子事件造成丢失或错误,尽量存放在 PROM 等单粒子免疫的器件中,同时存放 3 份确保可靠性。

② 进行元器件选型时,优先选用单粒子翻转、单粒子闩锁指标高于 37 MeV·cm² 的

宇航级抗辐照器件。若器件指标无法达到应用要求,则须采取回读刷新、三模冗余等方式进行可靠性加固。

③ 针对星载嵌入式计算机的存储器系统,须设计程序运行的 EDAC 纠 1 检 2 校验方案,实现空间单粒子翻转下的自动纠正与检测,可极大地提高星载嵌入式计算机的在轨工作可靠性。

3) 抗总剂量要求

电离总剂量效应是指当空间中的带电粒子作用到物体上时,粒子的部分或全部能量被物体所吸收,被吸收的能量总和即为物体所吸收的辐射总剂量。总剂量效应是一种逐渐积累的效应,随着器件积累的辐射剂量逐渐增多,器件所受到的辐射损伤也随之逐渐加大。它并不是一种瞬时突变的效应,而是一种逐渐积累到一定程度导致器件损伤的效应。当辐射量积累到一定程度时,器件会发生损伤。包括如下:

(1) 抗总剂量应用要求。在产品设计、元器件选型阶段,应确保元器件的抗总剂量辐射能力满足应用要求。除特殊、高精密电路用途之外,电容器、电阻器、磁性元器件和机电元器件等可认为是辐射总剂量不敏感的元器件,无须做辐照试验,可直接选用。

(2) 抗总剂量能力加固措施。当元器件抗总剂量能力不满足要求时,可采用下列加固措施: ① 重新设计电路,目的是在规定的电路可靠性要求下降低对元器件辐射可靠性的要求,进而降低对元器件总剂量余量要求; ② 采用贴铅皮等方式附加局部屏蔽; ③ 重新调整单机和器件布局,充分利用外壳、结构件等固有屏蔽。

9.2.4.2 抗总剂量加固设计

抗总剂量加固设计前,首先需要对所选用元器件的抗总剂量能力进行分析及地面总剂量试验摸底,明确每个器件的抗总剂量能力。对不满足总剂量指标的器件分析其总剂量辐射指标以及辐射过程中功能、性能关键参数的变化情况,然后根据指标需求选择更换器件或是局部优化等加固设计,判断辐射设计裕度是否满足系统要求。抗总剂量加固方法一般有两种,即物理屏蔽法防护和冗余设计法。

1) 物理屏蔽法防护

星载计算机单机结构件对空间粒子有一定的屏蔽作用,不同材料、不同厚度结构件起到的总剂量屏蔽效果不一样。在轨剂量贡献较大的主要是辐射带捕获电子、质子和太阳耀斑质子等,参考空间辐射剂量与屏蔽厚度的关系,可以分析等效屏蔽厚度、元器件在轨电离总剂量,如果元器件抗电离总剂量能力大于其在轨抗电离总剂量,并有一定的余量,则样机可满足抗电离总剂量设计要求。

(1) 单机内部辐射总剂量屏蔽分析。包括: ① 考虑样机结构金属铝外壳的等效屏蔽厚度,分析样机内部电离剂量水平; ② 对于抗总剂量效应有特殊要求的元器件,分析样机内部具有辐射屏蔽作用的结构件、部件、元器件,如 PCB 板、隔板、DC/DC 转换器、外壳等,获得元器件的辐射屏蔽情况; ③ 建立样机内部分析模型,将内部结构对元器件的辐射屏蔽情况建立分析模型,分析等效屏蔽厚度;④ 在辐射剂量一维分析结果(剂量-深度曲线)中,计算屏蔽厚度对应的辐射总剂量,获得样机内部元器件位置处的辐射剂量;⑤ 当元器件抗总剂量能力大于设备内部元器件位置处的辐射剂量,并具有一定余量时,整机可满足抗总剂量设计的要求。

可采用一定厚度机壳的 Al 和一定厚度铅皮进行防护。

(2) 辐射设计余量(radiation design margin, RDM)。电离总剂量效应防护设计,须采用合适的辐射设计余量,以保证卫星任务期内在空间辐射环境中的安全。

RDM 定义如下:

$$RDM = \frac{D_{失效}}{D_{环境}} \qquad (9-5)$$

式中,$D_{失效}$ 为元器件或材料自身的辐射失效剂量;$D_{环境}$ 为元器件或材料实际使用位置处的剂量。

须明确规定 RDM 下限。RDM 的范围通常在 1～10 之间,可参照以下原则确定不同型号任务的 RDM 下限要求:在设计过程中,首先根据所使用的电子元器件和材料的辐射损伤阈剂量 $D_{失效}$,以及电子元器件和材料在卫星上实际使用位置处的辐射剂量分析结果 $D_{环境}$,按照式(9-5)计算出其实际辐射设计余量 RDM。然后,判断该 RDM 值是否满足根据式(9-5)所确定的 RDM 下限要求:若大于该下限,则说明该电子元器件或材料能够满足任务的电离总剂量要求,不需要进行额外防护;若小于该下限,则说明该电子元器件或材料不满足任务的电离总剂量要求,需要进行附加的防护设计。

2) 冗余设计法

对采用物理屏蔽法防护不能确保满足要求的电子系统,需要单机层面进行冗余设计。冗余方法包括双机冗余和多机冗余。冗余设计过程中,需要确保抗总剂量薄弱部件冗余度,做到对外公共接口的故障隔离。

9.2.4.3　抗闩锁效应加固设计

目前在星载计算机抗闩锁效应的加固设计中,主要有抗闩锁电阻限流法、微闩锁故障复位法、电流监测电路法和基于功能的单粒子闩锁过流恢复技术等。

1) 抗闩锁电阻限流法

星载计算机中抗闩锁设计主要是通过对敏感器件增加抗锁定保护电阻,使得锁定发生时流过器件的电流不致对器件造成损伤,从而起到保护器件的作用。抗锁定保护电阻的选值方法须根据具体器件的工作电流而定,在满足对器件供电电压压降不大于 0.1～0.15 V 情况下,选择合适的电阻。

2) 微闩锁故障复位法

针对微闩锁电流控制,当发生较大量单粒子翻转错误后,总线芯片或多级缓存处理器芯片会出现一定的电流增大现象,这类错误不会引起整个芯片功能异常或超出微闩锁电流阈值,但会导致总线通信出现异常或处理器功能异常。通过功能监测和自主复位恢复措施,实现微闩锁电流的明显回落和功能恢复,也可以保证芯片正常。

3)电流监测电路法

电流监测电路法主要原理是对电路进行闩锁电流监测,当电流增大程度超过某个设定阈值时,便对模块进行断电,然后重启恢复。

针对电流监测电路,也可以采用一些专用的抗闩锁保护芯片实现,对特定元器件或特定功能模块的单粒子闩锁防护。这些专用芯片具有防可控硅效应,反应灵敏,适合电路中出现可控硅效应即电路电流瞬间增大时,形成闩锁,短时间内将供电电源切断,从而破坏可控硅效应所需的维持电流条件而将其彻底消除,有效保护电路因可控硅效应而产生的损坏;当可控硅效应消除后,能够迅速恢复电源的正常供电,恢复供电时间可调。同时,该器件还具有消除开机浪涌的作用,浪涌电流值的大小也可设置。

4)基于功能的单粒子闩锁过流恢复技术

针对单机的功能、工作电流、工作电压进行监测,一旦出现连续死机不恢复、工作电流超出阈值、工作电压异常,可对单机进行自主开关机操作,避免因为电子系统发生单粒子闩锁过流引起的系统永久性故障或损伤。

9.2.4.4 抗系统功能中断效应加固设计

1)软硬件冗余容错技术

(1)重要数据三取二。对于关键数据,特别是任务间共享的信号量、总线驱动单元、系统接口数据,需要存储在三个不相邻的单元内,互为备份,取数时进行多数表决或按位与/或运算,增加数据冗余度,提高数据的安全性、正确性。

(2)错误路径跟踪措施。在软件设计中,由于实现逻辑的复杂性,程序必然存在着不同的路径,同时也必然存在着大量不希望执行的分支,除了要对这些分支进行错误处理之外,还应该记录这些错误信息和错误计数,以确保软件出错时可以有效地查找错误发生路径,并且每周期记录错误计数。当错误总数超过一定数量后,进行系统复位。

2)软件流程监控技术

为了提高整个软件系统的可靠性,设计一个特殊的软件监控系统任务。在正常的程序受到单粒子翻转等软错误时,会出现程序跑飞等意外情况,就会使得系统任务进入非正常的状态。为了保证系统任务的正常运行,并且能感知到系统任务的运行错误,可以对系统任务进行心跳检测。

在系统任务的每一个周期,都向监控任务发送一个"心跳"信息,表明自己还处于正常运行状况下。一旦发生程序跑飞导致任务失效,加固任务就不会再收到该任务的"心跳"信息,此时监控任务则可以选择将该任务重启。当多个关键任务出现无心跳的"死亡"迹象,或者某个任务频繁出现"死亡"时,监控任务将对整个系统进行重启。

3）基于功能的单机 FDIR 技术

基于功能的单机错误故障检测和维护（failure detection isolation and recovery，FDIR）技术，主要是指针对不同类型的可检测功能，设计可以实时检测各功能的运行参数，并标识功能是否正常的判据。系统运行中周期性监测单机各项功能，将检测结果与正确判据进行分析比对。一旦超出判据设定状态，即进行单机恢复处理。由于许多检测功能需要占用处理器运算资源，所有检测功能可以在单机运行时根据需要进行关闭。

4）双机冷/热冗余技术

控制电子单机工作时，一般需要保证一定的实时性，故在单机抗辐射加固设计时要考虑其系统冗余设计和自主切换要求。双机系统中，设计容错模块对双机进行实时监测，当班机发生故障时，由容错模块控制切换到备份单机。对于双机冷冗余系统，容错模块监测到当班机发生错误，则通过开关机控制，切换至备份单机。对于双机热冗余系统，容错模块监测到当班机发生错误，则通过权控制，把输出控制权切换至备份单机。整个系统仍可输出正确控制信息，保证整机任务正常运行。

5）系统 FDIR 加固技术

星载计算机的 FDIR 加固设计技术主要是指通过对各个单机进行数字量或模拟量的采集，数字量主要标识各单机因为单粒子翻转软错误引起的数据错、通信错或功能错；模拟量主要标识单机因为单粒子、总剂量等效应引起的性能变化。对数字量设计发生错误的计数器，当连续超过一定数量或累积到一定错误数量时，对系统进行故障恢复；对模拟量设计错误阈值，当超过该阈值时，对系统进行故障恢复。故障恢复的措施根据故障严酷度可以分为复位恢复和关开机恢复。

对于有连续工作需求的星载计算机，为了保证其工作状态的连续性，需要系统内其他单机对其进行数据负责，同时对各单机采集数据做分析判断，并进行数据备份，系统恢复时还须进行数据恢复。

9.2.5　电子系统抗辐射加固设计量化评估技术

1）系统总剂量试验验证方法

总剂量试验一般采用地面辐射源进行地面等效试验。在确定模拟源、标准与规范、需要测试的参数等之后，开展试验，以获得有效的试验数据。

2）系统单粒子效应试验验证方法

（1）单粒子加速器辐照试验。地面高能粒子模拟是指采用粒子加速器提供的高能重离子、质子、中子源等对半导体器件进行辐射，以诱发单粒子效应。这也是目前最常用的单粒子效应研究与设计验证方法。

（2）故障注入诱发模拟方法。它是针对星载计算机的 FDIR 功能和性能测试验证非常好的补充。它一方面可以分析星载计算机各单机的软错误敏感性，根据分析结果采用不同的 FDIR 措施，可以以合理的性能开销获得较好的加固性能；另一方面也可以验证相应的 FDIR 设计技术的有效性。故障注入诱发模拟方法主要是从功能上模拟系统故障，进而验证加固设计的有效性。

3）电子系统抗 SEFI 性能量化评估技术

（1）系统仿真平台搭建。对于单粒子效应来说，地面加速器试验得到的系统辐射效应和真实空间环境具有较高的等效性，但目前受到试验机时的限制，很难全面覆盖系统常态和异常状态。对于超大规模集成电路，网表级仿真虽然忽略了数字电路的布局布线，但是仍然和电路辐射效应有较高的等效性，并且其仿真速度不足以支撑运行软件的系统仿真。指令级仿真速度最高，却只能模拟程序员可见寄存器的故障仿真注入。因此近年来多采用微体系结构仿真技术。

微体系结构级是介于网表级和指令级仿真之间的层次，它忽略了网表中描述的大多数组合逻辑，但保留了绝大多数的级间时序逻辑和存储单元（包括寄存器文件、高速缓存、内存页查找表等），进而保留了处理器内部的信息流特性，可用于模拟处理器内部信息流上发生的辐射效应。多数处理器提供了内部微体系结构标准，方便了微体系结构辐射效应仿真的建模过程，同时也能确保模型与实际处理器的吻合。

（2）单粒子效应仿真模拟方法。单粒子效应仿真模拟方法多采用故障注入仿真技术。仿真模型既可以模拟单粒子翻转效应，也可以模拟单粒子瞬态效应。一般而言，注入故障的脉宽等于系统的时钟周期时，可以模拟单粒子翻转。而电路中发生单粒子瞬态效应时，其脉冲宽度远远小于电路工作的系统时钟周期；当注入故障的时长远远小于系统时钟周期时，该模型可用于模拟单粒子瞬态效应。因此，为了区分注入故障属于哪一类型，系统在进行仿真时应当可以控制注入故障的时长。

第 10 章
发展趋势与展望

随着航天器技术的迅猛发展和后续任务需求牵引,星载计算机须适应未来体系发展的变化,具备在轨处理多源传感器网络信息和载荷数据,并且实现信息处理过程的智能化和自动化,从而满足任务需求。本章从体系架构、元器件、软件和应用展望四个方面进行未来发展的描述。

10.1 体系架构发展

星载计算机体系架构未来呈现网络化、智能化、软件定义化、集成化发展趋势,主要分为"云-边-端协同"架构、软件定义系统架构、感存算一体化架构、新型信息系统架构。

10.1.1 "云-边-端协同"架构

天地一体化信息网络(Satellite-Terrestrial Networks,STNs)通过"天基组网、地网跨代、天地互连"的思路,以地面网络作为基础、空间网络作为延伸,实现太空、空中、陆地和海洋等自然空间的覆盖,可为天基、陆基、海基等终端设备提供信息保障,拓宽互联网的跨度和范围。天地一体化信息网络具有传统地面网络无法比拟的优势,如全球覆盖、抗自然灾害、低时延和高带宽等,在通信、导航和物联网等领域发挥着重要作用。

天地一体化"云-边-端协同"架构的核心思想是将天地一体化云计算平台扩展到网络边缘甚至用户终端本身,为用户提供多层次、异构的计算资源,使用户能够在全球任何位置就近获得在轨计算服务,快速响应用户的计算处理请求,提升用户的服务体验,减少网络冗余流量。天地一体化"云-边-端协同"架构如图 10-1 所示。

这种新模式有许多优点,在轨计算将传统云计算"随时计算"的承诺扩展为"随地随时计算"。具体来说,一方面,利用卫星的广播/组播特性,在卫星上预先缓存数据可以减少内容获取时延,避免相同内容的重传,大大减少了天地一体化信息网络的卫星下行流量。另一方面,将计算转移到更近的卫星计算平台特别是在没有边缘站点的偏远地区,可以为延迟敏感和计算密集型应用提供更高效的服务保障。将部分天基数据(如地球图像和天

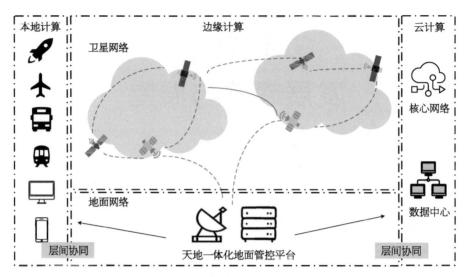

图 10-1　天地一体化"云-边-端协同"架构

气观测)的处理转移到卫星上,可以减少因天基数据回传而带来的星地链路的带宽浪费。

随着卫星万物互连时代的到来,计算需求将出现爆发式增长。即使采用云计算架构也无法满足这种爆发式的海量数据计算需求,采用天地一体化"云-边-端协同"架构将云计算能力下沉到边缘侧、设备侧,并通过中心进行统一交付、运维、管控,将是重要发展趋势。

1) 云计算

云计算平台也称为云平台,是指基于硬件资源和软件资源的服务,提供计算、网络和存储能力。云计算平台可以划分为三类:以数据存储为主的存储型云平台,以数据处理为主的计算型云平台,计算和数据存储处理兼顾的综合云平台。

未来天地一体化信息网络中,承载着大量需求高度差异化的业务与应用。随着星载计算、网络、存储能力的增强及地面网络的部署,可以预见,地面云服务平台会向太空延伸,扩展成为"星云"服务平台,支撑未来陆基、天基、海基、空基中多样化应用与需求的泛在接入、按需服务,将成为未来卫星互联网应用与服务支撑技术的重要发展方向。围绕星云服务平台,其系统架构和资源调度机制将成为未来的重要研究方向。

2) 边缘计算

边缘计算是指在靠近物或数据源头的一侧,采用网络、计算、存储、应用核心能力于一体的开放平台,就近提供最近端服务。其应用程序在边缘侧发起,产生更快的网络服务响应,满足行业在实时业务、应用智能、安全与隐私保护等方面的基本需求。边缘计算处于物理实体和工业连接之间,或者处于物理实体的顶端。而云端计算仍然可以访问边缘计算的历史数据。

随着应用数据(尤其是多媒体数据)的爆炸性增长,未来天地一体化信息网络将面临严峻的挑战,而边缘计算技术支撑下的天地一体化"云-边-端协同"架构可以为天地一体化信息网络提供更多的功能支持和能力扩展。在未来天地一体化信息网络中,边缘计算平台可视为在网络边缘运行的一种云服务平台,能够支持业务处理与资源调度功能的部署,实现服务性能和用户体验的改善,并在一定程度上减小回传链路数据传输和核心网络的带宽压力。边缘计算技术的运用可以将云平台扩展到网络边缘甚至用户终端本身,为用户提供多层次、异构的计算资源,使用户能够在全球任何位置就近获得计算服务,快速响应用户的计算处理请求,提升用户的服务体验,减少网络冗余流量。

当前,各国均已开始探索星上边缘计算技术,服务器领域的业界巨头 HPE 公司已经与 NASA、SpaceX 等机构合作,向太空发射星载高性能计算机 Spaceborne,使得在星上执行复杂计算任务成为可能。HPE 公司新推出的 Spaceborne Computer‐2 国际空间站边缘运算系统,可以大幅提高空间站的运算能力,而这也是第一次在太空中引入商业边缘运算系统即时处理资料。国际空间站中的宇航员,将使用 Spaceborne Computer‐2 处理医学成像和 DNA 定序等运算,也会分析来自太空传感器和卫星的资料,大幅缩短各种太空实验的时间。Spaceborne Computer‐2 还会搭载 GPU,以更快的速度处理如地球极地冰冠的图片或者医疗 X 射线图片等高分辨率图像,而且 GPU 也能用于人工智能和机器学习的项目。HPE 公司表示,Spaceborne Computer‐2 可以大幅减少资料从太空到地球的收送延迟,并且立刻取得分析结果,还可以处理 X 射线图片、超音波检查和其他医学资料,即时监控宇航员的生理状况,加速在太空的诊断时间。

"云‐边‐端协同"技术未来发展有两个趋势:第一个趋势是能力的下沉。边缘云架构会持续把能力往边缘、终端下沉,终端将有更多能力部署任务。对于一些计算量、数据传输量特别大并且数据传输时延非常高的业务,处理要尽可能去接近数据,才能满足业务需求、实现数据 KPI。如果全部传输到云端,像自动驾驶这样的领域就无法满足需求。第二个趋势是生态融合,现在大数据基于 flink 生态,但是生态正在持续不断地演进、融合,人们的技术需要满足以下几个特征:① 技术要去适应极大的或极小的弹性工作环境。② 容器裸金属一体化管理协同。③ 异构跨集群数据协同,也就是说数据、计算可能是异构的,计算资源、基础设施也可能是异构的。要实现这些具有异构特征资源的协同工作。④ 存储和计算分离,目前的数据库在存储和计算上基本都采用一种绑定策略。未来计算资源跟存储并不会协同增长,而是各自与业务增长曲线相连。

10.1.2　软件定义系统架构

软件定义卫星是以天基超算平台和星载操作环境为基础的新一代开放架构的卫星系统,支持有效载荷动态重组、应用软件动态重配、卫星功能动态重构。随着通信、网络、计算机和软件等技术的迅猛发展,软件在各行各业发挥的作用越来越大,软件定义正在成为一种新的必然发展趋势。航天领域也不例外,发展软件定义卫星技术,将逐步提高卫星产品的软件密集度,不但可以逐步增强卫星功能、提升性能,而且可以极大地缩短研发周期、降低研发成本。

1) 软件定义卫星的重要性

软件定义卫星拥有丰富的星上应用软件,能够按需重构完成不同功能/任务,可以被众多用户共享使用,为众多用户提供服务,其重要性主要体现在以下三个方面:

(1) 为发展智能卫星创造良好的条件。智能卫星具有环境自感知能力,能够自主决策、自主运行,其数据处理流程更加灵活,信息处理算法更加强大,能够完成更为复杂的空间任务。采用软件定义的开放系统架构,将极大地提高卫星系统对有效载荷的适配能力、对算法软件的兼容能力,无论是硬件部件还是软件组件,都可以真正做到即插即用。软件定义卫星可以有效支持各类数据/信息的高速交换、高效存储、智能处理和灵活应用,可在此基础上逐步提升卫星的智能化水平。

(2) 实现卫星功能和性能的持续演进。在空间任务日益多变、空间环境日趋恶劣(空间碎片日益增多、电磁环境日益复杂等)的情况下,对发射入轨之后的卫星不断进行升级和维护的需求也日渐迫切。软件定义卫星采用开放式架构,可以通过在轨发布 APP、动态加载各种软件组件,把各种强大的新算法不断集成到卫星系统中,不但可以通过实时动态重构为卫星系统增加新的功能,还可以通过改进算法提升卫星的性能,或者对出现的故障进行修复。由此可见,软件定义卫星是一种可在轨持续演进的卫星,除了能够完成既定的任务,还可以通过上注软件完成一些新出现的空间任务。

(3) 可以加快核高基成果在航天工程中的应用速度。软件定义卫星解除了卫星系统软硬件之间的紧耦合关系,使得符合标准的软件组件和硬件部件可以互换,这就为逐步提高整星产品的自主可控程度创造了更好的条件。例如,上层任务软件不做变更即可迁移到国产化处理器和操作系统上,底层硬件部件也可以逐步替换为完全自主可控的产品。

国际方面,1999 年由美国加州理工大学和斯坦福大学提出并制定了立方星(Cubesat)标准以来,国际上微纳卫星技术迎来日新月异的发展。2003 年第一颗立方星发射升空,近20 年来,相关技术发展很快。据美国智库 SpaceWorks 统计,2017—2023 年,1~50 kg 卫星的发射需求达 2 400 颗。微纳卫星以体积小、功耗低、开发周期短、可编队组网,以及用更低的成本完成很多复杂空间任务的优势,已被广泛应用于对地观测、通信、导航、空间科学探测、空间天气、深空探测和新技术试验等领域,成为空间系统的重要组成部分。然而大部分微纳卫星制造商未摆脱传统卫星的研制方式,仅通过简化卫星功能、降低卫星质量等手段降低卫星成本,重复开发微纳卫星软硬件,然而其灵活性、智能性、可复用性等方面却仍然欠缺。

美国国防部早在 20 世纪 90 年代就提出了模块化开放体系架构(MOSA)的概念。MOSA 的核心思想是:首先通过软硬件解耦将系统分解为一系列标准化的软硬件模块,然后通过对这些软硬件模块进行不断的升级和重组,逐步提升整个系统的效能。采用MOSA 架构的设备,不但便于引入新技术、升级改造,而且由于可选择的供应商多,也便于控制和降低成本。美军基于 MOSA 和软件定义的思想,对其电台和雷达进行了升级和改造,都取得了良好的效果。软件定义无线电技术、雷达技术的成功,显示了 MOSA 和软件定义的巨大威力。

2）软件定义卫星的体系架构组成

软件定义卫星的体系架构包括应用服务器（application server）、载荷服务器（instruments server）、数据交换引擎（data exchange engine）和存储服务器（storage server）四个组成部分，如图 10-2 所示。

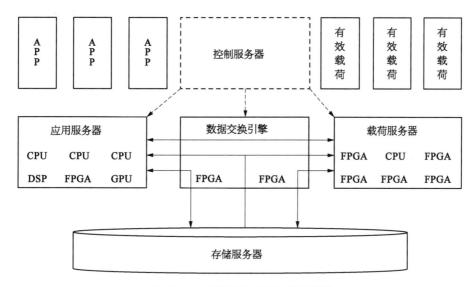

图 10-2　软件定义卫星的体系架构

（1）应用服务器。支持符合标准的软件组件的即插即用和按需执行。

（2）载荷服务器。支持符合标准的硬件部件的热插拔和按需配置。

（3）数据交换引擎。可根据需要完成有效载荷、存储设备、应用程序之间的高速信息交换与分发。

（4）存储服务器。实现对卫星平台数据、有效载荷数据的永久性可靠存储和临时性高速存储。

从其体系架构和概念内涵可以看出，软件定义卫星不但和地面主流计算环境保持了最大限度的兼容，而且内部模块划分科学合理、功能界面清晰，可以最大限度地保证标准部件的互换性。软件定义卫星的关键技术包括天基超算平台、星载操作环境、软件定义有效载荷和应用程序组件等，其中星载操作环境是软件定义卫星的核心。

航天任务需求的不断提升，促使卫星系统研制逐渐由平台优先、载荷优先向算法优先转变。软件定义卫星技术顺应了这一历史趋势，通过各种技术手段实现硬件资源虚拟化、系统软件平台化和应用软件多样化，最大效应发挥硬件的通用性和软件的灵活性，其思想已经渗入并将更加深入地影响卫星系统的设计、研制、生产、测试、应用和维护等全生命用期。当前，中国正在从航天大国向航天强国迈进，"天地一体化信息网络""深空探测及空间飞行器在轨服务与维护系统"等国家重大工程对卫星系统网络化、智能化有迫切需求。未来应加速推进软件定义卫星技术研究，重点构建智能卫星系统的研制与应用生态，汇聚更多的尖端人才,助力中国航天技术实现弯道超车。

10.1.3　感存算一体化架构

在复杂的太空环境下,卫星信息处理系统是从复杂环境中获取信息不可或缺的部分。随着计算机技术、传感器技术的不断发展,星上信息采集任务不断增长,伴随而来的是大量的原始非结构化的冗余数据。卫星信息处理包含接收信号、数据转化预处理、数据传输功能,数据被传输至地面基站进行后续高阶计算。由于功能需求和制造技术的差异,卫星的信息处理与计算在物理上分离,这种处理策略极大地影响了卫星系统的能耗、响应速度、通信带宽和安全性等。

构建感知、存储、计算一体化的在轨星上信息处理系统,使其具备完善的层次结构、计算和存储一体化特性,以及复杂的深度神经网络,能够高效地处理来自复杂空间环境的信息,增强卫星的信息处理能力。

在星上感存算一体化架构中,星上信息处理系统融合了感知、存储、计算功能,具有额外的初步学习和认知能力,能够从捕获的原始数据中提取有用的感知信息并减少冗余数据的传输,可以降低系统功耗并提供了一种高效的并行计算方法来实时处理高吞吐量的时空数据。星上的边缘计算包含低级处理功能和高级处理功能:低级处理功能可以优化难以识别的原始和非结构化数据中的特征,包括噪声抑制、滤波、特征增强等;高级处理功能可以抽象输入的数据,通过特定算法得到计算结果,完成如星上在轨识别、分类、定位等任务。感存算一体化架构在航空航天领域具有重要的应用场景,如空间态势感知、自主任务规划、星上自主健康管理检测等。

10.1.4　新型信息系统架构

随着未来卫星人工智能、云计算、大数据和物联网等技术的不断发展,网络流量、用户、数据均呈现飞速增长势头,将对海量数据的存储与处理提出更高要求。作为卫星互联网的重要组成部分,数据中心是提供大规模数据存储、处理和联网的信息基础设施,将成为基础设施和应用服务最重要的网络基础平台。数据中心是使用通信网络互连的资源池(计算、存储、网络),数据中心网络在数据中心中起着举足轻重的作用,将所有数据中心资源互连在一起,负责连接数十万甚至数百万台服务器,承载网络客户端到数据中心(南北向)、数据中心内部大规模节点间(东西向)、数据中心与数据中心之间的海量流量。数据中心网络必须具有可伸缩性和高效率,其扩展性、吞吐量、可靠性和时延等特性直接影响数据中心的功能和性能。

近年来,以数据平面可编程、控制平面开放化、无损网络传输和管理运维智能化等为代表的新一代数据中心网络技术引起了业界的广泛关注,一些具有革命性的新机制开始涌现,并开始在微软 Azure、亚马逊 AWS 等数据中心中部署,Facebook 也开始用 MiniPack 等新交换机来实现对 F16 数据中心网络的更新。

伴随着卫星数据中心网络的进一步发展,核心关键技术还将出现如下新的发展趋势:

(1) 数据平面将往高性能、高密度、模块化、功能扩展、网算存融合和安全可信增强等方面深度发展。在高性能方面,网络接口将逐渐在数据中心网络中部署,更高速接口也将很快出现,端口密度也将进一步增加;在模块化可编程方面,将有更多报文处理功能被提取、组合成为灵活可编程模块,来满足多样性的需求;同时,网络设备中会集成更多的计算、存储甚至智能处理功能,彻底改变现有可编程网络设备计算能力单一、访存速度较慢的现状;人们将在网络设备中看到浮点计算单元、RDMA 等新的功能,甚至还有分布式机器学习等功能。网算存融合将诞生新的"计算、通信、存储"协同工作范式,改变现有网络设备形态,这方面的典型工作包括华为算力网络等新思想。在安全可信方面,由于可编程带来设备的开放,用户可以在可编程设备上自由部署自己的网络功能,但是这些程序的安全可信性却没有保证。现在缺少可靠的程序检查工具来避免这些程序部署到网络中可能会引发的异常错误等;同时,由于开放设备暴露在网络中,网络如何保护这些设备不受攻击、保持稳定的工作状态,也是一个值得研究的问题。

(2) 控制平面将往开放、开源、服务云化、集中编排和安全增强等方面进一步发展。随着以 SoNIC 等为代表的开源网络设备操作系统的进一步部署应用,设备厂商将日益采用开源操作系统和开放接口,采用开源、混源等方式进行开发,带来网络设备操作系统的新革命,以容器等为代表的轻量化虚拟技术将在网络设备中获得批量部署应用;在网络控制器操作系统方面,随着网络规模的扩大、测量能力的增强和分布式能力的扩展,精细化控制、微服务、智能控制和多控制器分布式并行协同将成为重要发展方向。路由机制方面,针对全光交换、无线交换和太赫兹交换的新型网络优化机制和算法将成为下一步研究的热点,融合集中式和分布式路由机制、多维优化和保证服务质量的路由协议将日益发展成熟。

(3) 智能运维管理将往深度智能、意图驱动、网络安全融合等方向发展。在深度智能方向,依据多维指标体系进行深度挖掘的故障发现、定位和预测,融合监督学习、无监督学习、强化学习等智能方法的运维管理将成为重点发展方向;在意图驱动方面,网络策略在意图获取、意图分析转译、意图验证、意图下发执行和意图反馈等方面将进一步发展深化,形式化验证等新方法、新机制将日益成熟;在网络安全融合方向,通过网络精细测量、日志和流量的深度融合分析,基于网络数据的大数据分析将成为新一步的研究重点,进一步实现网络和安全功能的融合分析处理。

10.2　元器件发展

为面向微纳卫星和高性能计算需求,星载计算机元器件必须在满足空间应用环境和高可靠前提下,提升性能和功能密度,降低元器件成本和系统功耗,并逐步趋于小型化、微型化和智能化。主要发展方向包含多芯并行(Chiplet)、片上系统与系统级封装、软件定义无线电、人工智能芯片。

10.2.1 多芯并行

从系统端出发,首先将复杂功能进行分解,然后开发出多种具有单一特定功能、可相互进行模块化组装的裸芯片,如实现数据存储、计算、信号处理和数据流管理等功能,并最终以此为基础,建立一个 Chiplet 的芯片网络。多芯并行技术路线如图 10-3 所示。

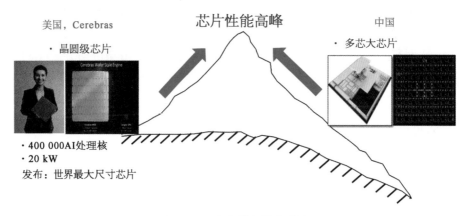

图 10-3 多芯并行技术路线

搭积木造芯片的模式名叫 Chiplet,它是一类满足特定功能的 die,被称为模块芯片。Chiplet 模式是通过 die-to-die 内部互连技术将多个模块芯片与底层基础芯片封装在一起,构成多功能的异构芯片的模式(图 10-4)。理论上讲,这是一种短周期、低成本的集成第三方芯片(例如 I/O、存储芯片、NPU 等)的技术。

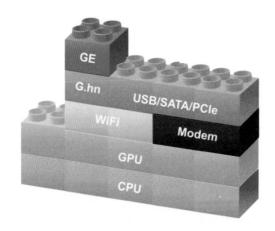

图 10-4 Chiplet 模块芯片示意图

2018 年,在美国航空航天局(NASA)"高性能科学计算"(HPSC)项目支持下,ARM 公司与密歇根大学合作开发一种基于 ARM 的新型航天器处理器技术,该技术被称为 HPSC Chiplet。

1）HPSC 项目目标

在太空中，辐射会干扰甚至损害电子电路，这使得抗辐射加固、多处理器、高可靠计算系统对深空探测至关重要。2011 年，NASA 启动了 HPSC 项目，以应对现有空间计算能力不能满足现阶段和未来 NASA 任务所需处理能力的要求。

2）HPSC 项目管理

HPSC 项目由 NASA 空间技术任务局和科学任务局内的"游戏改变发展"计划提供资金支持，由波音公司牵头，密歇根大学和 ARM 公司参与其中。整个 HPSC 项目由喷气推进实验室管理，Chiplet 的采购由戈达德空间飞行中心管理。此外，空军研究实验室、空间飞行器局也在该项目上进行了密切合作，以确保 Chiplet 与他们的任务要求相关。

3）HPSC Chiplet

该 SoC 系统包含一个用于处理高吞吐量计算的高性能子系统，一个用于时序关键应用的实时处理子系统，以及一系列可用于创建多芯片系统或与传感器和执行器的互连，如图 10-5、图 10-6 所示。

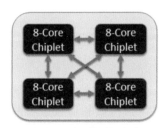

图 10-5　多芯并行配置

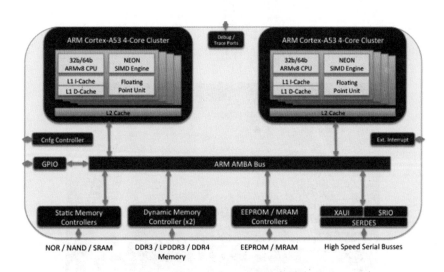

图 10-6　HPSC 多芯并行架构

ARM 公司提供了一个强大的实时处理器（Cortex-R 级处理器），可用于硬件实时计算，在低功耗设计中的优势将促进节能且实现高性能科学计算（Cortex-A 级处理器），服务质量能力(QoS/QVN)提供了一种管理片上资源需求的机制,TrustZone 技术则为空军部署提供了子系统的隔离和安全性。

尽管当今航天器的运行系统都经过了抗辐射加固,但是并不具备现代处理器的性能。HPSC Chiplet 的抗辐射加固设计将在更小、更轻的封装中提供与当前系统相当的可靠性,极大地提高了计算能力和能效。HPSC Chiplet 驱动的系统将采用现代高能效的 ARM 系统级芯片设计取代数十年前的处理器技术,并将提供比当今航天器中更大数量级的计算机处理能力。这将使机载自主性、宇航员辅助和高带宽传感器数据处理等功能得到增强,并可为日益智能化的航天器提供一条前进的道路。

10.2.2　片上系统与系统级封装

面向未来微纳卫星的发展,为了实现微纳卫星体积小、重量轻、功耗低、开发周期短、性价比高和功能密度高的研制要求,星载计算机逐步采用 SoC 技术与 SiP 技术,它们具有体积小、重量轻、功耗低、成本低和性能高的特点,是微纳卫星研制的关键技术。

1) SoC 技术

片上系统(system on chip,SoC)从狭义角度讲,是信息系统核心的芯片集成,它是指将系统关键部件集成在一块芯片上;从广义角度讲,SoC 是一个微小型系统,如果把处理器比喻成大脑,那么 SoC 就是类似大脑、心脏、眼睛和手的系统。

SoC 所定义的基本内容主要包括构成和形成过程两个方面:一方面,SoC 的构成类型主要包含微控制器、数字信号处理模块、控制逻辑模块、存储器模块、外部接口模块、电源管理模块、用户定义逻辑和基本软件模块等,并向用户提供软件载入接口等;另一方面,SoC 形成过程主要包含集成系统的软件和硬件协同设计与验证、开发和研究 IP 核生成及复用技术、超深亚微米和纳米集成电路设计技术等。SoC 系统级芯片如图 10 - 7 所示。

图 10 - 7　SoC 系统级芯片

2）SiP 技术

系统级封装（system in package，SiP），是指将多个具有不同功能的有源器件与无源元件组装成可以提供多种功能的单个标准封装件，构成一个系统或子系统，且出现故障后可进行维修的微小型化电路类产品。其不再用 PCB 板来作为承载芯片连接之间的载体，解决了因 PCB 自身先天不足所带来的系统性能遇到瓶颈的问题。从架构上来讲，SiP 将处理器、存储器、ASIC 电路、功能芯片和电阻电容等集成在一个封装内，组成一个基本完整的系统，该系统通常是面向用户的标准产品。SiP 系统级芯片如图 10-8 所示。

图 10-8 SiP 系统级芯片

SiP 设计和生产过程包含分割（partitioning）与整合专有技术、覆晶技术、键合（wirebonding）技术、芯片多层堆叠技术、高密度黏结技术及最佳化的测试方法等技术。

SiP 与 SoC 各有所长。SiP 的优点是可实现高功能、开发周期短、低价格等。SoC 的优点是低功耗、高性能、实装面积小等。两者互为促进，协同发展，都有利于进一步提升系统功能密度。两者之间又极为相似，均是将一个包含逻辑组件、内存组件甚至包含被动组件的系统，整合在一个单位中。SoC 是从设计的角度出发，将系统所需的组件高度集成到一块芯片上。SiP 是从封装的立场出发，对不同芯片进行并排或叠加的封装。在电子产品体积、性能等各方面需求的牵引下，SoC 曾经被确立为未来电子产品设计的关键与发展方向，但随着近年来生产成本越来越高，SoC 频频遭遇技术障碍，造成其发展面临瓶颈，进而使 SiP 的发展越来越被业界重视。

10.2.3 软件定义无线电

软件定义无线电（software defined radio，SDR），通俗来讲，就是基于通用的硬件平台上用软件来实现各种通信模块。其本质是射频部分的数字化，以实现可编程或软件定义。软件定义无线电提供了一种建立多模式、多频段、多功能无线设备的有效且相当经济的解决方案,可通过软件升级实现功能的提高。软件定义无线电可以使整个系统(包括用户终端和网络)采用动态的软件编程对设备特性进行重新配置,即相同的硬件可以通过"软件定义"来完成不同的功能。

NASA 在 20 世纪 90 年代已开展天基软件定义无线电技术研究,相继研制了 Blackjack 可编程 GPS 接收机、低功耗收发机等设备,通过航天飞机任务和其他卫星进行在轨演示验证。火星勘测轨道器、月球勘测轨道器等航天器也分别搭载了基于软件定义无线电的通信中继/辅助导航载荷。在此基础上,NASA 制定了一套开放的体系结构标准,即空间通信无线电系统(STRS),成为首个天基软件定义无线电技术标准。随后,NASA 联合通用动力公司、哈里斯公司开展"空间通信与导航"(SCaN)试验平台项目,分别研制了三台软件定义无线电载荷。2012 年,"空间通信与导航"试验平台由 HTV-3 货运飞船运送到国际空间站,并开展相关技术试验。

2015 年,欧洲通信卫星公司和欧洲航天局签订合同,开始研制新型"欧洲通信卫星量子"卫星,迈出了基于软件定义重构卫星功能工程实践的关键一步。该卫星具备改变卫星覆盖范围、频段、功率和带宽的能力,其覆盖区域可通过软件实现重新定义,卫星功率和带宽也可在轨重新配置,从而响应服务需求变化;配置的相控阵天线可通过地面指令控制波束指向,且卫星在 Ku 频段频率可调,因此,不受国际电信联盟对不同地区频段规定的影响。首颗"量子"卫星发射质量 3 500 kg,采用全 Ku 频段,容量 6~7 Gbit/s,设计寿命 15 年。除欧洲通信卫星公司外,国际通信卫星公司(Intelsat)也计划在其"下一代史诗"(EpicNG)高吞吐量卫星上分阶段采用新型数字载荷,希望在卫星入轨后可以"定义"卫星的通信性能,包括形成和改变覆盖区及其功率分配等能力。软件定义无线电技术可以极大地提升通信卫星有效载荷的灵活性:一方面,改变传统地球静止轨道通信卫星在工作期内无法及时更新通信技术的劣势;另一方面,可基于软件定义无线电的设计理念,研制具有通用硬件的平台,可达到一星多能、一星多用的目的。

软件定义无线电技术的局限性主要有两方面:一方面,工作频段仅限于射频谱段,因此无法实现工作在可见光、红外、激光等光学谱段的卫星装备的能力;另一方面,一星多能也会增加其研制成本和发射质量,如全频段天线不仅需要搭载多个子频段天线阵,而且功能的复杂性必然会影响其性能,并可能降低其可靠性。

10.2.4 人工智能芯片

在人工智能技术飞速发展的当下,由于现有星载计算机硬件和架构限制,已无法满足更大规模数据的处理需求,世界各国开始寻找解决方案,并把眼光转向能够以复杂方式处理大量信息的人工智能芯片,助力人工智能技术在航天领域的发展。

广义而言,所谓人工智能芯片,是指专门用于运行人工智能算法且做了优化设计的芯片。为满足在不同场景下的人工智能应用需求,人工智能芯片逐渐表现出专用性、多样性的特点。其内容包括以下几个方面:

1) GPU

GPU 即图形处理单元,为一种由大量运算单元组成的大规模并行计算架构芯片,主要用于处理图形、图像领域的海量数据运算。GPU 上集成了规模巨大的计算矩阵,从而具备了更强大的浮点运算能力和更快的并行计算速度;与 CPU 相比,GPU 更加适用于解决人工智能算法的训练难题。英伟达公司的 GPU 目前在人工智能计算市场上占据了主导地位。

2) 半定制化 FPGA

FPGA 即现场可编程门阵列。与 GPU 的固定电路不同,使用者可以根据不同的应用需求,使用硬件描述语言对 FPGA 芯片上集成的基本门电路和存储器进行重新定义。按照新的定义完成烧录后,FPGA 芯片内部的电路就固化成了实际的连线,从而具备了使用者所需要的功能。此类芯片非常适合在芯片功能尚未完全定型、算法仍须不断迭代完善的情况下使用。使用 FPGA 芯片需要通过定义硬件去实现软件算法,对使用者的技术水平要求较高,因此在设计并实现复杂的人工智能算法方面难度较高。美国 Xilinx 公司和 Inter 公司在 FPGA 领域具有较大的优势。

3) 全定制化 ASIC

ASIC 即专用芯片,为一种根据特殊应用场景要求进行全定制化的专用人工智能芯片。与 FPGA 相比,ASIC 芯片无法通过修改电路进行功能扩展;而与 CPU、GPU 等通用计算机芯片相比,其性能高、功耗低、成本低,也很适合应用于对性能功耗比要求极高的移动设备端。谷歌公司发布的 TPU 芯片是当前最知名也最有实用价值的 ASIC 芯片。

4) 类脑芯片

类脑芯片为一种对人脑的神经网络结构进行物理模拟的新型芯片架构,通过模拟人脑的神经网络工作机理实现感知和认知等功能。IBM 公司研发的 True North 芯片就是一种典型的类脑芯片,其逻辑结构颠覆了经典冯·诺依曼架构,把定制化的数字处理内核当作神经元,把内存当作突触,CPU、内存及通信元件等完全集成在本地,实现了感存算一体化,突破了冯·诺依曼架构中 CPU 与内存之间的内存墙瓶颈,但目前多数仍是实验室产品。

类脑芯片分为两大类:一类是侧重于参照人脑神经元模型及其组织结构来设计芯片结构,称为神经形态芯片;另一类是侧重于参照人脑感知和认知的计算模型而非神经元组织结构即设计芯片结构,来高效支持人工神经网络或深度神经网络等成熟的认知算法。狭义角度上,类脑芯片一般指神经拟态芯片。类脑芯片尤其是神经拟态芯片具有如下特点:善于做复杂时空序列分析;虽然每个神经元发放速率很低,但基于全并行运算,响应速度远远快于现有解决方案;适合做各种传感器信息的实时处理;独有的事件触发运算机制,即当没有动态信息生成的时候不会有运算发生。

人工智能芯片特点对比见表 10-1。人工智能芯片相比传统的芯片电路拥有低功耗、大规模并行计算、高速或实时信息处理等技术潜力,在航天应用场景下,特别是对性能、速度、功耗有强约束的条件下,具有独特的优势,可用于目标识别与态势感知、海量数据的快速处理和自主任务规划等任务场景。

表 10 - 1　人工智能芯片特点对比

芯片类型	当前适用场景	主 要 优 点	主 要 缺 点
GPU	应用于高级复杂算法和通用性人工智能平台	通用性强、浮点运算能力强、速度快	性能功耗比较低
半定制化 FPGA	适用于具体行业	灵活性强、速度快、功耗低、可编程性强	价格高、编程复杂、整体运算能力不高
全定制化 ASIC	适用于全定制场景	性能高、功耗低	电路须定制、开发周期长、难以扩展、风险高
类脑芯片	实验室、自研平台	功耗低、可扩展性强、感存算一体化	算力低、对主流算法支持差

人工智能芯片的低功耗、低延时、高速信息识别处理特点,在卫星目标识别与态势感知领域具有极为重要的作用。美国空军于 2014 年授予 IBM 公司一份价值 55 万美元的合同,利用类脑芯片帮助卫星、高空飞机和小型无人机等更加高效、智能地完成机器视觉分析,自动识别坦克或防空系统等车辆,而功耗不到原来的 1/5,这对于太空有限的供能资源非常重要。

人工智能芯片具有极高的计算速度和海量数据处理能力,借助人工智能算法,未来还能进行“认知”与“思考”,将改变卫星常规工作模式。2020 年 10 月,Intel 公司、欧洲航天局和初创公司 Ubotica 宣布了第一颗绕地球旋转的人工智能卫星 PhiSat - 1 的详细信息。PhiSat - 1 是一颗新的小型卫星,于 2020 年 9 月 2 日发射到太阳同步轨道。该卫星可以去掉拍摄地球图像中包含云层的部分。云大约占据来自卫星图像的 70%,浪费带宽、存储空间和研究人员的时间。PhiSat - 1 可以通过从光谱中的可见光、近红外和远红外部分收集大量图像,然后使用 AI 算法过滤掉覆盖云的图像,节省宝贵的卫星下行带宽。Intel 公司称,PhiSat - 1 包含一个新的高光谱热像仪 HyperScout - 2,并借助该公司 Movidius Myriad 2 SoC 进行了板载 AI 处理。它与另一个 CubeSat 配合使用,其用途是监视极地冰和土壤水分,同时还测试卫星间通信系统,创建未来的联合卫星网络。PhiSat - 1 计算机主板如图 10 - 9 所示。

人工智能芯片在智能计算的算力、能耗与效率等方面具有优势,能够承载人工智能算法,解决态势感知、自主任务规划等复杂的任务,实现卫星等航天器的跨越式发展,提升未来天基信息处理和任务规划能力。

图 10-9　PhiSat-1 计算机主板

10.3　软件发展

面对未来大量在轨计算和复杂应用需求，星载计算机软件发展呈现智能化、网络化、混合异构发展趋势，主要涉及智能信息处理、智能数据管理、卫星网络安全、网络化操作系统、综合化软件系统和混合异构算力。

10.3.1　智能信息处理

针对智能决策任务的在轨大规模计算需求，以及空间飞行器在轨运行智能应用需求，开展支持多场景智能应用任务的统一计算框架研究，充分挖掘航天装备嵌入式系统智能计算平台计算资源的并行性，为我国航天型号智能化体系建设奠定关键基础。

1) 算法密集型软件并行化技术

智能计算软件通常是算法密集型软件，尤其是图像信息处理类的智能目标识别与智能轨迹规划类软件中有大量并行计算要求，尤其是机器学习、深度学习等智能化算法应用后，对硬件算力要求极高。研究航天嵌入式软件的平台迁移，由串行计算向并行计算转化，并借助 GPU、NPU、TPU 及 FPGA 等处理器在并行计算的优势，深入研究算法密集型软件并行化技术。其具体包括智能计算资源并行调度与管理技术研究和面向智能计算的异构并行编译技术研究。

2) 典型智能算法组件化技术

随着智能控制技术的发展，深度学习、强化学习技术及其在目标识别与对抗中的应用已经出现在新型武器装备的研制过程中，传统的串行计算组件无法满足目前以深度学习为代表的人工智能算法。混合异构算力平台具有开源、低功耗、小型化等优势，未来将在装备智能化等领域占据重要角色。因此有必要以混合异构算力平台为基础,针对典型智能算法需求,开展并行化计算组件技术研究,实现一种高效能、低功耗的计算架构并构建典型算法组件,为深度学习、机器学习、分布式并行计算提供良好的技术支撑,降低智能软件开发难度,同时支持各种主流智能控制算法的应用。

3) 面向智能场景的业务框架技术

突破异构智能并行计算、异源模型统一中间表达、智能算法快速迁移的高效编程框架等关键技术,使 AI 技术在航天装备智能化领域中得到应用;在此基础上,进一步开展传统处理器+AI 处理器的混合系统架构下基于软件中间件的跨平台软件开发技术;依托高性能 AI 处理器平台,形成智能化的软件重构与远程智能协同技术,结合航天装备智能化应用需求,开发出一款适用于航天装备的智能软件业务框架。其具体包括异源模型统一中间表达与优化技术研究和面向智能算法快速迁移的高效编程框架技术研究。

与传统的串行处理不同,智能化计算对并行化有极高的要求,智能计算框架技术能够为智能算法的落地提供行之有效的设计和运行思路,推动智能技术在航天型号中的应用。

10.3.2 智能数据管理

智能数据管理是指通过整合数据管理工具和技术,实现多源异构数据的智能清洗与识别,建立海量数据的智能数据组织结构,从而实现多源异构数据的标准化和常态化,实现数据共享和流动。

在过去的 50 年中,人工智能(AI)和数据库(DB)得到了广泛的研究。首先,数据库系统因其用户友好的声明性语言模型、查询优化、ACID 等机制,已在金融、医疗、电商等诸多领域得到广泛使用;其次,由于数据、算法、算力的革新,近 20 年来人工智能取得了突破性进展。然而,传统数据库技术不足以满足大数据管理需求。面对 EB 级乃至 PB 级的海量数据、复杂多变的应用场景、异构的硬件架构和参差不齐的用户使用水平,基于启发式算法、人力驱动的传统数据库难以取得较好的效果。以机器学习为代表的人工智能技术因其强大的学习和适应能力,可以帮助数据库解决这些问题。比如,在缺乏标签数据的时候,可以利用(深度)强化学习等技术通过探索的方式选择最优的视图组合。此外,人工智能技术让自治数据库的自动决策管理、自动调优和自动组装等需求成为可能。在以深度学习为代表的人工智能技术的支持下,让数据库朝着更加智能的方向发展,如 SageDB 数据库技术可以优化 AI 模型。AI 很难部署在实际的应用程序中,因为它要求开发人员编写复杂的代码并训练复杂的模型。数据库技术可用于降低使用 AI 模型的复杂性,加速 AI 算法并在数据库内部提供 AI 功能。

传统的数据库设计基于经验方法和规范,并且需要人工来调整和维护数据库与人工智能交叉技术的进展与发展趋势。人工智能技术用于缓解这些局限性,它能探索比人类更多的设计空间并替换启发式算法来解决难题。

10.3.3 卫星网络安全

1) 卫星互联网安全面临挑战

近年来,伴随着 Starlink、Kuiper、Oneweb、虹云、鸿雁等新型低轨卫星巨型星座的飞速发展与部署,依托多维轨道、巨型星座来实现覆盖全球的卫星互联网正逐步变成现实,卫星安全的研究正在逐渐从物理/通信安全拓展至网络安全。目前,卫星互联网安全的研究正处于早期阶段,国内外相关研究尚不完善。与地面互联网相比,卫星互联网组成更多样异构、运行环境更加复杂动态,因此面临立体化、全方位的全新安全威胁。具体而言,卫星互联网安全面临三大全新挑战。包括如下:

(1) 网络复杂异构,涵盖天基、空基、海基等异构网络节点,面临真实物理空间和虚拟网络空间的双重安全威胁,受到陆、海、空立体化、全方位的安全挑战。

(2) 网络高度动态,卫星在大时空尺度下高速运动,长期暴露于境外恶劣环境中,导致国内数据频繁出境。

(3) 网络安全成本高,天地一体化信息网络节点能力高度不均衡,卫星计算、存储、网络资源高度受限,新老卫星代际差距极大,且军民共用,易攻难守。卫星频繁出境不易管控,面临全新威胁时难以及时防御、威慑与反制。

2) 提高卫星互联网安全性的应对方案

为了应对全新的安全威胁,近年来国内外许多研究机构和学者对如何提高卫星互联网的安全性提出了许多见解和方法。在这其中,提高卫星互联网的安全通信是一个重要的课题,研究者们针对以下几个方面给出了自己的解决方案:

(1) 安全可靠的卫星网络系统架构设计。卫星网络的封闭性,导致无法快速、及时地引入新的通信和网络技术,并且严重阻碍了包含卫星网络的空天地一体化异构网络空间中各异构网络的互操作性,这使得安全可靠的卫星网络系统架构在卫星网络安全中起到了至关重要的作用。为了使得卫星网络能够作为重要的一环构建未来空天地一体化通信网络,许多研究学者提出了一系列关于卫星网络的安全系统架构。例如有学者研究基于内生安全的卫星网络系统架构,使硬件结构可重构、结构适应应用、硬件计算结构函数化,改变了"应用适应架构",实现了"结构适应应用"。

(2) 卫星网络的安全接入与身份认证。卫星网络的信道开放性与节点暴露性使得攻击者可以利用这种安全问题,伪造、仿冒成合法节点对卫星网络进行攻击,对网络通信进行窃听、拦截与篡改,从而实现对星地/星间通信的欺骗、干扰和压制,这使得卫星网络中亟需安全可信的身份认证。同时,由于卫星网络节点相对位置的动态变化,使得节点与地面基站之间存在频繁切换问题,以及卫星网络存在跨域、跨网通信的安全接入与认证问题。

(3) 卫星网络 DDoS 攻击防御策略。由于带宽资源的限制,与地面网络相比,卫星网络更有可能成为 DDoS 攻击的受害者。资源受限卫星节点对于攻击具有较低的容忍度,可以使用高通量的 DDoS 攻击来迅速耗尽卫星网络的资源从而使区域服务陷入瘫痪。因此,研究者们提出了各种方案用于检测、阻止或减轻各类 DDoS 攻击,其中部分技术侧重于使用深度学习的方案以区分正常流量和恶意流量。

(4) 星间安全路由与节点故障恢复。卫星间链路较为复杂,卫星节点易受复杂空间环境的影响产生故障,传统的路由协议如 RIP、OSRF,由于路由控制报文过大、报文交换频率过高,如果运行在卫星网络中会导致路由收敛缓慢从而使卫星节点陷入瘫痪,也更易受到攻击者的觊觎,因此必须结合卫星网络的特点提出新的路由协议。另外,若卫星发生故障不仅会使通过它的路由无效,还会影响其移动所覆盖地理区域的服务。因此,卫星网络链路的故障实时监测能力、有效的冗余容错能力、合适的路由选择能力、快速的故障恢复能力也是卫星网络安全研究的重点。

10.3.4　网络化操作系统

网络化操作系统(network operating system)是建立在云计算基础上的一种面向新型网络应用模式的操作系统,从诞生之日起,它就吸引了业界的极大兴趣。业界普遍认为,未来的操作系统就是网络化操作系统。它将彻底改变未来人们使用计算机的习惯,为未来移动互联网的发展带来崭新的业务模式,对国家经济、社会和公共安全产生重大影响。网络化操作系统发展的目的并不是要立即完全替换桌面操作系统,但是它代表操作系统网络化发展的方向。而任务调度作为网络化操作系统的一种重要技术,对于推动网络化操作系统的发展有积极的作用。

网络化操作系统是在网络中实现对底层物理资源管理和控制的操作系统,是用户与底层物理资源之间的接口。对于底层物理资源,网络化操作系统通过北向接口进行网络的监控、转发策略的下发和流量的调度,实现网络的集中控制;对于用户,网络化操作系统向上开放了编程接口,用户可以根据业务的需求自定义网络策略,获取定制化的网络服务。在多个用户争用底层资源时,网络化操作系统可以进行资源的调配和管理,从而更好地服务和满足用户的差异化需求。网络化操作系统是网络的运行管理者,是上层业务和底层设备的互连接口。网络操作系统作为新一代互联网中的核心关键技术,与计算机操作系统的功能类似,它是一个灵活开放的操作平台,便于网络开发人员和用户对网络进行高效的管理。因此,网络化操作系统就是通过完整的抽象底层网络,从而使得开发者可以根据业务需求设计各式各样的网络应用。

网络化操作系统体系架构可以描述为:通过虚拟化技术和现代网络技术,将操作系统功能边界扩展到网络侧,将终端侧和网络侧在一个统一的架构内进行计算和资源的配置、调度、管理,使得网络化操作系统可以充分、合理地使用和共享网络系统内的资源,并使之得到最大化利用支持用户终端的位置无关性,支持计算和资源配置的透明性,为用户提供一致的业务体验。

面向新型网络应用模式的网络化操作系统体系架构,其框架由资源层、系统层、服务管理层、服务索引层、用户搜索层和安全服务层等组成：① 资源层主要实现对计算资源、存储资源、网络资源和数据资源等资源的发布与管理。② 系统层主要实现对资源的进一步封装，为服务管理层、服务索引层及用户搜索层提供宿主运行环境，包括应用开发环境、终端系统服务、系统服务和宿主环境。③ 服务管理层主要实现服务的组合、接入和管理，包括服务组合中间件和服务接入与管理模块。④ 服务索引层主要实现对服务的索引，以提高对服务的搜索准确度和效率，包括语义索引和服务索引。⑤ 用户搜索层主要实现服务搜索门户和创建个性服务空间，并为普适终端提供适配等，主要包括个性化服务空间、服务搜索门户、终端适配和用户建模等。⑥ 安全服务层主要解决资源的加密传输、访问控制等传统安全问题，同时解决隐私保护、数据安全共享等网络应用模式中新的安全需求。

新型网络应用模式下的网络化操作系统体系结构具有"软件服务化、计算虚拟化、位置透明化、交互普适化"等特征，它提供了虚拟化机制支持网络化资源的自适应感知。网络化操作系统及应用组件的网络化部署，可利用的资源范围比传统意义上的操作系统要大得多。这些资源包括来自网络的计算资源、存储资源及其他设备资源、数据及信息资源、其他协同或功能性资源等，降低应用对于网络终端的要求同时也可以降低终端成本。网络化操作系统的特征包括如下：

（1）软件服务化。在原有的单机操作系统和网络操作系统的基础上增加了网络化操作系统的功能，其核心特征是管理服务，其动态演变表现在服务的不断追加与撤销软件应用是以组件的方式体现，使应用的部署更加灵活。

（2）计算虚拟化。计算资源是可以分布和移动的，支持自适应感知。用户不再关心本机资源的受限性。组件也是可以迁移的，用户不再需要维护组件，系统只关心服务发布质量，不关心服务的实现方式；用户只关心享用什么样的服务，不关心如何获得服务。实现了计算虚拟化。

（3）位置透明化。组件和计算资源实现虚拟化，用户不再关心组件和资源的位置，用户位置也是可以移动的，通过接口标准化的方式将本系统存储资源、计算资源发布给所需用户使用，用户只需要了解计算句柄和存储空间的逻辑入口，而不必关心其物理位置。用户可以通过不同的终端和接入方式享受一致性的服务，实现位置透明化。

（4）交互普适化。通过位置透明化，用户可以在任何位置获得一致性的用户体验。终端操作系统支持多种人机交互模式。在同一终端机上获得来自不同平台的各种服务和在不同地点的不同终端机上可获得同一服务，以达到交互普适化目的，从而实现交互普适化。

10.3.5　综合化软件系统

航天型号硬件平台集成化程度越来越高，软件的功能密度也在不断增长，同时可定制性、可演化的要求越来越高。当前自身实践以及 NASA 相关技术路线均指向同一解决思路,就是通过高度综合化的分层软件架构来隔离不同底层平台的差异,对业务逻辑进行抽象与封装,形成具有良好扩展性和维护性的嵌入式软件框架,进而极大简化软件的开发工作,降低各个子系统的耦合性和复杂度,从而在保证软件可靠性的前提下,降低软件开发难度,提高软件开发效率,保证型号研制进度。

基于开放式的软件体系架构,实现型号软件的快速重构;面向长期在轨的星、船可以建立航天器应用商店,研制出数量众多、功能丰富的应用程序组件;继而建立高弹性计算资源、存储资源、交换资源的调度与管理平台。涉及技术如下:

1) 综合化嵌入式软件系统架构技术

研究嵌入式软件系统的抽象架构模型和去型号化方法,通过分层架构的设计,提高扩展性并降低耦合性;设计核心服务的标准应用程序接口,为不同功能模块开发标准中间件;突破基于参数配置的构件加载技术,提供灵活的软件部署方法;针对多核处理器平台的嵌入式软件,开发典型架构平台。

2) 嵌入式软总线技术

研究航天实时嵌入式系统中数据发布、传递和接收的接口和行为标准,通过以数据为中心的发布/订阅通信模型,解决低延迟、高吞吐量、实时性能的控制级别等问题,实现通信双方时间、空间和数据通信的多维松耦合。设计轻量化、高实时、标准化的面向消息的中间件及软总线通信机制,并研究与之匹配的运行时发布/订阅模式,发送方和接收方不互相依赖;结合嵌入式软件系统机构,形成基于软总线标准接口规范,实现各软件构件可通过参数配置实现跨型号领域的应用。

3) 基于操作系统抽象的跨平台技术

嵌入式软件系统架构需要适应不同的硬件平台和操作系统,开展硬件抽象层技术研究,对处理器及外设差异进行封装;对框架需要的操作系统 API 进行抽象与封装,实现对不同操作系统的兼容。

4) 嵌入式软件系统快速重构技术

调研现有航天器嵌入式软件系统的重构需求,从软件重构加载方式、编译方式、重构颗粒度和重构开销等方面,开展软件重构技术研究。结合分层架构逐层封装机制,形成应用级、任务级、平台级不同粒度的重构;考虑重构的系统开销,形成动态重构和静态重构两种重构机制。

高度综合化嵌入式软件系统架构技术,实现了系统运行的灵活性和可配置性,可以有效提升硬件的利用率、改进算法的效能并适应功能数量的扩展,为"软件定义"技术提供平台和基础。

10.3.6　混合异构算力

人工智能算法的强势崛起,意味着武器装备智能化将是决定未来战场胜负的重要砝码。随着算法复杂度的提升,航天装备引入了智能化芯片作为计算的扩展资源,"CPU＋

通用计算资源(DSP、GPU 等)＋专用计算资源(NPU、TPU 以及对算法进行硬件加速并封装成 IP 核加载在 FPGA 上使用等)"的异构多核计算平台已经成为高性能算法设计的一项行之有效的方式;同时针对神经网络算法,我国已经形成了专用硬件加速芯片,并具有了一定的自主可控能力。因此,为了提高对智能计算平台的利用效率,对异构多核智能芯片的研制模式和应用方式开展研究,充分挖掘硬件性能,为系统的智能算法提供混合异构算力支撑,需要开展混合异构算力平台技术研究。

1) 基于高级语言的硬件 IP 核设计技术

针对智能芯片的设计,由应用需求决定软件需求,由软件需求分解硬件需求。在这种开发思路中,FPGA 作为软件的一种计算加速资源而存在,通过软件功能划分选择一个模块是由硬件实现还是由软件实现。在硬件重构过程中,首先通过高层次综合的方法,以可视化模型或 C/C++等高层次方式对算法进行顶层设计,然后利用 HLS 工具将其转换成 RTL 级的 HDL 描述,进而分配逻辑资源,重新布局布线,最后进行 IP 核封装,达到算法快速实现并应用的目的。

2) 面向异构嵌入式分布式计算系统的混合编程

针对目前异构系统存在的可编程性问题,参考现有异构并行编程技术,从降低编程复杂度、有效发挥系统软件功能出发,设计一个平台无关的异构硬件并行编程模型,为异构多核协同开发应用程序提供支持,提高异构系统上应用开发的效率。该模型共包含三个部分,即硬件无关抽象编程接口(软件编程)、硬件相关执行接口(硬件驱动)、软硬件动态绑定(运行时库),配合完成编程阶段的软硬件松耦合和运行时的软硬件依赖快速建立,利用层次化的负载均衡方法,实现整个系统上的负载均衡。

平台无关的异构硬件并行编程模型的具体内容包括:

(1) 硬件无关抽象编程接口。以创建和管理抽象设备对象为核心,围绕计算过程中不同阶段的需求,提供与具体硬件无关的编程接口,供软件开发人员调用。编程接口包括抽象设备创建、设备上下文管理、平台参数查询、命令队列管理、计算数据传递、内存资源管理和执行结果获取等。

(2) 软硬件分离。要求软件不再参与具体的硬件控制,取而代之的是一种硬件抽象定义,或者是硬件的地址化或指令化的操作和访问,使得软件不直接面向硬件,从而提高软件的独立性和自主性,实现软硬件分离的重要手段是利用 FPGA 中间件技术,由 FPGA 并行高效的管理硬件设备,同时实现硬件和软件之间的规范化定义和桥接。

(3) 软硬件动态绑定运行库。拟综合派生/连接编程模型和流式编程模型,针对不同硬件特性,提供硬件注册、设备发现、任务划分、任务加载、任务映射、数据分布、执行序列优化、同步与通信运行时库,完成硬件无关编程与硬件相关执行之间的动态转换、高效映射、计算加速和负载均衡。

(4) 硬件执行接口。提供一系列与各具体硬件密切相关的底层操作接口,即硬件驱动,执行实际的计算任务。通过统一的硬件注册进入系统,可由操作系统运行库进行设备的综合管理与调度。

3）面向 RISC－V 的异构计算架构

RISC－V 是美国加州大学伯克利分校设计的一种开源指令集架构，自 2014 年正式发布以来，受到了包括谷歌、IBM、Oracle 等在内的众多企业，以及包括剑桥大学、苏黎世联邦理工大学、印度理工学院、中国科学院在内的众多知名学府与研究机构的关注和参与。围绕 RISC－V 的生态环境逐渐完善，并涌现出了众多开源处理器和采用 RISC－V 架构的 SoC，这些处理器既有标量处理器，也有超标量处理器；既有单核处理器，也有多核处理器，可以作为多元异构智能计算架构技术的基础。主要研究内容包括：

（1）支持基于 RISC－V 指令架构的 AI 加速算法。

（2）异构处理器之间高速通信技术、共享内存技术。

（3）异构多核硬件虚拟化技术。

（4）RISC－V 指令集设计与分析能力，支持开展基于 RISC－V 指令架构的深度学习算法研究。

（5）基于 FPGA 的 RISC－V 指令架构 CPU 原理验证能力，支持完成基于 DSP6678/SOPC（Xilinx 的 Z7 系列）/ARM/RISC－V 的多核异构硬件平台研究，完成异构多核核间高速通信技术、异构多核核间共享内存技术研究。

（6）基于 RISC－V/DSP/SOPC 的异构多核智能计算架构 SoC 流片设计与试验能力。

4）在轨编程与自主刷新技术

在轨编程与自主刷新技术可解决星载混合异构处理器平台中的 FPGA 软件故障，包括在配置寄存器、用户存储器/触发器中发生的单粒子翻转故障，在上电复位状态机、配置状态机、硬件乘法器中发生的单粒子功能中断故障和单粒子瞬态脉冲故障。同时可解决 DSP 软件系统受到外部空间环境影响而产生的各种问题。

智能芯片的软件设计与应用技术能够应用于弹/箭等装备系统的异构多核多处理器平台，混合异构算力技术能够有效提高软硬件协同工作效率，推动高性能计算架构设计技术在航天系统中的应用。

10.4　应用展望

随着智能化时代的到来，传统计算机已不能满足未来不确定系统实现可变化任务功能的高度智能网联发展需求。星载计算机将应用于卫星组网通信、在轨图像处理、自主健康管理、量子计算机、数字计算机 MBSE、智能人机交互和空间防御等新领域。

10.4.1　卫星组网通信

卫星互联网是一种基于卫星通信的互联网，可实现多地面站间通信。卫星互联网是指基于卫星通信技术,通过发射特定数量卫星形成规模组网,向地面和空中终端提供宽带互联网接入等通信服务的新型网络。

卫星按照轨道高度主要分为低、中、高轨三大类。其中,低轨卫星拥有传输时延小、链路损耗低、发射灵活等优势,为卫星互联网业务的主流实现方式。具体来说,低轨卫星系统有以下两大优势:

(1)可实现全球互联网无缝链接服务。传统高轨同步轨道卫星建设成本高,存在通信盲区,时延长且带宽有限,已无法满足全球海量互连的容量需求。相比之下,低轨卫星系统传输时延更低,可靠性更高,损耗较高轨卫星低 29.5 dB,能够实现全球互联网无缝链接服务。

(2)低轨卫星通信核心应用场景包括偏远地区通信、海洋作业及科考宽带、航空宽带和灾难应急通信等。其中,偏远地区应用市场主要包括卫星电话、互联网电视和卫星宽带;海洋作业及科考应用市场包括卫星定位和海事卫星电话;航空应用市场主要为机载WiFi;灾备应用市场包括应急呼叫、数据保护与恢复和异地灾难系统等。

中、低轨卫星星座凭借距离地面较近、传播延时短、轨道/频率资源丰富等优点,已成为全世界卫星星座建设的热点。目前,国内外中轨、低轨通信卫星星座计划已进入大范围实施阶段,以向用户终端提供宽带服务,实现太空接入的天基互联网。国外以 O3B 中轨星座、OneWeb 低轨星座、Starlink 低轨星座为主已进入大规模部署期,用于实现与地面宽带相当带宽的卫星网络;国内以"虹云""鸿雁""天象""银河"为主的卫星星座相继发射验证卫星。2021 年 4 月,中国卫星网络集团有限公司正式成立,有望建设成千上万颗低轨卫星组成的巨型星座,实现卫星互联网基础设施建设。

10.4.2　在轨图像处理

1)光学影像校正和定位

光学影像星上相对辐射校正,首先需要分析光电响应变化的各种因素,并以最大后验概率理论为依托,通过引入约束条件和加权思想构建在轨自适应的系统辐射校正模型;然后利用定标数据或实时获取的遥感数据,构建样本的智能筛选模型,并采用增量统计的策略,优化辐射定标参数的解算精度;最后基于地面辐射定标结果,将定标查找表上注更新至星上,星上根据查找表进行相对辐射校正,得到校正后影像。光学影像相对辐射校正关键在于定标模型的确定和定标参数的获取,在星上存储空间有限的情况下,须以最小化定标查找表和保证校正质量为原则确定适用于星上的相对辐射校正算法。

光学影像星上高精度几何定位技术以严密成像几何模型为基础,在几何定标的基础上,根据星上环境下的存储能力和处理能力,构建适用于星上实时处理单元的光学卫星严密成像共线方程模型,并结合地面内外定标系统对星上成像模型参数进行修正及优化,实现星上高精度实时定位。根据目标区域覆盖范围,基于全球数字高程模型(DEM)数据,对目标区域影像采用分块间接法进行几何校正处理,生产带地理坐标的目标区域 2 级经纬度投影产品。

为了将卫星视频采集的数据实时传输到地面,满足用户对遥感视频中运动目标更加直观的观测需求,需要在星上计算资源、传输带宽受限的条件下,实现对关键信息的在轨实时编码及传输。卫星视频智能压缩是在星上有限的计算资源条件下,通过高效的智能压缩算法将原始数据压缩到星地带宽所能承受的范围之内,在压缩效率、编码帧率和压缩质量三个方面满足星地传输的需求。卫星视频运动目标检测需要在压缩域对运动目标进行检测,并在解码端对检测结果进行线框的标注,从而满足卫星视频在星上实时处理的需求,充分利用压缩过程中的中间结果,满足用户的观察需求。

2)天基目标检测识别与跟踪

天基目标检测是在星上资源受限的条件下,进行飞机、舰船等典型静/动态目标的实时智能检测。针对星上原始数据压缩和不压缩两种应用模式,一般有两种目标检测技术路线。原始数据需要在压缩的模式下采用压缩域目标信息提取技术,利用图像压缩过程中生成的稀疏字典,挖掘压缩域中所蕴含的图像目标特征信息。由于压缩域目标信息提取和图像压缩采用同一套数据稀疏和特征建模方法,可直接在压缩码流中提取目标特征信息,达到有效节省星上计算和存储资源的目的。原始数据不需要压缩的模式下采用目标 ROI 快速筛选技术,主要是对传感器获取的海量原始数据进行在轨快速筛选,获得仅包含目标及周围邻域的小数据量 ROI 集合,达到节省星上存储资源、减少星地传输数据量的目的。

典型应用是云检测,云检测是实现影像中云区域准确、快速高效的检测和提取,重点在于区分云与冰、雪等高反射目标,以及水域、河流、城市场景中的某些平坦区域存在的似云目标。通过获得影像精确的云区域提取结果,为后续 ROI 区域提取、多时相影像变化检测等提供精确的影像云覆盖情况信息。云检测算法类别较多,由于每一类算法原理不同,计算过程中需要消耗的计算资源、内存资源、存储资源也各不相同,在保证检测可靠性和高效的条件下,须合理选择星上处理算法。

3)态势信息生产

和地面移动通信系统频谱资源共享一样,低轨卫星频谱资源共享正在从静态管理模式向动态管理模式转型。电磁频谱空间认知和智能频谱管理利用数据挖掘和机器学习的方法对海量频谱数据进行认知处理,使频谱资源的动态管理更加智能。面向低轨卫星的频谱认知智能管控包括频谱数据监测、补全、预测和决策部分,是一个从频谱感知到频谱接入的动态频谱认知闭环系统。

首先通过感知设备(包括卫星专用频谱监测设备和群智频谱感知模块)感知频谱状态。卫星监测的目标主要有两个:一是监测卫星资源利用情况,包括卫星轨道占用情况、频率占用情况和波束覆盖范围等;二是监测干扰,包括监测是否有干扰及干扰源的位置等。通常监测的非对地静止卫星轨道(GSO)卫星频段是超高频(UHF)、L、S、X、Ku 和 Ka 频段,即低轨卫星对应的业务频段。随着宽带互联网卫星通信使用的日益增多以及带宽需求的不断扩大,监测频段将扩展至 Q 频段及以上。

10.4.3　自主健康管理

　　航天器长期运行在恶劣的空间环境中,难免会出现故障。自主健康管理技术可以增强航天器的可靠性、降低维护成本、提高航天器的寿命,对于保障航天器的安全稳定运行具有重要意义。故障预测与健康管理是美国在联合攻击机项目研究中提出的技术理念,其初衷是利用人工智能技术来模拟真实系统的正常运行和异常状况。后来,故障预测与健康管理逐渐发展成一个范畴很大的技术领域,所采用的技术手段也不限于人工智能技术。健康管理作为航天器实现智能自主控制亟须突破的关键技术之一,是从系统层面克服产品固有可靠性不足、提升航天器安全可靠稳定运行能力的有效手段。

　　目前,航天器控制系统的健康管理技术,可以概括为"硬件备份＋解析冗余＋专家支持＋安全模式"。然而,近几年来国内外多次出现的由于控制分系统故障而导致航天器业务中断甚至整个航天器完全失效的严重事件表明:现有健康管理技术与航天器安全可靠稳定运行需求之间的差距较大。根据健康管理技术的定义内涵,下面分别从故障预警技术、故障诊断技术和寿命预测技术三个方面,介绍自主健康管理技术。

　　1) 故障预警技术

　　航天器控制系统的故障预警技术,能够提取微小故障的特征信息,对系统未来可能发生的故障进行预测,在故障发生之前给出报警,采取适当的处置策略进行及时干预,尽量使故障不扩大、不扩散,有效避免航天器任务的间断,最大限度地发挥航天器能力。因此,故障预警技术是实现控制系统健康管理、确保航天器安全稳定运行的重要前提;其目的在于"提前发现征兆、适时维保系统、确保业务连续"。

　　当前,美国开发了航天领域第一套功能较为完善的基于分粒度建模和多模推理的航天器趋势分析系统(AMTAS),对包括控制系统在内的多个分系统遥测数据进行自动趋势分析,以避免潜在问题发生,并修复检测到的故障。瑞典空间物理学院研制了卫星异常分析和预测系统(SAAPS),其异常状态预测模型由神经网络在指定的异常状态数据集中训练得到,对控制系统等故障预警的准确率大于 70%,并能够给出预警的可信度。意大利 VITR - OCISET 公司为欧盟发射的 XMM - Newton 科学探测卫星专门开发了一个交互式遥测数据分析工具,其通过对控制系统等分系统的遥测数据进行分析,能够确认遥测数据的偏差,判定设备恶化的运行模式,检测和隔离整星及各分系统设备的故障,进而确保航天器健康状态、延长在轨寿命。

　　2) 故障诊断技术

　　航天器控制系统的故障诊断技术能够快速检测并准确定位故障源,为后续系统重构和容错控制决策实施提供依据,以期在故障发生之后,采取合理可行的措施,通过花费最小代价来最大限度地恢复系统的既定功能与性能。因此,故障诊断技术是实现控制系统健康管理、确保航天器安全稳定运行的关键核心;其目的在于"准确定位故障、采取合理措施、辅助重构决策"。

美国的自由号空间站研制了姿态确定与控制系统的维护与诊断系统(MDS),其分为在线系统和离线推理系统两个部分:在线系统嵌入自由号空间站的姿态确定与控制系统中,主要用于实现数据收集、数据压缩、数据传输和简单的推理;离线推理系统主要分为三个模块,即故障诊断模块、预测模块和辅助维修模块。Livingstone软件利用系统行为和内部结构模型(组件连接模型、转换模型和行为模型),来实现故障诊断。其结合冲突指向搜索和快速命题推理等算法,消除了人工智能中演绎和反推之间的矛盾,实现了快速的搜索和推理。该软件已成功应用于"深空一号"探测器、"x-37"飞行器和"Earth Observing One"任务,使航天器具备了自主故障诊断与系统重构的能力。

3) 寿命预测技术

航天器控制系统的寿命预测技术,能够根据当前航天器的实际在轨运行状态,构建出"正常到异常到失效"的故障演化模型,进而可以提前预知航天器的在轨剩余服役时间,为后续任务调整、重构方案实施、离轨策略制定等提供科学依据。因此,寿命预测技术是实现航天器健康管理、确保安全稳定运行的重要手段,其目的在于"预测剩余寿命、提前制定预案、择机离轨替换"。

当前,美国Honeywell公司通过测量航天器控制系统中陀螺部件的激光强度和读出强度,导出了每个模式下的电压及相关参数,将最近1 000 h的性能数据进行预定的多项式拟合,进而能够根据预定的临界工作温度来生成寿命性能特性数据,从而外推并预测出航天器控制系统中关键部件——激光陀螺的剩余寿命。

目前自主健康诊断技术的挑战在于:一方面,对于航天器而言,其运行状态往往综合反映在多维遥测数据中,且受到高低温、辐照、应力等复杂空间环境影响,需要综合多方面的因素进行考虑;另一方面,航天产品在轨失效的样本数量有限,现有技术难以综合利用设计、研制、试验和在轨的多源数据,导致难以准确地进行分析。随着智能诊断技术和数据挖掘技术的不断发展,上述自主健康管理技术的难题也将得到解决。

通过对航天器控制系统智能健康管理技术发展情况的详细调研可以发现:健康管理作为航天器智能自主控制系统的重要支撑,为航天器在轨自主运行提供了稳定可靠的自检、自治、自救能力,是未来实现大规模星群自适应、自组织、智能化发展的重要保障;同时,随着大数据时代的迅速崛起,人工智能技术的发展为航天产业赋能。发展航天器控制系统的智能健康管理技术既是航天产业发展的必然阶段,也是航天强国建设的时代需求。将人工智能技术与健康管理技术融合,必将成为航天器从自动化向智能化发展的新起点。

10.4.4 量子计算机

量子计算机是一类遵循量子力学规律进行高速数学和逻辑运算、存储及处理量子信息的物理装置。当某个装置处理和计算的是量子信息、运行的是量子算法时,它就是量子计算机。

对于现代计算机而言,通过控制晶体管电压的高低电平,从而决定一个数据到底是"1"还是"0",采用"1"或"0"的二进制数据模式,俗称经典比特,其在工作时将所有数据排列为一个比特序列,对其进行串行处理。而量子计算机使用的是量子比特,量子计算机能秒杀传统计算机得益于两个独特的量子效应:量子叠加和量子纠缠。量子叠加能够让一个量子比特同时具备"0"和"1"的两种状态;量子纠缠能让一个量子比特与空间上独立的其他量子比特共享自身状态,创造出一种超级叠加,实现量子并行计算,其计算能力可随着量子比特位数的增加呈指数级增长。理论上,拥有 50 个量子比特的量子计算机性能就能超过目前世界上最先进的超级计算机"天河二号",拥有 300 个量子比特的量子计算机就能支持比宇宙中原子数量更多的并行计算,量子计算机能够将某些经典计算机需要数万年来处理的复杂问题的运行时间缩短至几秒钟。这一特性让量子计算机拥有超强的计算能力。量子计算机原理如图 10 - 10 所示。

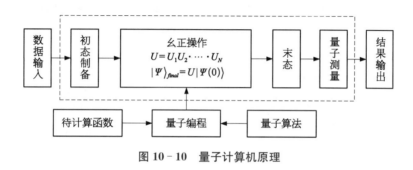

图 10 - 10 量子计算机原理

此外,量子计算的信息处理过程是幺正变换,幺正变换的可逆性使得量子信息处理过程中的能耗较低,能够从原理上解决现代信息处理的另一个关键技术——高能耗的问题。因此,量子计算技术是后摩尔时代的必然产物。

为了开发出量子计算巨大的并行处理能力,必须寻找适用的量子算法。目前重要的量子算法包括破解 RSA 加密的 Shor 算法、求解组合优化的量子退火算法、求解矩阵方程的 HHL 算法等,这些算法相比对应的经典算法都能实现指数级的加速。以 Shor 算法为例,目前的超级计算机破解 2 048 位的 RSA 加密需要上亿年,而运行 Shor 算法的量子计算机只需要不到 100 s。

规模化通用量子计算机的诞生,将极大地满足现代信息的需求,在海量信息处理、重大科学问题研究等方面产生巨大影响,甚至对国家的国际地位、经济发展、科技进步、国防军事和信息安全等领域发挥关键性作用。

目前,IBM、谷歌和洛克希德·马丁等公司高度关注量子计算的研究,探索量子计算在语音/图像模式识别、任务规划、材料设计和机器学习等方面的应用。NASA 建立了量子人工智能实验室,通过优化量子算法应对大量航天器的通信请求及任务调度带来的计算资源紧缺。

10.4.5 数字计算机 MBSE

基于模型的系统工程(model-based systems engineering，MBSE)是一种形式化的方法,用于支持与复杂系统的开发相关的需求、设计、分析、验证和确认。作为以文档为中心的工程,MBSE 将模型放在系统设计的中心。在过去几年中,越来越多地采用数字建模环境,导致 MBSE 的采用率增加。2020 年 1 月,NASA 在报告中指出了这一趋势,报告称"MBSE"已越来越被行业和政府所接受。

数字建模环境中的 MBSE 提供了基于文档的系统工程无法提供的优势。例如,在基于文档的方法中,许多文档是由不同的作者生成的,从各种利益相关者的观点(如系统行为、软件、硬件、安全、安全性或其他学科)中捕获系统的设计。使用数字建模方法,可以建立系统的单一真实来源,其中使用相同的模型元素创建系统的特定于学科的视图。

数字建模环境还创建了一种基于标准的通用方法来记录该系统,该方法可以通过编程方式进行验证,以消除模型中的不一致,并由所有利益相关者强制使用标准。这种通用的建模环境改进了系统的分析,并减少了在传统的基于文档的方法中通常注入的缺陷数量。用于跨学科分析的数字化系统数据的可用性,为所有利益相关者提供了一致的修正传播,以及新信息和设计决策的合并(即一次陈述并自动传播到数据的各种视图)。如果MBSE 操作得当,那么结果将总体上降低开发风险。MBSE 概念如图 10 - 11 所示。

图 10 - 11　MBSE 概念示意图

MBSE 汇集了三个概念:模型、系统思维和系统工程。

1) 模型

模型是某事物的简化版本,即一种图形化、数学化或物理化的表示,它抽象现实以消除某些复杂性。这个定义意味着简化、表示或抽象的形式或规则。为了对一个系统进行建模,系统架构师必须以较少的细节表示系统,以使系统的结构和行为清晰可见,并且其复杂性是可管理的。换句话说,模型应足以表示系统,并且系统应确认模型。

2) 系统思维

系统思维是一种看待所考虑系统的方式,它不是作为一个自给自足的实体,而是作为一个大型系统的一部分。系统思考不同于系统地遵守良好计划,收集统计数据或有条不紊地进行。系统工程师从远处观察系统,探索其边界、上下文和生命周期,记录其行为,并识别模式。这种方法可以帮助系统工程师识别问题(如缺少交互、过程中缺少步骤、重复工作、缺少自动化机会)并管理系统的复杂性。尽管系统工程师必须在一开始就对系统进行分解和分析,用系统思维方式——识别各个部分并描述它们之间的联系,但他们后来将这些部分合成为一个连贯的整体。部分与部分间相连,还相互依赖才能正常工作。系统思维强调了这种相互联系。系统的行为来自系统各子系统的活动。通过观察系统的相互联系,系统工程师确定起初可能并不明显的反馈回路和因果关系模式。系统思维可以帮助使问题更明显,更易于识别,平衡系统和管理系统的复杂性。

3)系统工程

MBSE 是一项多学科、多方面的工作。它需要参与者、过程、环境和信息流。为了成功地创建复杂系统或系统体系的模型,组织必须支持建模过程。所需的支持与组织成功开发和交付复杂的系统或系统所需要的支持没有太大不同。MBSE 可以有效集成到开发过程中,但是组织必须致力于对系统进行建模所需的工作。

目前,美国航空航天局已经采用 MBSE 技术来处理复杂性日益增加的航天飞行任务,通过 MBSE 在单一可信来源数据库中捕捉项目信息,并通过这些信息与广大用户群体进行有效的沟通。

中国航天科工集团第三研究院三部主导开发了 MBSE 软件——SysDeSim2.0。该软件面向航天、航空、船舶、兵器和汽车等行业,以规范化的数字模型为核心,支撑数字化需求论证、系统设计与仿真验证、多方案权衡与综合优化、任务运行分析与数据可视化等应用,提升复杂产品高质量、低成本、短周期研发能力。

10.4.6　智能人机交互

由于人工智能的技术方法和具体研究领域十分广泛,而卫星测控属于任务导向、结果导向的工程领域,因此这里主要根据人工智能在卫星测控过程中的应用程度,划分为两个层次,分别为辅助分析层次和辅助决策层次,以此对人工智能在卫星测控领域的应用有更提纲挈领的认识。具体如下:

1)辅助分析层次

在辅助分析层次,人工智能主要定位在"人类智能增强"上,即通过其在数量、速度和多样性方面的计算处理优势,辅助人类进行信息分析处理与提取。人机协作紧密,人发挥综合分析和决策的主要作用,机器作为人类能力的辅助和延伸。此层次下卫星测控最典型的应用,就是各类航天信息的知识图谱构建、卫星故障的特征提取与识别、卫星及地面设备参数的变化预测等。美国国防部最早引入人工智能解决的主要问题,正是从大量的图像信息中识别获取关键目标和情报。这种图像识别主要借助机器学习算法,通过对大量图像、分类经验的学习,完成对新图像的识别和分类,并在不断工作中加强学习,做得越来越好。在训练准确性得到保证的前提下,往常航天工作人员在电脑前的"煎熬",就可以由人工智能更好、更快地代劳。

在测控过程中,卫星及地面设备的遥测、监控数据,实时精确记载了卫星和地面各设备的状态,对于其中连续变化的关键数值参数,通过回归预测,可以对设备状态、故障、寿命情况进行预警。对这类问题,以往都是采用数学统计的方法进行分析预测,这些根据实际数据建立的模型使用范围有限,须根据变化不断重构。而人工智能算法具有不断学习强化和自适应的特性,数据怎么变,它就怎么调整,并且随着预测的经验积累,变得越来越准确。继续延伸的话,卫星运行过程中出现的各类故障,往往涉及许多参数状态的检查分析甚至机理关联,通过对故障状态这一特殊"面孔"的特征提取和"研究学习",人工智能技术可以在茫茫海量数据中找出故障数据,甚至在数据质量好的情景下,在实时数据流中提前看到故障发生的影子,因此采用人工智能解决参数的回归预测分析和故障的识别提取,也将大大解放工作人员的分析精力,从而更好地进行决策。

2) 辅助决策层次

在辅助决策层次,人工智能基于"人类智能增强"的前提,在某些局部范围内具备提供决策方案的能力。智能机器(算法)的智能化逐渐凸显,在解决实际问题中发挥更大作用,与人协作更加紧密,共同对相关行为进行决策,但最终决策权仍由人掌握。

比较典型的应用例子,当属卫星资源的智能规划与调度。在卫星的测控应用过程中,会涉及载荷资源的计划使用以及卫星网络系统的规划调度问题。以往这些工作由人力分析完成,在智能化技术应用后,通过对历史规划调度的记录数据进行学习分析,结合一些多目标优化算法,共同形成动态学习调整的智能规划算法,在新的任务情境下进行不同目标(如资源使用率优先、用户满足个数优先等)方案的计划制定,深度参与卫星资源使用的决策活动。

10.4.7 空间防御

随着空间技术的不断发展和广泛应用,空间变得越来越拥挤,竞争性和对抗性也越来越明显,尤其是随着低轨大规模星座爆发、空间系统功能模糊性增加、空间事件频繁发生,空间安全环境更加复杂、多变且充满不确定性。在空间战场环境下,航天器受到来自地基、天基及空间的各种不同类型的威胁,包括激光、微波、空间碎片和动能等各种不同形式,对通信及其他在轨服务构成不同程度的影响,空间防御技术显得尤为重要。空间防御技术主要包括空间态势感知和空间防御。

1) 空间态势感知

面对日益复杂、多变的空间安全环境,空间任务领域的指挥员不仅要全面掌握空间重点目标和目标群体的运动状态、能力特性和行为意图,还要对各种空间安全威胁进行准确评估。传统基于人工和计算机简单辅助决策的空间态势感知已经无法适应新形势下确保空间安全、保障空间任务顺利实施的要求。需要将深度学习等人工智能技术引入空间态势感知领域,为指挥员提供更加全面、准确、及时和深入的空间安全态势,为空间安全、空间活动的指挥控制提供科学有效的支撑。

在目标观测方面,新形势下空间态势感知系统需要对更多的、更小的空间目标进行观测,需要获取重点目标更为详尽的特征信息,需要更及时地获取动态的空间目标信息,整体上信息获取的体量增大、种类增多、时效性要求提高。一方面,人工智能技术可以在资源状态、任务需求和规划目标等共同约束下的调度问题模型求解中发挥重要作用,同时还可以根据后续威胁评估对传感器进行实时反馈,实现对重点目标群体的最优观测。另一方面,传统的天基态势感知,需要事先知道观测卫星的精密星历,即观测卫星必须依赖地面或其他额外信息,生存能力弱、运行成本高。天基态势感知平台特别是高轨态势感知平台自主化、智能化是未来的发展趋势,例如美国空军"局部空间自动导航与制导试验"(ANGELS)卫星演示验证的技术就显示了其特别注重平台的自主能力。

空间态势感知信息处理包括如下方面:

(1) 空间目标编目问题。随着空间目标绝对数量增多以及传感器"可见"目标比例提高,空间目标观测数据体量越来越大,空间目标观测信息维度也逐渐增大,现有简单自主编目能力将难以适应,这就需要引入能力更强的人工智能技术,实现高度自主判断、决策和编目能力。

(2) 空间事件检测问题。在空间安全新形势下,及时发现航天器入轨、碰撞和轨道机动等空间事件非常重要。例如,在轨道机动检测过程中,基于历史数据的机动检测涉及数量巨大的目标历史轨道数据分析,轨道实时观测数据处理涉及海量空间目标的数据关联问题,均需要应用人工智能技术来提高检测结果准确性和检测效率。

(3) 空间系统的能力特性评估问题。如前所述,空间系统功能日趋复杂,部分系统规模和功能动态可重构,难以通过建立的精确数学模型对其能力特性进行评估,而深度学习具有多层特征学习能力,可为空间系统在时间、空间和交互方面的错综复杂关系提供支持,从而能够部分解决该问题。

(4) 空间系统行为模式识别和意图判断问题。空间系统的行为复杂多样,无法根据精确固定的模型来对其进行刻画,通过深度学习可实现对行为模型的动态升级。

在空间态势感知产品呈现和推送方面,空间态势感知系统需要将合适的态势感知产品及时准确地呈现和推送给合适的用户。空间态势感知的用户有卫星运营商、航天发射部门、空间对抗部门等,不同用户关注的空间态势范围和重点差异较大,即不同用户对态势感知信息的需求不同,因此在态势产品呈现和推送之前,应该解决待呈现的目标范围以及相应目标的信息内容问题。人工智能技术可对用户和空间态势感知产品之间的动态关系进行实时建模学习,通过学习掌握两者之间隐含、复杂的非线性关系,可以准确把握用户行为模式和感兴趣的事件等个性化需求,从而可以在统一底层数据的基础上,为不同的用户角色定制个性化的态势感知产品,从根本上解决一直以来"信息泛滥"和"信息缺乏"共存的矛盾问题。

2）空间防御

空间防御主要是指应对航天器受到的空间攻击，防止受到破坏。航天器受到的空间攻击主要分为软杀伤和硬杀伤两种：① 软杀伤主要是指电磁干扰、网络攻击，不造成对卫星的实际物理伤害，只是使其在一定时间内丧失功能；② 硬杀伤主要是指以天基平台为主的近距离攻击手段，以卫星功能永久丧失为目标，对卫星的破坏力极大，甚至导致作战体系的直接瘫痪。

在软杀伤手段中，空间网络攻击是一种值得关注的手段。针对网络空间中攻击行动跨网化、攻击方式多样化，网络入侵和渗透行为隐蔽，传统防御机制无法快速检测威胁做出反应的问题，可以将人工智能技术引入网络空间防御系统设计中，基于深度学习和威胁模型自演进的威胁检测技术，对采集的网络空间主机状态、网络信息与服务行为进行关联同步，然后进行深度融合分析发现其中的异常行为和威胁。2019 年 9 月，美国国家安全局开展了"通过人工智能技术分析小卫星遥测数据，辨别小卫星是否遭敌方秘密控制"的研究；同时关注"如何通过地面站将恶意软件植入小卫星，以分析针对小卫星的威胁"。该机构负责人指出，多数小卫星在低轨运行时，一旦移出原部署区域或被部署到其他区域，就表明该卫星或许已出现问题。

航天器对空间硬杀伤主要的应对手段为天基在轨操作，天基在轨操作包括在轨服务、空间碎片清理、在轨维修、抓捕等相关技术。实际上，天基在轨操作的主要目的是延长航天器寿命、解决航天器在轨故障、移除空间碎片和清理废弃卫星等。为了实现对硬杀伤的防御，可以将人工智能技术引入空间防御中，实现对航天器故障和威胁的快速定位，并能够根据天基集群/卫星状态选择最佳策略对问题进行处理；借助空间态势感知与自主任务规划，实现安全防护，识别未知攻击并进行防御；借助智能自主健康管理技术与容错技术，实现异常感知、分级隔离与平台系统恢复。

参 考 文 献

［1］ Turing A M. On computable numbers, with an application to the entscheidungsproblem[J]. Alan Turing His Work and Impact，1936(12)：230－265.

［2］ 李长云,蒋鸿,刘强.大学计算机[M].北京：北京航空航天大学出版社,2013.

［3］ 陈天洲,卜佳俊.计算机系统概论[M].北京：清华大学出版社,2004.

［4］ 胡守仁.计算机技术发展史：一[M].长沙：国防科技大学出版社,2004.

［5］ 陶建华,刘瑞挺,徐恪,等.中国计算机发展简史[J].科技导报,2016,34(14)：12－21.

［6］ 崔林,吴鹤龄.IEEE计算机先驱奖(1980—2014)计算机科学与技术中的发明史[M].3版.北京：高等教育出版社,2014.

［7］ 中国科学院计算技术研究所.第二代晶体管计算机研制[EB/OL].(2018－11－03)[2022－02－14]. http://www.ict.ac.cn/kxcb/jsjfzs/201811/t20181103_5164646.html.

［8］ 李春田.现代标准化前沿——"模块化"研究报告第三章现代模块化的诞生——IBM/360电脑的设计革命[J].世界标准信息,2007(4)：16－20.

［9］ 陈厚云,王行刚.计算机发展简史[M].北京：科学出版社,1985.

［10］ 中国科学院计算技术研究所.从103机到曙光机——中国高性能通用计算机研制历程回顾.(2019－12－17)[2022－02－14]. http://www.ict.cas.cn/liguojiewenxuan_162523/wzlj/lgjkp/201912/t20191227_5476779.html.

［11］ Eickhoff Jens. Springer aerospace technology onboard computers, onboard software and satellite operations[J]. Mission/Spacecraft Analysis and Design，2012(2)：7－18.

［12］ 宫经刚,刘波,华更新.深空探测中的综合电子技术研究[J].深空探测研究,2011,9(4)：42－45.

［13］ 李薇濛,陈建光.欧美软件定义卫星项目最新进展[J].国际太空,2020(1)：53－55.

［14］ 王平,孙宁,李华旺,等.小卫星星载容错计算机控制系统软硬件设计[J].宇航学报,2006,27(3)：4.

［15］ 陆荣.卫星综合电子系统方案研究[D].上海：上海交通大学,2014.

［16］ 朱维.航天器综合电子系统技术研究[D].上海：上海交通大学,2013.

［17］ 王连国.高性能一体化空间综合电子技术研究[D].北京：中国科学院大学,2019.

［18］ 凌幸华.基于TSC695F的高可靠星载嵌入式系统设计与实现[D].上海：复旦大学,2009.

［19］ 王世清,王靖,俞伟学.小卫星贮存可靠性研究[J].质量与可靠性,2011(4)：8－11.

［20］ 士元.美国第二颗新一代"国防气象卫星"上天[J].中国航天,2007(3)：24－26.

［21］ 庞贺伟,冯伟泉.影响GEO卫星长寿命高可靠的空间环境因素及其评估、验证和保障技术研究[J].航天器环境工程,2006,23(2)：63－66.

［22］ 曹建滨,路同山.典型轨道环境效应及对在轨卫星影响分析[J].上海航天,2021,38(3)：18－29.

［23］ 马兴瑞,韩增尧.卫星与运载火箭力学环境分析方法及试验技术[M].北京：科学出版社,2014.

［24］ 吕良庆.航天器智能软件体系架构设计与应用研究[D].北京：中国科学院大学,2018.

[25] 刘帅,王虎妹.卫星综合电子系统体系结构总体技术研究[J].空间电子技术,2015(6):90-94.

[26] 刘振星.面向遥感卫星的综合电子系统研究[D].合肥:中国科学技术大学,2021.

[27] 杨孟飞,华更新,冯彦君,等.航天器控制计算机容错技术[M].北京:国防工业出版社,2014.

[28] 胡维.面向超级计算机的故障预测和容错关键技术研究[D].长沙:国防科技大学,2017.

[29] 张利芬,袁普及.嵌入式冗余计算机的设计与实现[J].计算机工程,2009(2):230-232.

[30] 张柏楠,杨庆,杨雷,等.我国新一代载人飞船及其研制进展[J].科学通报,2021(32):4065-4073.

[31] Hamerly G, Elkan C. Bayesian approaches to failure prediction for disk drives[C]//Proceedings of the Eighteenth International Conference on Machine Learning. San Francisco, CA, USA, 2001: 202-209.

[32] Pfefferman J, Cernuschi-Frias B. A nonparametric nonstationary procedure for failure prediction[J]. Reliability,IEEE Transactions, 2002, 51(4): 434-442.

[33] Liang Y, Zhang Y, Jette M, et al. BlueGene/L failure analysis and prediction models[C]// Dependable Systems and Networks. International Conference, 2006: 425-434.

[34] Garg S, Puliafito A, Telek M, et al. Analysis of software rejuvenation using Markov Regenerative Stochastic Petri Net[C]//Software Reliability Engineering. Proceedings. Sixth International Symposium, 1995: 180-187.

[35] Vaidyanathan K, Trivedi K S. A measurement-based model for estimation of re-source exhaustion in operational software systems[C]//Software Reliability Engineering. Proceedings. 10th International Symposium, 1999: 84-93.

[36] Li L, Vaidyanathan K, Trivedi K. An approach for estimation of software aging in a Web server [C]//Empirical Software Engineering. Proceedings. 2002 International Symposium, 2002: 91-100.

[37] Igorzata Steinder M, Sethi A S. A survey of fault localization techniques in com-puter networks [J/OL]. Science of Computer Programming. 2004, 53(2): 165-194. http://www.sciencedirect.com/science/article/pii/S0167642304000772Topics in System Administration.

[38] Vilalta R, Sheng Ma. Predicting rare events in temporal domains[C/OL]//Proceedings of the 2002 IEEE International Conference on Data Mining. Washington, DC, USA, 2002: 474-486. http://dl.acm.org/citation.cfm?id=844380.844743.

[39] Saggar M, Agrawal A K, Lad A. Optimization of association rule mining using improved genetic algorithms[C]//2004 IEEE International Conference on Sys-tems, Man and Cybernetics (IEEE Cat. No.04CH37583), 2004: 3725-3729.

[40] Zheng Z, Lan Z, Gupta R, et al. A practical failure prediction with location and lead time for Blue Gene/P[C]//2010 International Conference on Dependable Systems and Networks Workshops (DSN-W), 2010: 15-22.

[41] Zheng A X, Lloyd J, Brewer E. Failure diagnosis using decision trees[C/OL]//Proceedings of the First International Conference on Autonomic Computing. Washington, DC, USA, 2004: 36-43. http://dl.acm.org/citation.cfm?id=1078026.1078407.

[42] Charoenpornwattana K, Leangsuksun C, Tikotekar A, et al. A neural networks approach for intelligent fault prediction in HPC environments[C]//HAPCW '08: High Availability and Performance Computing Workshop, 2008.

[43] Sahoo R K, Oliner A J, Rish I, et al. Critical event prediction for proactive management in large-scale computer clusters[C/OL]//Proceedings of the Ninth ACM SIGKDD International Conference on Knowledge Discovery and Data Mining. New York, USA, 2003: 426-435. http://doi.acm.org/10.1145/956750.956799.

［44］冯平,尹家宇,宋长坤,等.非易失性静态随机存储器研究进展[J].半导体技术,2022,47(1)：1－8,18.

［45］刘畅,武延军,吴敬征,等.RISC－V 指令集架构研究综述[J].软件学报,2021,32(12)：3992－4024.

［46］李介民,张善从.五级流水线 RISC－V 处理器的研究与性能优化[J/OL].微电子学与计算机,2022, 39(3)：78－85.[2022－04－07].

［47］成元虎,黄立波,崔益俊,等.基于 RISC－V 的嵌入式多指令集处理器设计及实现[J].电子学报, 2021,49(11)：2081－2089.

［48］龚龙庆,徐伟栋,娄冕.SRAM 内存计算技术综述[J].微电子学与计算机,2021,38(9)：1－7.

［49］孙树志.面向微纳卫星的可重构星载计算机研制[D].哈尔滨：哈尔滨工业大学,2021.

［50］邓丁,郭阳.面向 RISC－V 内核的标记指令复算与纠错机制的设计[J].国防科技大学学报,2020, 42(6)：90－97.

［51］吴斯,梁心雨.基于 X86 架构的操作系统微内核设计与实现[J].大众科技,2020,22(10)：12－14,34.

［52］赵培雄.SRAM 和 MRAM 器件的单粒子效应研究[D].北京：中国科学院大学(中国科学院近代物理 研究所),2020.

［53］彭星海.基于 X86 架构的微内核操作系统的研究与实现[D].成都：电子科技大学,2020.

［54］操庐宁.基于 X86－64 计算平台的 FFT 实现与并行优化[D].长春：吉林大学,2019.

［55］艾青.嵌入式系统中基于非易失性存储器的数据分布优化研究[D].重庆：重庆邮电大学,2019.

［56］丁鹏飞.基于 MIPS 处理器的模拟器设计与实现[D].兰州：兰州交通大学,2018.

［57］胡远明.基于 X86 处理器的高可用 SMP 服务器的设计与实现[D].北京：中国科学院大学,2017.

［58］张新.32 位 MIPS 微处理器内存管理单元的设计[D].西安：西安电子科技大学,2017.

［59］侯元元.基于 MIPS32 架构的微处理器流水线设计[D].西安：西安电子科技大学,2016.

［60］朱蕴中.面向 SPARC V8 ISA 的处理器模型验证技术研究[D].哈尔滨：哈尔滨工业大学,2016.

［61］章斌,李毅,彭飞.基于国产 P1750 处理器星载计算机的应用验证[J].电脑知识与技术,2015,11(5)： 268,270.

［62］杨军.基于 PowerPC 架构 X 型微处理器浮点单元的分析与验证[D].南京：东南大学,2015.

［63］王承成.32 位 PowerPC 处理器存储器管理单元的研究与验证[D].西安：西安电子科技大学,2015.

［64］王泽坤.MIPS 架构 CPU 设计及 SoC 系统实现[D].沈阳：东北大学,2014.

［65］马羽,叶琳琳.1750A 微处理器指令系统浅析[J].黑龙江科技信息,2012(14)：63－64.

［66］张云.嵌入式系统超标量体系 CPU 的高效软件优化技术[J].单片机与嵌入式系统应用,2012, 12(3)：16－18.

［67］邱烽.基于 MIPS 的嵌入式 Linux 系统开发环境的设计与实现[D].上海：上海交通大学,2011.

［68］陈浩.基于 PowerPC755 处理器的高可靠航电计算机技术研究[D].西安：西安电子科技大学,2010.

［69］沈绪榜.星载嵌入式计算机的技术展望[J].电子产品世界,2008(1)：41.

［70］张阳.基于 1750A CPU 的实时嵌入式操作系统研究与实现[D].西安：西北工业大学,2002.

［71］俞建新.PowerPC 发展综述[J].工业控制计算机,2000(2)：35,57－60.

［72］吕宗祺.美国军标 MIL－STD－1750A 及 1750 计算机[J].航空电子技术,1986(2)：6－9.

［73］金荣鑫.军用机载计算机标准 1750A[J].航空计算技术,1985(2)：43－44.

［74］白中英.计算机组成原理[M].北京：科学出版社,2002.

［75］基普·欧文.汇编语言[M].龚奕利,贺莲译.北京：机械工业出版社,2015.

［76］范书瑞,赵燕飞,高铁成.ARM 处理器与 C 语言开发应用[M].2 版.北京：北京航空航天大学出版 社,2013.

［77］张国辉.干线综合测试仪 FPGA 设计实现[D].北京：北京交通大学,2009.

［78］刘涛.带有 RS485 转换功能的一类网卡设计与实现[D].大连：大连理工大学,2006.

［79］黄丛.FC－AE－1553 总线技术研究[D].哈尔滨：哈尔滨工业大学,2010.

［80］何广亮.PC 间基于 FPGA 的万兆网络传输平台设计［D］.北京：北京理工大学,2016.

［81］陈利彬.PCI Express 总线 SpaceWire 接口卡研制［D］.哈尔滨：哈尔滨工业大学,2010.

［82］陈熙之.基于 SpaceWire 标准的星上总线网络设计［D］.哈尔滨：哈尔滨工业大学,2012.

［83］刘伟伟.SpaceWire 路由器研制［D］.哈尔滨：哈尔滨工业大学,2011.

［84］付兴飞,陈胜刚,曾思,等.基于 AMBA 总线的存储控制器接口设计［J］.计算机研究与发展,2015
（52）：119‐123.

［85］杨鑫,徐伟俊,陈先勇,等.Avalon 总线最新接口标准综述［J］.中国集成电路,2007(11)：24‐29.

［86］都乐.基于 PCIE 接口的高速数据传输系统技术研究［D］.成都：电子科技大学,2018.

［87］陈家豪.面向多核缓存一致性的片上网络路由优化［D］.成都：电子科技大学,2017.

［88］The Institute of Electrical and Electronics Engineers. IEEE Std 802.1ASTM‐2011. IEEE standard for local and metropolitan area networks — timing and synchronization for time-sensitive applications in bridged local area networks［S］. New York：The Institute of Electrical and Electronics Engineers,2011.

［89］The Institute of Electrical and Electronics Engineers. IEEE Std 802.1QccTM‐2018. IEEE standard for local and metropolitan area networks — bridges and bridged networks — amendment 31：stream reservation protocol （SRP） enhancements and performance improvements［S］. New York：The Institute of Electrical and Electronics Engineers，2018.

［90］The Institute of Electrical and Electronics Engineers. IEEE Std 802.1QbvTM‐2015. IEEE standard for local and metropolitan area networks — bridges and bridged networks — amendment 25：enhancements for scheduled traffic［S］. New York：The Institute of Electrical and Electronics Engineers，2015.

［91］The Institute of Electrical and Electronics Engineers. IEEE Std 802.1QbuTM‐2016. IEEE standard for local and metropolitan area networks — bridges and bridged networks — amendment 26：frame preemption［S］. New York：The Institute of Electrical and Electronics Engineers，2016.

［92］The Institute of Electrical and Electronics Engineers. IEEE Std 802.1CB‐2017. Local and metropolitan area networks — frame replication and elimination for reliability［S］. New York：LAN/MAN Standards Committee，2017.

［93］Messenger J L. Time-sensitive networking：an introduction［J］. IEEE Communications Standards Magazine, 2018, 2(2)：29‐33.

［94］Pierre J C, Marc B, Claire P, et al. TSN support for quality of service in space［C］//10th European Congress on Embedded Real Time Software and Systems （ERTS 2020）, Toulouse：HAL, 2020：1‐7.

［95］刘强.时间触发以太网网络控制机制和关键构件研究［D］.成都：电子科技大学,2013.

［96］查文静.时间触发网络的调度方法与实时应用任务研究［D］.上海：上海交通大学,2015.

［97］Steinhammer K, Grillinger P, Ademaj A, et al. A time-triggered ethernet （TTE） switch［C］//Design, Automation and Test in Europe. Proceedings. IEEE, 2006：1‐6.

［98］蒋社稷,卢海涛,史志钊,等.时间触发以太网在航空电子系统中的应用［J］.电光与控制,2015,22(5)：84‐88.

［99］Hamadou S, Mullins J, Gherbi A, et al. A time-triggered constraint-based calculus for avionic systems［C］//IEEE International Symposium on Object/component/service-Oriented Real-Time Distributed Computing Workshops, 2015：58‐65.

［100］Kopetz H, Ademaj A, Grillinger P, et al. The time-triggered ethernet （TTE） design［C］//Eighth IEEE International Symposium on Object-Oriented Real-Time Distributed Computing. IEEE Computer Society, 2005：22‐33.

[101] 刘伟伟,程博文,汪路元,等.ARINC659 总线在航天器综合电子系统中的应用研究[J].航天器工程,2016,25(4):67-73.

[102] 倪光南,朱新忠.自主可控关键软硬件在我国宇航领域的应用与发展建议[J].上海航天,2021,38(3):30-34.

[103] 朱恒静,夏泓,余振醒,等.宇航用元器件通用规范的设计思路[J].标准制定与研究,2012,30(2):38-42.

[104] 江理东,林立芳,刘伟鑫,等.元器件应用验证技术及其工程实践[J].上海航天,2021(3):189-196.

[105] 沙斐.机电一体化系统的电磁兼容技术[M].北京:中国电力出版社,1999.

[106] 郑军奇.EMC 电磁兼容设计与测试案例分析[M].北京:电子工业出版社,2010.

[107] 张伯龙.电磁兼容(EMC)原理、设计与故障排除实例详解[M].北京:化学工业出版社,2021.

[108] 许伟达,潘潇雨,刘伟,等.宇航用负载点电源器件测试技术研究[J].国外电子测量技术,2020,39(7):104-109.

[109] 李国欣.20 世纪上海航天器电源技术的进展[J].上海航天,2002(3):42-48.

[110] 王平.嵌入式计算机控制系统容错策略研究[D].北京:中国科学院上海微系统与信息技术研究所,2004.

[111] 高买花.卫星姿轨控系统软件体系结构设计的方案研究[D].北京:中国科学院空间科学与应用研究中心,2003.

[112] 张馨元,刘江,张然,等.卫星协同的天地一体化边缘计算网络架构[J/OL].[2022-04-02].无线电通信技术,2022(3):394-400.

[113] 唐琴琴,刘旭,张亚生,等.边缘计算在星地协同网络中的应用探讨[J].电信科学,2019,35(S2):227-233.

[114] 何小青.基于 SoC 和 SIP 的微纳卫星星载计算机设计[D].西安:西安电子科技大学,2018.

[115] 唐磊.基于云计算的网络化操作系统平台任务调度的研究[D].北京:北京邮电大学,2012.

[116] 黄韬,霍如,刘江,等.未来网络发展趋势与展望[J].中国科学:信息科学,2019,49(8):941-948.

[117] 鄢贵海,卢文岩,李晓维,等.专用处理器比较分析[J].中国科学:信息科学,2022,52(2):358-375.

[118] 唐杉.领域处理器设计的方方面面[EB/OL].(2019-01-22).http://zhuanlan.zhihu.com/p/55465233.

[119] 卢风顺,宋君强,银福康,等.CPU/GPU 协同并行计算研究综述[J].计算机科学,2011,38(3):5-9.

[120] 王雨辰,胡华.类脑计算新发展——"TrueNorth"神经元芯片[J].计算机科学,2016,43(6A):17-24.

[121] 张慧港,徐桂芝,郭嘉荣.类脑脉冲神经网络及其神经形态芯片研究综述[J].生物医学工程学杂志,2021,38(5):986-994.

[122] 刘畅,武延军,吴敬征,等.RISC-V 指令集架构研究综述[J].软件学报,2021,31(12):3992-4024.

[123] 胡振波.RISC-V 架构与嵌入式开发快速入门[M].北京:人民邮电出版社,2019.

[124] 包云岗.香山:开源高性能 RISC-V 处理器[C].美国旧金山 RISC-V 社区峰会,2021.

[125] 宝安磊.AI 芯片发展现状及前景分析[J].微纳电子与智能制造,2020,3(1):91-94.

[126] Michael A N, Isaac L C. Quantum computation and quantum information[M]. Cambridge: Cambridge University Press, 2010.

[127] 王宝楠,水恒华,王苏敏,等.量子退火理论及其应用综述[J].中国科学:物理学力学天文学,2021,51(8):5-17.

[128] 关锋,葛平,周国栋,等.MBSE 发展趋势与中国探月工程并行协同论证[J].空间科学学报,2022,42(2):183-190.

[129] 中国计算机学会.2019—2020 中国计算机科学技术发展报告[M].北京:机械工业出版社,2020.

[130] Randal E B，David R.深入理解计算机系统[M].龚奕利，贺莲译.北京：机械工业出版社,2014.

[131] 纪志成,高春能,吴定会,等.FPGA 数字信号处理设计教程[M].西安：西安电子科技大学出版社,
     2009.

[132] 夏宇闻.Verilog 数字系统设计教程[M].北京：北京航空航天大学出版社,2008.

[133] 吴继华.设计与验证 Verilog HDL[M].北京：人民邮电出版社,2006.

[134] 杨雅,卫新国,高洁,等.新一代 FPGA 在星载嵌入式计算机中的应用[J].上海航天,2005(2)：
     47-50.

[135] 吴汉鹏.星载计算机系统单粒子效应仿真方法研究[D].西安：西安电子科技大学,2019.

[136] 张林昊.MTM 型反熔丝 FPGA 测试平台的设计与实现[D].西安：电子科技大学,2020.

[137] 廖若昀.面向小卫星用户终端卷积码 FPGA 设计与实现.[D].西安：电子科技大学,2021.

[138] 徐楠,李朝阳,王兆琦,等.高轨卫星星载计算机优化设计与实现[J].中国空间科学技术,2020,
     40(1)：94-100.

[139] Ostler P S，Caffrey M P，Gibelyou D S，et al. SRAM FPGA reliability analysis for harsh radiation
     environments[J]. Transactions on Nuclear Science，2009，56(6)：3519-3526.

[140] 郝宁,罗家俊,刘海南,等.SOI 工艺抗辐照 SRAM 型 FPGA 设计与实现[J].宇航学报,2018,39(9)：
     1047-1053.

[141] 吴方明.反熔丝 FPGA 芯片的布线资源规划与设计实现[D].成都：电子科技大学,2017.

[142] 柳喜元.反熔丝 FPGA 编程及应用测试的软硬件系统设计[D].成都：电子科技大学,2020.

[143] Tonfat J，Lima F K，Artola L，et al. Analyzing the influence of the angles of incidence on SEU and
     MBU events induced by low LET heavy ions in a 28-nm SRAM-based FPGA[C]. 2016 16th
     European Conference on Radiation and Its Effects on Components and Systems（RADECS），
     Bremen，Germany，2016(9)：19-23.

[144] 李巍,刘栋斌.空间辐照环境下的 FPGA 可靠性设计技术[J].单片机与嵌入式系统应用,2011(10)：
     12-14.

[145] 严健生,杨柳青.卫星用 SRAM 型 FPGA 抗单粒子翻转可靠性设计研究[J].科技创新与应用,2021
     (9)：48-53.

[146] 袁素春,璩泽旭,邵应昭.一种低成本高可靠 FPGA 在轨可重构加载管理方案[J].空间电子技术,
     2017(3)：92-96.

[147] 孙树志.面向微纳卫星的可重构星载计算机研制[D].哈尔滨：哈尔滨工业大学,2021.

[148] 李璐芳,周双喜,黑花阁,等.基于 SRAM 型 FPGA 的多源自主重构方法[J].系统工程与电子技术,
     2022,44(4)：1093-1102.

[149] 杜尚涛,贺鹏超,余国强,等.基于 FPGA 的动态可重构技术研究[J].电子技术与软件工程,2020
     (24)：63-66.

[150] 王伟伟,闫新峰,修展,等.基于 FPGA 的在线重构设计方法[J].电子技术与软件工程,2020,
     28(12)：213-217.

[151] 何小青.基于 SOC 和 SIP 的微纳卫星星载计算机设计[D].西安：西安电子科技大学,2018.

[152] 南紫媛.SoC 型 FPGA 连线资源测试方案设计与实现[D].成都：电子科技大学,2021.

[153] 李硕.基于 FPGA 的 SOPC 嵌入式系统设计技术的研究与应用[D].北京：北京工业大学,2012.

[154] 蒋勇.基于 SOPC 的多功能应用系统[D].成都：电子科技大学,2018.

[155] 潘妍,程岳,高雅濛.面向 FPGA 的高层次综合技术综述[J].信息技术与信息化,2022(3)：96-99.

[156] 张壮.基于 HLS 的智能相机图像处理底层 IP 核设计与实现[D].南京：南京邮电大学,2020.

[157] Eishi H Ibe.现代集成电路和电子系统的地球环境辐射效应[M].毕津顺,马瑶,王天琦译.北京：电
     子工业出版社,2019.

[158] Henry B G, Albert C W.卫星充电效应防护设计手册[M].信太林,张振龙,周飞译.北京:中国宇航出版社,2016.

[159] 冯彦君,华更新,刘淑芬.航天电子抗辐射研究综述[J].宇航学报,2007,28(5):1071-1080.

[160] 周荔丹,闫朝鑫,姚钢,等.空间辐射环境对卫星分布式电力系统关键部件的影响及应对策略[J].电工技术学报,2022,37(6):1365-1380.

[161] 孙慧,徐抒岩,孙守红,等.航天电子元器件抗辐照加固工艺[J].电子工艺技术,2013,34(1):44-46.

[162] 陈钱.集成电路瞬态剂量率效应用闩锁和翻转研究[D].北京:中国科学院大学,2021.

[163] 曹喜滨,路同山.典型轨道环境效应及对在轨卫星影响分析[J].上海航天,2021,38(3):18-29.

[164] 张轶然.宇宙高能粒子的起源[D].合肥:中国科学技术大学,2021.

[165] Myers C E, Yamada M, Ji H, et al. A dynamic magnetic tension force as the cause of failed solar eruptions[J]. Nature, 2015, 528(7583):526-529.

[166] Vilmer N. Solar flares and energetic particles[J]. Philosophical Transactions Series A, Mathematical, Physical, and Engineering Sciences, 2012, 370(1970):3241-3268.

[167] National Aeronautics and Space Administration. Daily sunspot area averaged over solar rotations [EB/OL]. http://solarscience.msfc.nasa.gov/.

[168] Mccomas D J, Bame S J, Barker P, et al. Solar wind electron proton alpha monitor (SWEPAM) for the advanced composition explorer[J]. Space Science Reviews, 1998, 86(1-4):563-612.

[169] Fennell J F, Koons H C, Roeder J L, et al. Spacecraft charging: observations and relationship to satellite anomalies[R]. Aerospace Report, TR-2001(8570)-5, 2001.

[170] 成小伟.基于范艾伦卫星观测的内磁层下频带合声波的全球与半球分布特性研究[D].武汉:武汉大学,2020.

[171] 曹烨政.CMOS数字集成电路总剂量效应建模研究[D].西安:西安电子科技大学,2021.

[172] 印琴,蔡洁明,刘士全,等.集成电路总剂量加固技术的研究进展[J].太赫兹科学与电子信息学报,2017,15(1):148-152.

[173] 莫莉华.新型FinFET器件和3D堆叠器件的单粒子效应研究[D].北京:中国科学院大学(中国科学院近代物理研究所),2021.

[174] 丁义刚.空间辐射环境单粒子效应研究[J].卫星环境工程,2007,24(5):283-290.

[175] 赵兴,栗伟珉,程向丽,等.航天空间环境单粒子效应研究[J].电子制作,2021(13):87-89.

[176] 刘翠翠,郭刚,李治明,等.SiC MOSFET单粒子效应研究现状[J].核技术,2022,45(1):3-16.

[177] 张昊,王新升,李博,等.微小卫星单粒子闩锁防护技术研究[J].红外与激光工程,2015,44(5):1444-1449.

[178] 刘尚合,胡小锋,原青云,等.卫星充放电效应与防护研究进展[J].高电压技术,2019,45(7):2108-2118.

[179] 李致远.半导体器件辐射效应及抗辐射加固[J].现代电子技术,2006,29(19):138-141.

[180] 赵力,杨晓花.辐射效应对半导体器件的影响及加固技术[J].电子与封装,2010,10(8):31-36.

[181] 章斌.基于多处理器的星载计算机抗辐射加固技术研究[D].上海:上海交通大学,2015.

[182] 藏鑫.集成电路单元的抗辐射设计[D].哈尔滨:哈尔滨工业大学,2007.

[183] 习颖慧,滕学剑."嫦娥四号"载荷通信管理的时间片模式方案[J].航天器环境工程,2019,36(6):662-668.

[184] 李洺,程砾瑜,曹海宁,等.GPS高精度校时在卫星控制系统中的应用[J].遥感学报,2012,16(S1):52-56.

[185] 郭强,韩琦,冯小虎.风云四号科研试验卫星星地一体化测控设计[J].应用天地,2022,39(2):127-

131.

[186] 赵思阳,李文东,杨柳青,等.高分多模卫星自主健康管理系统设计与验证[J].航天器工程,2021,30(3):64-68.

[187] 王文平,王向晖,徐浩,等.高分三号卫星自主健康管理系统设计与实现[J].航天器环境工程,2017(6):40-46.

[188] 周鹏举,倪明,施华君,等.高可靠的计算机模块引导软件[J].计算机系统应用,2018,27(1):72-77.

[189] 卢威,陈忠贵,范含林,等.航天器热控分系统的一种能源管理技术[J].西北工业大学学报,2020,38(S1):53-57.

[190] 陈红飞,章生平,孙立达,等.基于GPS高精度高可靠卫星自主校时系统设计[J].现代电子技术,2018,41(15):105-107,113.

[191] 林荣峰.基于敏捷开发方法的姿轨控软件设计与实现[D].长沙:国防科技大学,2015.

[192] 叶勉,韩笑冬,郝燕艳,等.基于模型的卫星测控信息流数字化设计方法研究与实现[J].中国空间科学技术,2019,39(3):71-81.

[193] 苏蛟,姚雨迎,刘元默,等.基于商用片上系统的小卫星能源管理单元设计[J].计算机测量与控制,2019,27(11):188-192.

[194] 范颖婷,朱振华,王震,等.基于双总线的FY-4卫星测控数管分系统及应用[J].上海航天,2017,34(4):104-117.

[195] 李强,张波,宋仁庭,等.近地卫星测控中的一种GPS时间同步方法[J].现代导航,2017(5):338-342.

[196] 刘绍然,刘正山,石明,等.通信卫星在轨热控功率评估研究[J].航天器工程,2021,30(1):79-85.

[197] 钱方亮,林荣锋,周宇,等.一种基于微小卫星系统软件在轨编程功能的设计方法[J].计算机应用与软件,2018,35(12):16-20.